WEITBRECHT BIOTOPBESTIMMUNGSBÜCHER

Inhalt

Seen, Teiche, Tümpel und andere Stillgewässer

Biotope erkennen, bestimmen, schützen

Claus-Peter Hutter (Hrsg.)
Alois Kapfer
Werner Konold

Weitbrecht

Die Entstehungsgeschichte von Seen, Teichen, Tümpeln und anderen Stillgewässern gibt einen faszinierenden Einblick in das große Mosaik der Natur. Ob große klimatische Veränderungen wie die Eiszeit geologische Bedingungen, frühere Nutzungsformen oder auch nur der Zufall maßgebend waren – jedes Stillgewässer hat seine eigene Charakteristik. Diese wiederum ist entscheidend für die Zusammensetzung der dort vorkommenden Pflanzen- und Tiergesellschaften. Seen, Teiche und Tümpel mit ihrem Ufersaum als artenreiche Grenzlinien zwischen Wasser, Boden und Luft hatten und haben deshalb einen hohen Stellenwert bei unseren Anstrengungen zum Schutz der Natur.

Stillgewässer, die kleinen und die großen, sind jedoch nach wie vor vielfach bedroht, z. B. durch Freizeitnutzung, Landwirtschaft, Siedlungs- und Straßenbau. Um diesen Lebensraum dauerhaft zu schützen und zu erhalten, braucht der Naturschutz die breite Unterstützung der Öffentlichkeit in Stadt und Land. Diese Unterstützung kann sich nur dann entwickeln, wenn es gelingt, Interesse zu wecken für die ökologischen Zusammenhänge im und am Gewässer und für die einzigartige Vielfalt der daran angepaßten Organismen.

Doch wie sieht das Leben in einem Stillgewässer aus? Worin unterscheidet sich ein Tümpel von einem Teich oder einem See? Welche Tiere und Pflanzen leben in einem Heideweiher, einer Kiesgrube, einem Altrheinarm? Das Buch »Seen, Teiche, Tümpel und andere Stillgewässer« aus der Reihe BiotopBestimmungsBücher hilft zu erkennen, zu unterscheiden und zu bestimmen. Es gibt nützliche Tips und wichtige Handlungsanleitungen zum praktischen Biotopschutz. Die Stiftung Naturschutzfonds unterstützt dieses Anliegen und wünscht dem Buch einen breiten Leserkreis.

Umweltminister von Baden-Württemberg

Stiftung Naturschutzfonds

Plätschern frühmorgens in Stuttgarts Badezimmer die Duschen und Wasserhähne, denken die munter oder morgenmuffelig Duschenden nicht daran, daß sie indirekt gerade im Bodensee baden. Und doch ist es so. Zahlreiche Menschen im Mittleren Neckarraum, im Nordschwarzwald und im Mainfränkischen erleben den Bodensee tagtäglich im wahrsten Sinne des Wortes hautnah. Sie baden, duschen und kochen mit Bodenseewasser, weil sie über Fernwasser-Versorgungsleitungen unmittelbar mit einem der größten natürlichen Trinkwasserspeicher Europas verbunden sind.

Wir nutzen tagtäglich das Naturgut Wasser und sind uns gar nicht mehr bewußt, wo es überhaupt herkommt. Gerade so, als ob Wasser immerzu unerschöpflich zur Verfügung stehen würde. Alleine am Bodensee entnehmen 18 Wasserwerke jährlich mehr als 180 Millionen Kubikmeter Trinkwasser und versorgen damit rund 4,5 Millionen Menschen in den Seeanrainerländern Deutschland, Schweiz und Österreich. Für diese Menschen ist der Bodensee also lebensnotwendig, ohne daß sie sich dessen bewußt sind. In vielen Gemeinden – oft weit über 200 Kilometer vom See entfernt – könnte der noch immer steigende Wasserbedarf nicht mehr durch eigene Vorkommen gedeckt werden. Und so manche lokale Trinkwasserbrunnen mußten wegen zu hohem Nitratgehalt und Verunreinigungen durch Lösungsmittel, Pestizide und Düngestoffe geschlossen werden.

Wir müssen uns wieder bewußt werden, daß unsere Naturgüter nur dann für kommende Generationen nutzbar bleiben, wenn wir schonend mit ihnen umgehen und die Naturgesetze beachten. Auch wenn an Bodensee, Chiemsee, Vierwaldstätter See und in anderen Gebieten Kläranlagen gebaut wurden, die Müritz ebenso wie die Oberlausitz als Nationalpark oder Biosphärenreservat ausgewiesen wurde, sind die Gefahren noch lange nicht gebannt. Kläranlagen behandeln nur die Abwässer, lösen das Übel aber nicht an der Wurzel. Wir produzieren noch viel zuviel Abwasser, brauchen immer mehr Wasser und schnüren die Seen damit ein.

Unsere großen Seen bieten längst nicht mehr nur die heile Welt der Werbeprospekte mit weiten, klaren Wasserflächen, stillen Ufern, romantischen Dörfern und Städtchen und abwechslungsreichen Landschaften. Im Sommer und an sonnigen Wochenenden drängen sich auf dem Bodensee Tausende von Booten vor den Riedgebieten. Immer neue Straßen zerschneiden die sanften Hügel des Umlandes, und Autolawinen überrollen die alten Dorfkerne und Uferstraßen. Die intensive Landwirtschaft ist ebenso wie der Transport gefährlicher Güter unweit des Seeufers eine latente Gefahr für den Wasserhaushalt des Sees. Noch gibt es eine Chance, daß sich solche Probleme an den großen Seen der neuen Bundesländer in Deutschland nicht in gleicher Weise aufsummieren.

Das erfordert konsequenten Schutz der Gewässer. Das heißt auch, Leben und Wirtschaften mit und nicht gegen die Natur. Natur kennt keine Grenzen und kann nur im überregionalen und internationalen Zusammenwirken als Lebens- und Wirtschaftsgrundlage erhalten werden.

Wer Feuchtgebiete schützen will, muß die unterschiedlichen Stillgewässer, deren Entstehungsgeschichte, Lebenswelt, Gefährdung und Schutzmöglichkeiten kennen. Dieser Band aus der Reihe *BiotopBestimmungsBücher* gibt eine umfassende Übersicht über die natürlich entstandenen wie auch über die vom Menschen geschaffenen Stillgewässer. Er erläutert die historischen und gegenwärtigen Nutzungen sowie die Gefährdungen und wirksamen Schutzmaßnahmen. Gleichzeitig will das Buch Mut machen zum eigenen, ganz persönlichen Engagement jedes einzelnen für den Schutz von Feuchtgebieten.

Kleine Natur- und Kulturgeschichte der Seen, Teiche und Tümpel

Wo Wasser ist, da ist auch Leben – Der Lebensraum Stillgewässer

Der milde Frühsommerwind wirft kleine Wellen an das Seeufer. Sie verleihen der Wasseroberfläche ein rippenartiges Aussehen und brechen sich am frisch sprießenden Schilf, das zusammen mit den dürren Stengeln der vorjährigen Pflanzen einen dichten Röhrichtwald bildet. Rohrammer und Schilfrohrsänger singen fast um die Wette, und draußen, dem Schilf noch einige Meter vorgelagert, nutzen Libellen die Blätter und Blüten der Seerosen als Landeplatz, die wie ein Flickenteppich die Wasserfläche bedecken.

Das ist das Ufer eines typischen, noch intakten Sees. Doch kein See ist gleich wie der andere, und jeder Stillgewässertyp – das sind alle Feuchtgebiete, deren Wasser nicht ständig talabwärts fließt – hat ganz unterschiedliche Biotop-Einzelelemente.

Das Wort Stillgewässer ist eigentlich ein eher dürftiger Überbegriff für das, was in allen Einzelheiten wirklich gemeint ist. Nahezu unüberschaubar sind die Erscheinungsformen der stehenden Gewässer. Angefangen von der wassergefüllten Konservendose, die da irgendwo liegenblieb, bis zum Grimselstausee, von der ausgefaulten und mit Wasser gefüllten Baumhöhle in luftiger Höhe bis zum Wörthersee. Dieses weite Spektrum, diese unerhörte Vielfalt wurde von den Menschen aufgenommen und in Namen umgesetzt, bei deren Klang man das jeweilige Gewässer oft vor Augen zu sehen meint:

Beek	Blänke	Flark
Soll	Kolk	Lache
Pfütze	Pschitt	Pump
Wehle	Weiher	Woog
Wette	Kuhle	Schlatt
Lacke	Brake	Bacht
Pött	Tschött	Flatt
Pfuhl	Sudel	Pudel
Meer	Schwemme	Hülbe
See	Teich	Schluten

Es ist natürlich sehr schwer, in dieses Wirrwarr von Begriffen, die allenfalls dem regional Eingeweihten etwas sagen über Größe, Tiefe, Lage und Nutzbarkeit, eine gewisse Ordnung zu bringen. Die Limnologen – also die Gewässerkundler – haben dies versucht, aber dabei nicht immer eine glückliche Hand gehabt. Denn sie setzten sich oft galant über regionale Sprachgewohnheiten hinweg. Danach seien Weiher flache natürliche Seen, die durchgehend von Wasserpflanzen besiedelbar sind. Doch es gibt herrliche klare, bis 15 m tiefe Seen und darüber, auf deren Grund noch schöne Rasen von Armleuchteralgen zu finden sind. Andererseits sind Weiher im oberdeutschen Sprachraum ausschließlich künstliche, ablaßbare Gewässer, abgeleitet von lateinisch vivarium; Teiche als stehende Gewässer gibt es hier zumindest sprachlich gar nicht.

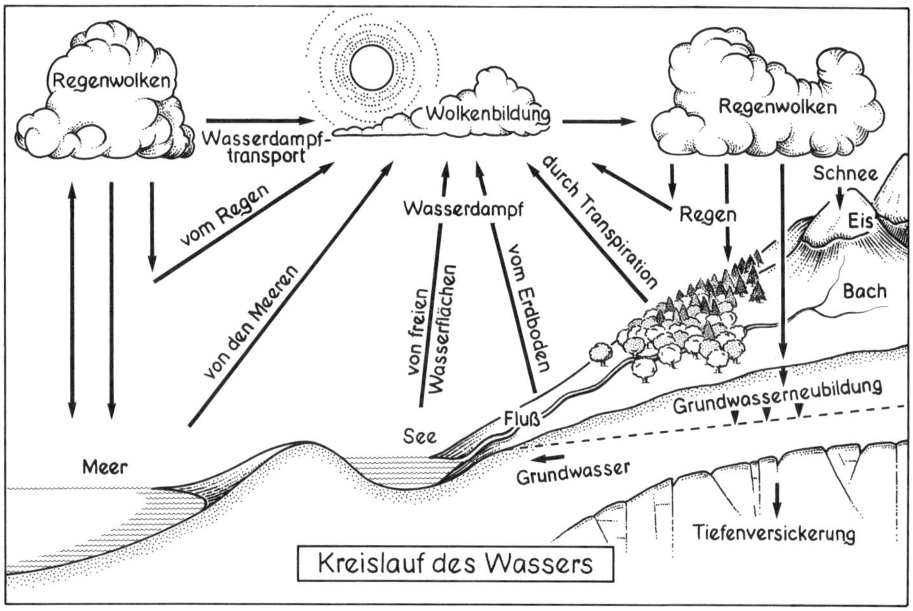

Die Teiche des Nordens sind die Weiher des Südens. Im Pfälzerwald ist der Weiher ein »Woog«. Im Fränkischen heißen die künstlichen Weiher/Teiche gar »See«. Die nordwestdeutschen größeren natürlichen Seen heißen »Meere« (Steinhuder Meer, Dümmer).
Angesichts dieses Durcheinanders will dieser Biotopbestimmungsband die stehenden Gewässer nach ihrer Herkunft und Entstehung ordnen und den einzelnen Feuchtbiotoptypen ihre regionalen begrifflichen Identitäten belassen.

Alle Gewässer sind vernetzt

Eine faszinierende und gleichzeitig auch bedrückende Vorstellung angesichts der Verschmutzung von Meeren und des Verschwindens von Seen: Alles Wasser ist im Grunde global miteinander vernetzt. Es steht in Kommunikation miteinander, und zwar in verschiedenen Aggregatformen, als Eis, Schnee, in flüssigem Zustand und als Dampf, in ganz unterschiedlichen »Behältern« wie in Meeren, Seen, Teichen, Tümpeln, im Bruchwald, im Sumpf oder Moor, in Graben, Bach und Fluß und schließlich mit ganz verschiedenen Eigenschaften und Geschmacksrichtungen, nämlich süß, salzig, klar, trübe, arm oder reich an Nährstoffen, hart, weich, sauer, alkalisch u. v. a. m. So kommt es, daß – über das Medium Wasser verbreitet – im arktischen Eis Pestizidrückstände und im hochgelegenen Gebirgssee Phosphor nachgewiesen werden können, daß Seen fernab von den Industriezentren versauern und über Baggerseen, die illegal als Müllkippe mißbraucht wurden, das Grundwasser verunreinigt wird.
Viele Menschen verbinden mit Wasser – einem Wiesengraben, einem Dorfteich oder einem wassergefüllten Bombentrichter – schönste Kindheitserinnerungen. Gewässer sind gerade für Kinder Inbegriff der Natur. So mancher lernte durch eigene, spielerische Naturbeobachtung, daß kein Tümpel und keine Lache dem anderen Feuchtlebensraum gleicht. Ja, daß jedes Gewässer ein »Individuum« für sich ist. Manche sind über diese Kindheitserfahrungen zum Natur- und Umweltschutz gekommen, andere zur Biologie und Ökologie; zumindest wurde eine Verbundenheit mit der Natur geweckt. Insbesondere die Lehre der Ökologie hat den Seen sehr viel zu verdanken, denn viel ökologisches Wissen wurde bei der Erforschung der Seen gewonnen, etwa über Stoffflüsse und -kreisläufe, über Nahrungsketten und die Ursachen der Produktion von Biomasse. Die Limnologen und mit ihnen die Seen sind also maßgebliche Geburtshelfer der Ökologie.
Will man die Vielfalt der stehenden Gewässer überblicken, lohnt ein Blick auf deren Geschichte. Eine solche Sichtweise bietet sich deshalb an, weil hier natürliche Prozesse ebenso wie menschliche Aktivitäten und Einwirkungen gleichermaßen berücksichtigt werden. Dies ergibt dann letztlich eher das Gesamtbild eines Gewässers als die rein limnologische Betrachtung.

Nicht immer ist es den Gewässern anzusehen, wie sie entstanden sind. Ob es sich um einen Zungenbeckensee handelt - wie hier im Bild -, erfährt man auch, wenn man sich mit der Landschaftsgeschichte der jeweiligen Region näher beschäftigt.

Seen, die wir nicht sehen

Nur gut ausgerüstete Forscher oder auch Abenteurer haben die Möglichkeit, die im Schoß der Erde verborgenen alten Höhlenseen zu Gesicht zu bekommen. Diese liegen oft in schmalen unterirdischen Gängen, Röhren, in Wannen oder auch in großen Hohlräumen, wie es sie in den Karstgebieten gibt, also dort, wo Kalkgestein über die Jahrtausende hinweg von dem durchsickernden, kohlensäurereichen Wasser aufgelöst wurde. Ein naturgeschichtlicher Prozeß, der ja noch immer nicht abgeschlossen ist. Manche dieser Karsthöhlengewässer führen nur zeitweilig Wasser, etwa nach starken Niederschlägen, wenn der Karstwasserspiegel angestiegen ist, andere sind ständig wasserführend und können erstaunliche Ausmaße und Tiefen erreichen. Im Hölloch im Kanton Schwyz hat man schon 215 solcher Höhlenseen gefunden; einer ist bis zu 40 m tief! In diesen Gewässern hat sich eine ganz eigentümliche, hochspezialisierte Fauna angesiedelt bzw. erhalten können. Am bekanntesten ist der Grottenolm, ein pigmentfreier, völlig weißer Lurch, der auf eine Sehfähigkeit verzichtet, weil er Augen in der Abgeschiedenheit nicht braucht. Auch die anderen Bewohner dieser dunklen Welt – Flohkrebse, Strudelwürmer und andere – sind blind. Das feuchte Leben dort in der Erde hat durchaus auch angenehme Seiten: Es gibt keinen Schnee und kein Eis und keine glühende Hitze. Das Wasser hat immer zwischen 6° C und 10° C, und das Klima gleicht einem permanenten nächtlichen Vorfrühling.

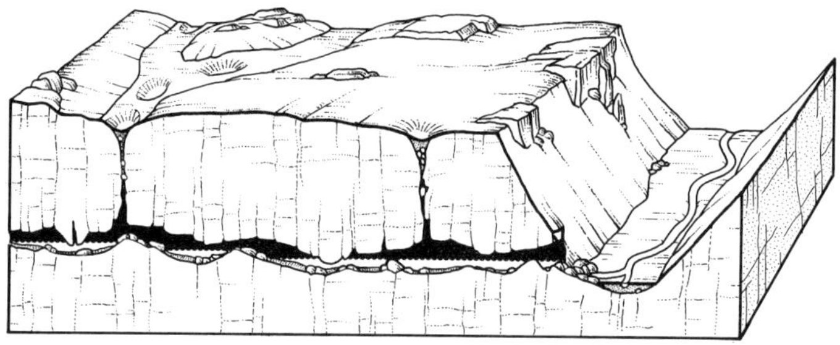

In den Karstklüften der Karstgebirge bilden sich Höhlenseen.

Als die Erde Falten aufwarf

Insbesondere im Alpenraum und im schweizerischen und französischen Jura, aber auch im österreichischen Tiefland (Neusiedlersee!) finden sich sogenannte Graben- oder Muldenseen, die durch Hebung, Senkung oder Faltung der Erdoberfläche entstanden sind. In den langgezogenen Mulden mußten nur noch eine Moräne oder ein Bergsturz den entwässernden Bach aufstauen, damit ein See entstehen konnte. Diese tektogenen Seen sind also natürliche und auch alte Stauseen. Im schweizerischen und französischen Jura liegen diese Seen alle parallel von Südwest nach Nordost ausgerichtet, so daß man den Faltungsprozeß des Gebirges schon dadurch sehr gut erkennen kann.

In Tuff und Asche

Einzigartig in den mitteleuropäischen Gewässerlandschaften sind die Maare der Vulkaneifel. Dies sind vulkanogene Gewässer, die vor ca. 12–30 000 Jahren – geologisch gesehen nur ein Wimpernschlag! – so entstanden sind: Große Mengen versickernden Wassers stießen im Untergrund auf glühende Magma. Dies erzeugte einen so großen Explosionsdruck, daß Gase, Wasserdampf, vulkanische Asche (Tuff!) und Nebengestein in einer gewaltigen Eruption mit einer Geschwindigkeit von 200–400 m/s aus dem Erdinneren ausgespieen wurden. Um den Krater bildete sich ein Tuffwall, und im eingesackten Maarkessel sammelte sich das Wasser zu einem See (was nicht in jedem Fall passierte). Aus kleineren Maaren wurden schon bald Märchen und Moore.

Als der Laacher See entstand, war die Explosion so groß, daß die Aschen mit dem Wind sogar bis nach Norditalien und Südskandinavien getragen wurden, das damals noch von dickem Gletschereis bedeckt war. In den dortigen Seesedimenten und Mooren findet man deshalb heute noch dünne Schichten aus Vulkanasche der Eifel.

Doch auch hier hat der wirtschaftende Mensch schon früh am Wasserhaushalt manipuliert. Der Benediktinerabt Fulbert vom Kloster Maria Laach, das wenig oberhalb des Laacher Sees liegt, ließ in den Jahren 1152 bis 1170 einen 880 m langen

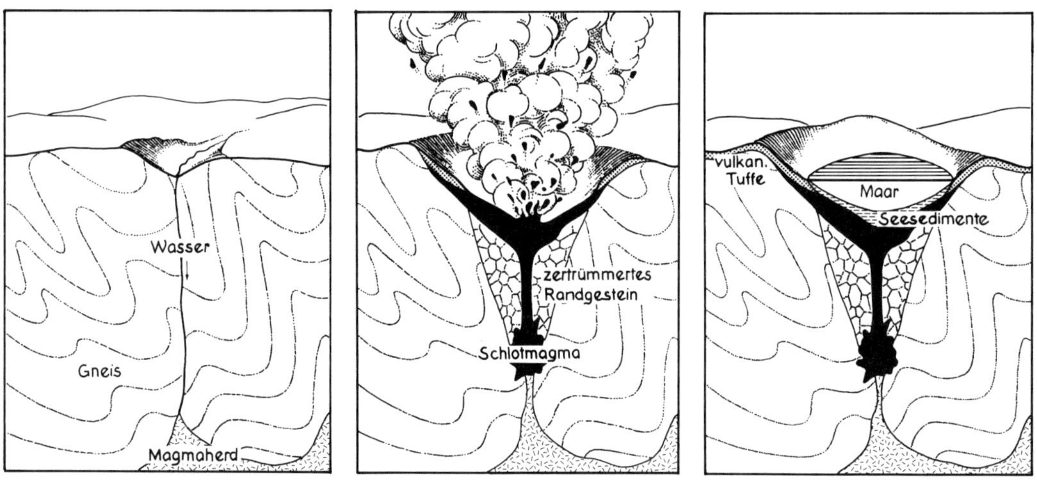

So entstanden die Maare der Vulkaneifel.

Stollen vom Maar weg graben, um den Wasserstand des natürlicherweise abflußlosen Sees regulieren zu können. Dadurch wurden Überschwemmungen verhindert und konnte gutes Kulturland am Ufer zugewonnen werden. Noch bis ins 19. Jahrhundert war dieser Stollen in Betrieb.

Wo das Gletschereis hobelte

Die allermeisten unserer natürlichen Seen sind durch die Tätigkeit der Gletscher während der letzten Eiszeit entstanden, die vor 10000–12000 Jahren zu Ende ging. Mit Eis bedeckt waren die Alpen, ein Teil des Alpenvorlandes sowie die heutigen Jungmoränenlandschaften in Norddeutschland. Man nennt die damals entstandenen Gewässer glazigene Seen.
Die Eisrandstauseen bildeten sich zwischen dem vom Gletscher aufgeworfenen Endmoränenwall und dem zurückweichenden Eis. Milchig trübes Schmelzwasser sammelte sich in einer Hohlform; die feinen Schwebstoffe im Wasser setzten sich ab und bildeten auf dem Grund schichtenweise sogenannte Bändertone; gebändert deshalb, weil je nach Jahreszeit helleres oder dunkleres Material abgelagert wurde. Von diesen Seen sind allenfalls noch Reste vorhanden. Manche sind völlig verlandet und vermoort, andere haben irgendwann den Moränenwall durchbrochen und sind ausgelaufen. Die Hansestadt Lübeck liegt in einem solchen trockengefallenen Eisstauseebecken. Das feine Beckensediment – Lehme und Tone – baute man in großem Stil für die Ziegelherstellung ab. So haben die Gletscher also auch das ihre für die berühmte Backsteinkultur getan.

Ein typischer Gletschersee. Viele unserer stehenden Gewässer sind während der letzten Eiszeit als Ergebnis der Gletschertätigkeit entstanden.

Von den Gletscherzungen tief ausgehobelt wurden die Becken, in denen bis auf den heutigen Tag mit die schönsten Seen liegen. Es sind die Zungenbeckenseen wie Starnberger See, Mondsee, Vierwaldstätter See, Westensee und viele andere. Auch diese Becken füllten sich mit Schmelzwasser und später mit Grundwasser und Oberflächenwasser. Auf den Böden dieser Becken lagerten sich in der ersten Zeit nach dem Gletscherrückzug mächtige Sedimentschichten ab. Sie erreichen in den Alpen- und alpennahen Seen Stärken bis über 200 m. Von der oszillierenden, schiebenden und schürfenden Tätigkeit des Eises blieben auch zahlreiche kleinere Moränen in Form von Schuppenwällen an der Stirn und den Seiten der Seen zurück. Ein ganz typisches Beispiel ist der Wittensee in Schleswig-Holstein, bei dem sich – heute noch nachvollziehbar – das Seevolumen und das Volumen der umliegenden Moränenwälle ganz genau entsprechen.
Beim Rückzug der Gletscherzungen brachen vielfach mächtige Eisblöcke ab, die in Moränen, im Gletschervorfeld, in Rinnen oder Wannen liegenblieben und anschließend von Schmelzwassersedimenten und Schutt überdeckt und auf diese Weise isoliert und auch konserviert wurden. Hunderte oder gar Tausende von Jahren dauerte es, bis diese Toteislinsen wegschmolzen und meist tiefe Hohlformen mit rundlichem Umriß hinterließen, die oft ohne oberirdischen Zu- und Abfluß waren. Wo sich der Grund der Hohlform abdichtete, bildete sich das, was wir heute als Toteissee bezeichnen.

Kleine wassergefüllte Toteislöcher werden Sölle (Einzahl Soll) genannt. Insbesondere im norddeutschen Jungmoränengebiet gibt es sie noch zu Tausenden. Die meisten wären längst verlandet, hätte man sie nicht über Generationen hinweg als Viehtränke, Flachsröste oder für die Schafwäsche genutzt und immer wieder ausgeräumt. Der Mensch hat also hier einen Gewässertypus erhalten, weil er ihm von Nutzen war.

Ein anderer glazigener und auch häufiger Typus ist der Rinnensee, der in einer von den Schmelzwasserströmen ausgeräumten Rinne liegt. Diese Ausräumung geschah entweder vor dem Gletscher oder aber unter dem Gletscher (subglazial), wenn die Schmelzwässer etwa in einer schon vorhandenen, flachen Rinne als konzentrierter Strom abflossen und so diese weiter eintieften. Oft sind die Rinnenseen perlschnurartig hintereinander aufgereiht, getrennt durch kleine Moränenwälle. Sie besitzen in der Regel recht steilwandige Ufer und sind tief. Rinnenseen ganz besonderer Art sind die langen und tiefen Seen der Alpensüdseite, also etwa Lago Maggiore oder Luganer See, die man von der Entstehung her mit den norwegischen Fjorden vergleichen kann. Die sich tief einschürfenden Gletscherzungen fanden schon Täler vor, die im Zuge der Alpenfaltung und früherer Eiszeiten entstanden waren. Bevor z. B. die Po-Ebene mit Flußsedimenten aufgefüllt wurde, besaß die Alpensüdseite ein beeindruckendes Fjord-Panorama. Damals brandeten die Wellen der Adria auf den Tessiner Meeresstrand.

Glazigene Stillgewässer sind auch die Noore an der Schlei in Schleswig-Holstein. Es sind Toteisseen, die zum Teil noch in Verbindung mit dem Rinnensee Schlei stehen.

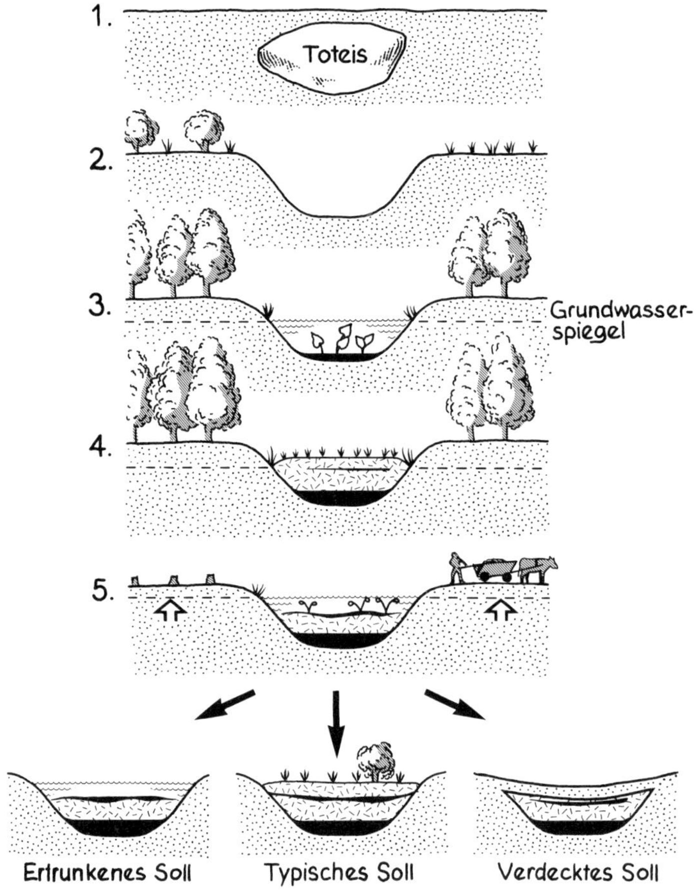

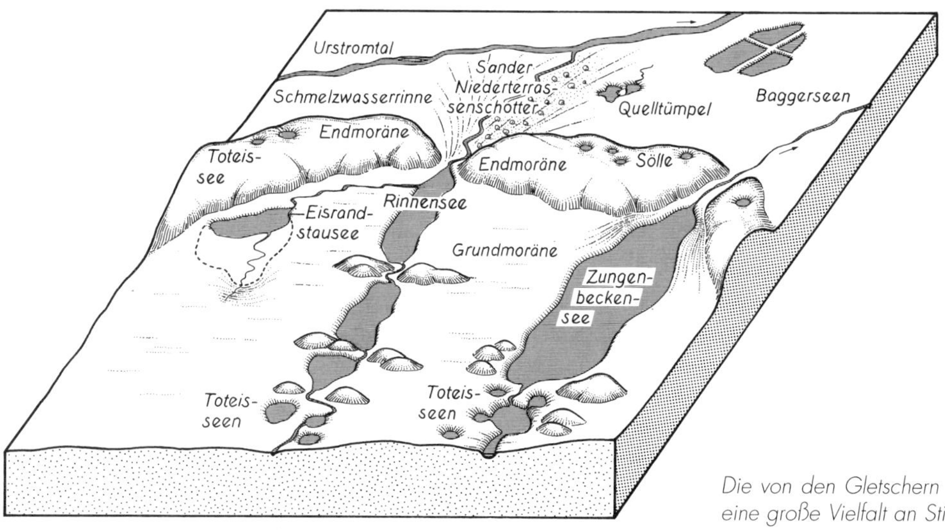

Die von den Gletschern der Eiszeit geprägten Landschaften bieten heute eine große Vielfalt an Stillgewässern.

Die Karseen des Schwarzwaldes, des Bayerischen Waldes und der Alpen sind kleine Zungenbeckenseen in Mulden, die von steilen Hängegletschern ausgehobelt wurden.
Auch andere Gebirgsseen und natürlich alle Gletscherseen verdanken ihre Existenz der Tätigkeit des Eises. Meistens handelt es sich dabei um Zungenbeckenseen. Gerade die Gletscherseen in Eisrandnähe sind recht labile Gebilde. Oft besitzen sie keinen Abfluß, und der See entleert sich durch die Spalten und Klüfte des natürlichen Dammes zur Talseite hin. Setzen extreme Niederschläge ein, so kann es dazu kommen, daß dieser Endmoränenriegel bricht und Millionen von Kubikmetern Wasser schadenbringend talabwärts stürzen. Vom Mattmarksee im Wallis weiß man, daß er innerhalb von 400 Jahren dreißig Mal ausbrach. Auf ähnliche Art und Weise, nur in völlig anderen Dimensionen, haben auch die Zungenbeckenseen einst die sie aufdämmenden Moränenwälle durchbrochen.
Ganz junge, von Schnee und Eis gebildete Gewässer sind die vielen alpinen Tümpel in Schneetälchen und kleinen Senken.

Wasser durch Wärme und Wind

Auch außerhalb der einst von den Gletschern überzogenen Gebiete der Alpen und Norddeutschlands haben sich vor etlichen tausend Jahren Seen gebildet, und zwar die sogenannten Thermokarstseen. Diesen Prozeß muß man sich folgendermaßen vorstellen: Während der Eiszeit mit ihrem arktischen Klima lagen in einer Senke oder Wanne mächtige Eislinsen, und der hoch mit Wasser gesättigte Boden war völlig gefroren. Als das Klima in der Nacheiszeit wärmer wurde, taute das Eis auf, wodurch die Erdoberfläche wegen des sich verringernden Volumens – Eis benötigt mehr Raum als Wasser – einsackte, so daß eine flache Hohlform entstand, in der sich Oberflächen-, Grund- und Regenwasser sammeln konnte. Der Dümmer in Westfalen ist zum Beispiel auf diese Art und Weise entstanden.
Ebenfalls außerhalb des Vereisungsgebietes und dort in den lokker gelagerten Sanden des nordwestdeutschen Altmoränenlandes, der Geest, haben sich in Ausblasungswannen meist kleinere Seen gebildet, die sogenannten Deflationsseen, heute meist als Heideweiher bezeichnet. Die überwiegend von Westen kommenden Winde und Stürme bliesen aus der nur leicht welligen und noch ganz schütter bewachsenen Landschaft Sand aus, der unmittelbar jenseits der jeweiligen Geländedelle als kleine Düne abgelagert wurde. Befand sich am Grund der Delle eine feinkörnige, wasserstauende Schicht, so sammelte sich dort das Regenwasser. Organisches Material, wie Pflanzen- und Tierreste oder Fallaub, wurde immer wieder ausgeblasen, wenn das Gewässer einmal trockenfiel. Viele Heideweiher alterten auf diese Weise fast überhaupt nicht und konnten so eine ihnen ganz eigentümliche Flora bewahren.

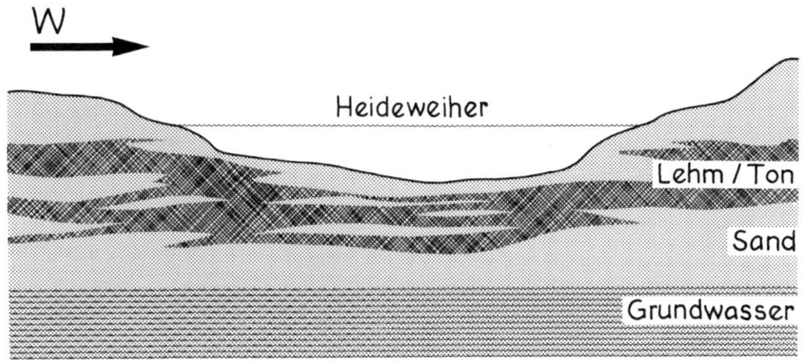

Vor allem die Westwinde haben die Heideweiher immer wieder ausgeblasen. Lehm- und Tonschichten dichten sie zum Grundwasser hin ab.

Die Decke bricht ein

Am 14. April 1913 zwischen 18 und 19 Uhr war die Geburtsstunde eines kleinen Sees, unweit des Großen Heiligen Meeres am Niederrhein in Westfalen. Was war geschehen? Salzgestein hatte sich über Jahrtausende hinweg unter dem Einfluß des durchsickernden Oberflächenwassers aufgelöst. Aus kleinen Klüften waren Hohlräume und Höhlen entstanden. Schließlich wurde die Decke an der Oberfläche so dünn, daß sie mit einem Mal einbrach. Das Kleine Heilige Meer ist also ein sogenannter Erdfallsee, genauso wie sein großer Bruder in der Nachbarschaft, das Große Heilige Meer, das zwischen 400 und 800 n. Chr. entstand.
Außer durch die Auflösung von Salz kann auch die von Gips oder Kalkgestein im Untergrund zur Bildung eines Erdfallsees führen. In diesen Fällen spricht man dann in der Regel etwas genauer von Karstseen. Kleinere Erdfallgewässer nennt man Dolinen- oder Karsttümpel. Erdfallseen sind gar nicht so selten. Zu dieser Gruppe gehören zum Beispiel der Mansfelder See in Sachsen, das Zwischenahner Meer und vielleicht auch das Steinhuder Meer in Niedersachsen, außerdem eine Reihe von Seen im Schweizer Jura, wobei hier die Gebirgsfaltung als Ursache für die Entstehung hinzukommt. Karstseen haben oft gar keinen oberirdischen Abfluß – im Schweizer Jura gibt es allein 32 davon –, sondern stehen über die Klüfte im Kalkgestein mit dem Karstwasserspiegel in Verbindung, entwässern also über Röhren und Höhlen. Wenn dieses Wasser in konzentrierter Form abläuft, kann es geschehen, wie im Falle der Areuse-Quelle in der Schweiz, daß in großer Entfernung vom See auf ganz spektaku-

Moorseen liegen oftmals völlig unzugänglich in Waldgebieten.

läre Art und Weise riesige Quellen, ja im Grunde ganze Flüsse aus dem Berg schießen. Die Areuse-Quelle, die letztlich den Neuenburger See speist, schüttet im Mittel 4000 Liter Wasser in der Sekunde. Auf das gleiche Phänomen zurückzuführen sind auch die großen Karstquelltöpfe in den Kalkgebirgen. Die größte Karstquelle ist der Aach-Topf wenige Kilometer nördlich des Bodensees, wo das bei Immendingen und Fridingen in den Karstklüften versinkende Donauwasser wieder ans Tageslicht tritt.

Braune Augen

Wie braune, unergründliche Mooraugen erscheinen uns die kleinen Seen – Moorkolke genannt – in manchen Hochmoorgebieten. Sie sind allseits von Moor bzw. Torf umschlossen und erhalten ihr Wasser ausschließlich von den Niederschlägen bzw. dem großen Regenwasserspeicher Hochmoor. Entstanden sind sie im Laufe der Jahrtausende nach der Eiszeit, in der die Moore unter recht unterschiedlichen Ausgangsbedingungen allmählich aufgewachsen sind. Dies geschah nicht kontinuierlich, sondern immer auch mit Phasen dazwischen, wo der Wasserhaushalt für das Moorwachstum nicht so günstig war. Moorkolke sind oft scharf begrenzte, steilwandige Wasserkörper im Zentrum mächtiger Moore oder großer Moorplateaus, wo sich Wasser sammelt, das nicht ablaufen, aber auch nicht verdunsten kann. Es sind also kleine Wasserüberschußseen. Blänken nennt man dagegen größere, flache, weniger scharf begrenzte Moorgewässer; Flarke ebenfalls flache, jedoch typischerweise langgezogene Gewässer, die in leichter Hanglage parallel zueinander angeordnet sind. In Gehängemooren kann es durch Spannungsrisse zu Erosionen im Torfkörper kommen. Wenn das Moor darüber einstürzt, bilden sich Hohlformen oder Trichter, in denen sich ebenfalls Moorwasser sammelt.

Moorseen liegen meist in der Randzone von größeren Mooren, wo sich in Senken zulaufendes Moorwasser sammelt. Oft haben diese Gewässer am Grund Kontakt mit dem mineralischen Untergrund, d. h. sie besitzen etwas andere Eigenschaften als die Moorkolke. Moorseen können auch in Toteislöchern liegen. Diese sind dann meist steilufrig, tief und haben in jedem Fall Anschluß an den Gletscherschutt im Untergrund.

Um viele der Moorgewässer ranken sich schaurige Geschichten aus alter Zeit, nach denen Vieh, Menschen, ja ganze Fuhrwerke regelrecht von den braunen Augen verschluckt worden seien. Rätselhaft ist auch, daß viele der dunklen Löcher eines Tages einfach verschwunden sein sollen. Lassen wir den Mooren ihre Mären.

Katastrophengewässer

Als furchtbare Naturkatastrophe (oder war doch alles vom Menschen provoziert?) wurde es empfunden, als 1987 im oberitalienischen Veltlin ein gewaltiger Bergsturz niederging und den Fluß im Tal kurzerhand abriegelte, so daß innerhalb weniger Tage und Wochen ganz einfach ein neuer See entstand, der Lago di Pola. Angst erfaßte die Veltliner, es könne der Damm brechen und das Wasser Menschen, Vieh, Häuser und die fruchtbaren

Überflutungen sind keine Katastrophe, sondern gehören zur Dynamik der Natur.

Wind und Meer gestalten die Küste. Abtragung und Anlandung sind dabei die wesentlichen Prozesse.

Felder verwüsten. Bange Wochen dauerte es, bis Damm und Seespiegel halbwegs stabilisiert und der Abfluß so geregelt waren, daß kein Dammbruch mehr zu befürchten war. Ein Naturereignis, die Entstehung eines Bergsturzsees, war zur Naturkatastrophe geworden, weil Menschen davon betroffen waren. Dabei ist ein solches Ereignis durchaus nichts Außergewöhnliches im Alpenraum. Nur, es geschieht plötzlich, man ist unvorbereitet, hilflos, planlos.

Die Alpen sind voll mit größeren und kleineren Bergsturzseen; der Davosersee gehört ebenso dazu wie der Hintersee oberhalb des Königssees bei Berchtesgaden. Ein alter Bergsturz trennte vom Vierwaldstätter See den Sarnersee ab, wodurch dieser höher gestaut wurde. Beim gewaltigen Diableretsturz im Jahre 1749 entstanden im Wallis der Lac Derborence sowie 12 kleinere Seen in Einsenkungen auf dem Trümmerstrom. Oft besitzen die Bergsturzseen keinen oberirdischen Abfluß, sondern das Wasser dringt durch die Klüfte des Naturdamms und tritt irgendwo weiter talwärts zu Tage. Dieses diffuse, »unkontrollierte« Durchsickern macht manche dieser Seen in der Tat zu unsicheren Kantonisten. Deshalb sollten in solchen geologisch und topografisch labilen Regionen keine Siedlungen, Freizeitanlagen und dergleichen errichtet werden.

Wir kennen noch weitere natürliche Stauseen, zum Beispiel solche, die von einer Barriere aus Kalksinter oder Kalktuff abgedämmt wurden. Sie entstehen dadurch, daß der im jeweiligen Fließgewässer reichlich vorhandene Kalk aufgrund eines physikalisch-chemischen Prozesses ausfällt. Auf diese Weise bilden sich zunächst kleine, dann immer höher werdende Abstürze im Bach. Dieser wird etwas aufgestaut, verlagert seinen Lauf und läßt neue kleine Dämme entstehen. Schließlich wird das Tal auf der gesamten Breite mehr oder weniger dicht von einem Riegel abgeschlossen und der Bach aufgestaut. Auf der Schwäbischen Alb in Baden-Württemberg gab es mehrere solcher Seen, die jedoch im Laufe der Zeit alle verlandet und vermoort sind oder abgelassen wurden. Dazu nur ein Beispiel: Nicht weit von Bad Urach lag oberhalb des Ortes Seeburg ein solcher Stausee, den ein gewisser Jakob Ramminger in seinem *Seebuch* von 1596 als einen »gar lustigen, für sich selbst entstandenen See« bezeichnete, welchen man nicht ablassen könne. Ein nützliches Werk wäre es, wenn man ihn abgraben und ablassen könne. Dies geschah auch im Jahre 1618 mittels eines Stollens, der durch die mächtige Tuffbarriere getrieben wurde. Damit war er »ablässig und fischig«, das heißt, man konnte ihn vollständig abfischen. Mitte des 18. Jahrhunderts wurde er trockengelegt und lediglich noch zur Unterstützung der Scheiterholzflößerei als Wasserreservoir ab und zu bespannt.

Wo das Meer Seen schafft

Dort, wo Meer und Land zusammentreffen, wo See und Festland ständig um die Vorherrschaft ringen, ist die ökologische Vielfalt besonders reich. Natürliche Spülsäume, Sanddünen und Sandbänke bilden durch die Dynamik der Meeresbrandung und des Windes ein sich ständig veränderndes, aber in der Gesamtheit der einzelnen Landschaftselemente doch gleichbleibendes Mosaik der Natur. Stete Veränderung ist hier das einzig Beständige. Und diese stete Veränderung – etwa an

Nord- und Ostsee besitzen ihren jeweils eigenen Formenschatz.

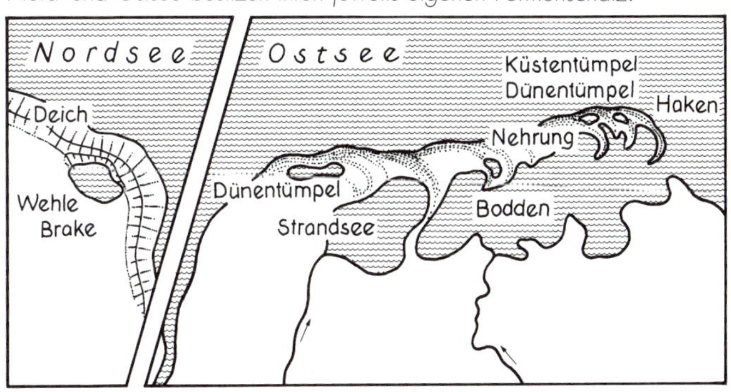

der Ostseeküste – bringt immer wieder auch neue Stillgewässer hervor.

Die Bodden oder Haffs, an der mecklenburg-vorpommerischen Ostseeküste besonders ausgeprägt, sind noch keine ausgewachsenen, fertigen Gewässer. Ständig gibt es irgendwo noch Anlandungen, Abtragungen, Auskolkungen oder Rinnenbildungen. Die Bodden als flache, salzige bis brackige Küstengewässer entstanden und entstehen nämlich dadurch, daß Küsten oder Inselbuchten und Engstellen zwischen Inseln und Festland durch sogenannte Haken und – wenn diese Haken länger werden – Nehrungen aus Sand vom offenen Meer allmählich abgetrennt werden, aber noch mit ihm in Verbindung stehen. Bei Stürmen wird über die Verbindungskanäle Material hereingetragen; abfließendes Wasser fräst die Rinne wieder etwas aus. Einige Verbindungen werden als Wasserstraßen freigehalten.

Die Haken und Nehrungen kommen dadurch zustande, daß Sand mit den küstenparallelen Wasserströmungen (diese können allerdings auch ganz schön kompliziert sein) vor den Buchten in langen bzw. länger werdenden Wällen abgelagert wird. Oft legt sich Wall an Wall, wodurch ein waschbrettartiges Muster entsteht. Die Haken und Wälle können bis zu mehrere Meter pro Jahr wachsen.

Ist die Bucht dann schließlich abgeschnürt, so ist ein Strandsee entstanden. Manchmal hat auch der Mensch mit Hilfe eines Deichs noch etwas nachgeholfen, um den See für seine Zwecke und weitgehend unabhängig von den Unbilden des Meeres nutzbar zu machen. Wenn die Strandseen aus dem Hinterland von Bächen gespeist werden, benötigen sie natürlich auch einen Abfluß zum nahegelegenen Meer, der wiederum – wenn er nicht mit einem Siel verschließbar ist – bei einer Flut Salzwasser eintragen kann.

Dünentümpel liegen – wie der Name vermuten läßt – zwischen Dünen oder auch Strandwällen. Sie sind entweder durch das Ausmahlen eines Kolks bei einer einbrechenden Sturmflut oder aber durch eine einfache Wasseransammlung in einer abflußlosen Senke entstanden. Wehlen oder Braken hat der Mensch zu verantworten, auch wenn er sie nicht gewollt hat, ja ihre Entstehung sogar oft mit schlimmen Erinnerungen verbunden ist. Wenn bei Sturmfluten die Seedeiche überflutet werden, stürzt das Wasser wie ein Wasserfall über die Innenseite des Dammes. Die Deckschicht wird angegriffen, fängt an zu rutschen, die Wundstelle wird ausgekolkt durch die rückschreitende Erosion des Wasserfalls, und schließlich bricht der Damm. Dort, wo das Wasser binnendeichs aufprallte, hat sich ein tiefer Kolk – die Wehle – gebildet. Die meisten dieser Gewässer sind schon etwas älter, weil die Entstehungsbedingungen zu Zeiten, als die Binnenseiten der Deiche noch steiler gebaut wurden, besser waren. Einige sind tief und führen Brackwasser, viele andere dagegen sind schon fast verlandet.

Noch intaktes Auengewässer.

Wo die Flüsse Stillgewässer schaffen

Natürliche Auen sind sehr dynamische Lebensräume, bei denen der Grundwasserstand zum Teil erheblich schwankt. Bei Hochwässern gibt es Erosionen ebenso wie Ablagerungen, und an vielen Stellen bleibt das Wasser noch eine Zeitlang stehen. Leider gibt es kaum noch solche natürlichen Auen. Die meisten unserer Flüsse sind etwa seit der Mitte des 19. Jahrhunderts ausgebaut und begradigt worden. Damit wurde in aller Regel auch der Grundwasserspiegel in der Aue abgesenkt, was die Lebensbedingungen und die Nutzbarkeit ganz grundlegend änderte, natürlich zum Nachteil der typischen Auenlebensgemeinschaften.

Im Zuge der Flußbegradigungen entstanden im 19. Jahrhundert innerhalb recht kurzer Zeit sehr viele Altarme, die nur noch bei größeren Hochwasserereignissen vom Abflußgeschehen des Flusses berührt wurden und werden. Wurde der Fluß zusätzlich in bezug auf seine Abflußkapazität durch Bedeichung »ertüchtigt«, dann wurden aus den Altarmen Totarme, Fossilien der Aue, die vom auetypischen Wasserhaushalt vollends abgekoppelt sind. Sehr häufig liegen diese Totarme heute trocken und befinden sich in einem beklagenswerten Zustand.

Vor den großen Flußbegradigungen – an wenigen Flüssen oder Bächen heute noch – entstanden auf Strecken, in denen das Gewässer mäandrierte oder sich aufgabelte, bei starken Hochwässern Altwässer oder Altarme, indem Schlingen oder Seitenarme abgeschnitten wurden oder der Fluß seinen Lauf völlig verlagerte. Altwässer stehen noch direkt im Kontakt mit dem Fließgewässer, während Altarme etwas abseits der Fließrinne liegen und wenn nicht immer über das Grundwasser, so doch bei kleineren Hochwässern mit dem Fluß kommunizieren. Altarme besitzen meist Abflußgräben. Liegt die Sohle des Altgewässers im Grundwasserkörper, so wird das Stillwasser permanent aufgefrischt mit Grund- und Quellwasser und altert nicht so schnell.

Wenn der Fluß bei Hochwasser über die Ufer tritt und die Aue überschwemmt wird, bleiben nach dem Ablaufen des Wassers in Geländedellen sehr unterschiedlich geformte, flache Tümpel oder Lachen zurück, die als vorübergehende Lebensräume höchste Bedeutung haben können. Wir nennen sie Überschwemmungstümpel. Nach einiger Zeit verdunstet und versickert das Wasser; die Fläche kann sich wieder mit terrestrischen Organismen besiedeln.

Eine etwas andere Herkunft hat das Wasser, das die Qualmwassertümpel füllt. Qualmwasser tritt auf, wenn der Fluß durch eine künstliche oder natürliche Barriere von der Aue getrennt ist und das Hochwasser unter Druck den Grundwasserkörper so auffüllt, daß es jenseits der Barriere aus dem Boden quillt, der Grundwasserleiter also überläuft. Im Gegensatz zum Überschwemmungswasser ist das Qualmwasser klar, weil es durch den Kiesfilter der Aue gedrückt wurde. In Rinnen und Dellen kann dieses Wasser noch eine gewisse Zeit stehenbleiben, bevor es dann mit dem sinkenden Grundwasserspiegel wieder verschwindet. Qualmwasser- und Überschwemmungstümpel treten nur vorübergehend auf. Sie sind deshalb ephemere Gewässer.

Ein sehr selten gewordener Gewässertypus ist der Autümpel, ein bis mehrere Meter tiefer Topf, aus dem unter Druck klares und kaltes Wasser hervorquillt, welches dann in einem Gießbach davonrinnt. Die Autümpel sind gleichsam die Ventile des Grundwasserkörpers.

AUETÜMPEL

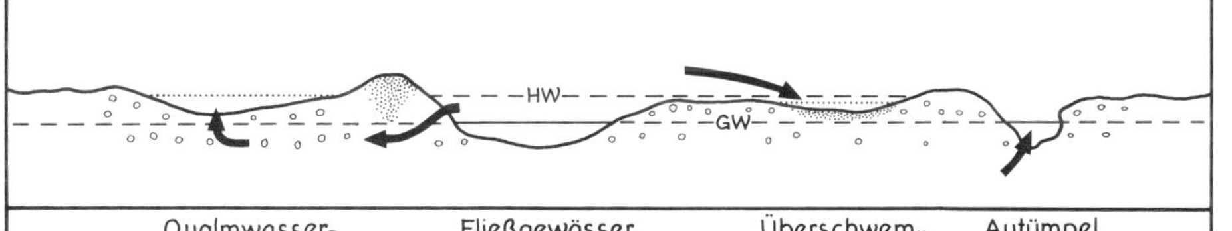

Qualmwassertümpel, ephemer	Fließgewässer	Überschwemmungstümpel, ephemer	Autümpel, Limnokrene, permanent (→Gießbach)

ALTGEWÄSSER

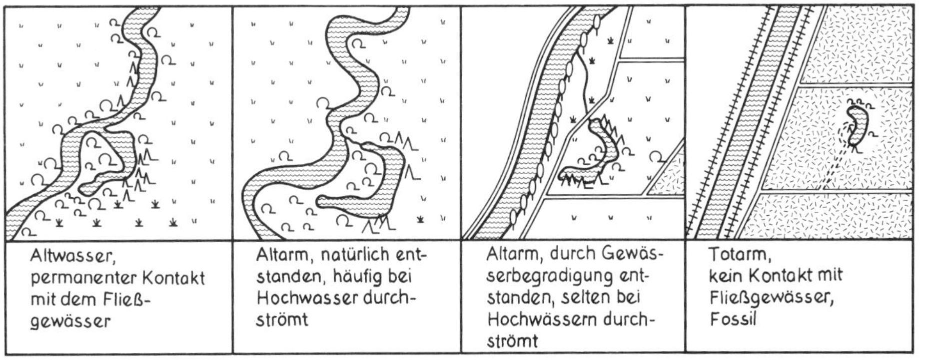

Altwasser, permanenter Kontakt mit dem Fließgewässer	Altarm, natürlich entstanden, häufig bei Hochwasser durchströmt	Altarm, durch Gewässerbegradigung entstanden, selten bei Hochwässern durchströmt	Totarm, kein Kontakt mit Fließgewässer, Fossil

Alte Alltagsgewässer

Seit den frühesten Zeiten haben unsere seßhaft gewordenen Vorfahren bei ihren Siedlungen zahllose Teiche, Kuhlen, Weiherchen, Tümpel als kleine Brauchwasserspeicher angelegt. Keine Chronik erzählt darüber, und es gibt keine Bilanzen. Doch sie waren wichtige, aber kaum gewürdigte, meist namenlose Alltagserscheinungen. Manche dieser Löcher oder Kuhlen bekamen nur Regenwasser ab, andere über eine Zuleitung Fließwasser; wieder andere wurden gespeist durch den Aufstau eines Rinnsals, einer Tümpel- oder Sumpfquelle, jene erhielten den diffusen Abfluß von einer Wiese oder einem Acker. Dieses Weiherchen lag in ebenem Gelände, jener Teich lag am seichten Hang und konnte abgelassen werden. Die einen nutzte man permanent, regelmäßig oder zeitweilig, die anderen selten oder gar nicht mehr. Dies mußte allerdings nicht so bleiben. Keine Nutzung war dauerhaft festgelegt. Die meisten der Kleingewässer dienten verschiedenen Zwecken, denn man betrieb Polykultur, nicht Monokultur. Belastungen nach unseren heutigen Maßstäben gab es nicht.

Die Namen Dorfweiher, Hofteich, Wiesenweiher, Weidekuhle, Wald- und Feldtümpel oder Gutsteich sagen uns etwas über die Lage der Gewässer. Dies muß mit dem heutigen Befund nicht unbedingt übereinstimmen. Die Feld-/Waldgrenzen haben sich verschoben im Laufe der Jahre. Mancher frühere Feldtümpel liegt heute tief im Wald. Der eine oder andere Wiesen- oder Waldweiher war früher ein Hofweiher. Manchmal können wir noch Mauerreste oder eine besondere Flora von aufgegebenen Siedlungsplätzen erkennen.

Die Nutzung war außerordentlich facettenreich. Ein paar Fische wurden zusätzlich fast überall gehalten, sofern das Gewässer nicht austrocknete. An den Tränkekuhlen, -weihern oder -teichen labte sich das Vieh. Ein besonderer Tränketeich ist hier der Fething der nordfriesischen Halligen und der Altmarsch, gleich Zisternen gebaute Wasserreservoire, aus denen das Wasser in die Ställe gepumpt wurde. In den Wetten oder Schwemmen wusch man Pferde und Ochsen, in der Waschgrube oder -kuhle wurden Schafe vor der Schur gereinigt. In manchem Weiher suhlten sich die Schweine, beäugt von ganzen Scharen von Enten und Gänsen, die um das Gewässer keinen Halm stehenließen. Der Hof-, Dorf- oder Gutsteich war gleichzeitig Feuerlöschteich. Im Eisweiher gewann man im Winter Eis für die großen Bierkeller. Im Sommer nutzte man sie vielleicht als Laichteiche oder ganz einfach als Wiese. Der Deichelweiher diente dazu, die aus Baumstämmen gefertigten Wasserrohre (= Deichel, Teuchel) aufzubewahren, damit sie nicht rissig wurden.

Bleicheweiher waren Vorratsbehälter auf den Bleichwiesen, wo man riesige Leinwandbahnen mit klarem Wasser benetzen mußte, damit sie unter der Einwirkung des Sonnenlichts zu strahlendem Weiß ausbleichten. Dränkuhlen waren bzw. sind Sammelbecken für das Dränwasser auf staunassen Böden. In die Röstgruben legte man Flachs- und Hanfbündel ein, damit sich in einem biochemischen Prozeß die begehrten Fasern vom übrigen

Wenn wir wieder lernen, in den Landschaften zu lesen, so können wir Spuren historischer Nutzungsformen entdecken. Dazu gehören auch Wässerwiesen. Die Aufnahme zeigt einen Wässerungsweiher und Gräben, die frühere Generationen zum regelmäßigen Bewässern der Wiesen und damit zur Steigerung des Grasertrags angelegt haben.

Vor allem von den Klöstern wurde eine umfangreiche Fischzucht betrieben, um Karpfen als Fasten- und Feiertagsspeise heranzuziehen. Der hier abgebildete »Bauernkarpfen« war weit verbreitet.

Vom Mittelalter bis ins 18. Jahrhundert wurde in Mitteleuropa eine umfangreiche Teich- und Weiherwirtschaft betrieben. Damals lag das Fischereirecht ganz bei den »Herren«. Auf dem Bild inspiziert Kaiser Maximilian I. seine Fischgründe.

Gewebe trennten. Je nach Landschaft hießen sie Roatse, Röze, Rössele, Rose, Röttsee, Rottsoll usw. Während der Röste stank das Grubenwasser bestialisch, insbesondere nach Schwefelwasserstoff und organischen Säuren. Da man um die toxische und sauerstoffzehrende Wirkung dieser Verbindungen wußte, gab es schon vor Jahrhunderten strenge Reglementierungen bezüglich der Hanf- und Flachsröste, um insbesondere die Fische zu schützen. Die Röstgruben waren also objektiv belastete Gewässer.
Apropos Belastung: Von den Hülben der Schwäbischen Alb, gleichsam multifunktionale Gewässer in einer extrem gewässerarmen Karstlandschaft, wird berichtet, sie seien meist so stark verunreinigt, daß »außer einem gelegentlichen Anflug von Wasserlinsen kaum eine höhere Wasserpflanze darin fortkomme«, und außerdem, daß »bei stärkeren Regen Jauchebäche in die Hülben strömten«. Also hier keine Spur von Dorfteichidylle!

Immer frischer Fisch auf dem Tisch

Die allermeisten Teiche bzw. Weiher wurden für die Fischwirtschaft als Hauptnutzung gebaut. Die Fischteiche waren – und sind – sowohl von der Flächenausdehnung als auch von der landschaftlichen Wirkung her der bei weitem bedeutendste Weihertypus. Sie waren und sind dort am stärksten verbreitet, wo der Fließwasserreichtum groß und die Geländegestalt günstig sind. Urkundlich nachweisbar sind sie in den heute noch fischteichreichen Landschaften durchweg seit dem 13./14. Jahrhundert, z. B. Holstein, Oberlausitz, Thüringen, Franken, Oberpfalz, Oberschwaben, gebaut von Städten, Bürgern, weltlichem Adel und Klöstern. Vor allem im 14. Jahrhundert erlebte die Weiher- und Fischereiwirtschaft einen gewaltigen Aufschwung und eine Blütezeit, die bis ins 16./Anfang 17. Jahrhundert andauerte. Ursache hierfür war nicht etwa nur der hohe Fischbedarf für die vielen Fastentage, sondern auch die Tatsache, daß der Fisch – überwiegend der Karpfen – ein Luxusgut war, mit dem man Spitzenpreise erzielen konnte. Der Bau der Weiher hatte also ganz profane, ökonomische Hintergründe. Angelegt wurden sie in Moorgebieten, Äckern, Wiesen und Wäldern, kurz überall, wo sich eine günstige Gelegenheit bot, einen Damm zu ziehen, eine Weiherkette oder eine Teichanlage mit einem komplizierten Wasserverteilungsplan zu bauen.
Die Weiher waren ausgestattet mit einem Grundablaß, der mit einem Strempfel oder Striegel verschlossen war, sowie mit einem Überlauf am Damm, den man mit einem Zaun oder Rechen absperrte. Die Ufer des Damms waren teilweise mit Holz befestigt. War der Grund wasserdurchlässig, mußte er mit Lehm abgedichtet werden. Ober- oder unterhalb des Dammes wurden große Fischkästen bzw. Fischgruben gebaut, in denen sich die Fische beim Abfischen sammelten. Häufig waren den Weihern noch Hältergruben, sogenannte Fischkalter, zugeordnet.
Es gab Laichweiher, die klein und flach waren und nur kurzfristig für die Zeit des Ablaichens bespannt wurden, sowie die Jungweiher (Streckteiche), die jährlich abgefischt wurden, und die Altweiher (Abwachsteiche), welche man alle drei bis vier Jahre abfischte. Zugefüttert wurde grundsätzlich nicht. Janus Dubravius (1486–1553), Bischof von Olmütz, empfahl in seinem Fischereibuch, das erste überhaupt im deutschen Sprachraum, bei starken Regenfällen im Frühjahr dafür zu sorgen, daß Fluß- bzw. Bachwasser in den Weiher eintrete, welches aus »fetterem Boden Schlamm und Dünger« mit sich bringe. Im Sommer dann solle der Wasseraustausch möglichst gering gehalten werden, um die Produktivität und die Mästung des Karpfens zu optimieren (»...nicht durch Bewegung, sondern durch Ruhe wird der Körper fett«).
Andere Fischereiexperten wußten um den düngenden Wert der Abwässer – damals ein positiv belegter Begriff – von Schäfereien, Gehöften und Dörfern. Grundsätzlich wurden alle Fischweiher »gewintert« und »gesömmert«, und zwar im Abstand von 3–7 Jahren, um Schädlinge zu bekämpfen und um die Mineralisierung und die Produktivität zu fördern. Das Nebenprodukt Weiherschlamm eignete sich ganz hervorragend, um ein oder mehrere Jahre Hafer, Rüben, Hanf oder andere Kulturpflanzen anzubauen. In einigen Gegenden, z. B. in der Oberlausitz, war es verbreitet, die Samen des Flutenden Schwadens zu sammeln und diese zu Schwadengrütze zu verarbeiten.
Alle Fischweiher wurden auch noch anderweitig genutzt. So als Triebwasserspeicher, zur Nutzung der Weiherpflanzen als

Sogenannte Fischkalter dienten am Rande der Weiher der Aufbewahrung gefangener Fische.

Speise, Viehfutter, für Heilzwecke, Handwerk usw., zur Entnahme des Schlammes als Düngemittel, für die Vogeljagd, zum Froschfang (als Speise) und Egelfang (für Bader und Ärzte) als Zuerwerbsquelle für die »kleinen Leute« sowie als Streunutzung von Röhrichten und Seggenriedern.
Schon von Beginn an wurden – entsprechend dem Zweck der Fischereiwirtschaft – manche Teichbewohner bekämpft. In kleinen Karpfenweihern waren die Hechte ausgesprochen unerwünscht, weil sie ausgiebig ihren räuberischen Lebensgewohnheiten nachgingen. Anders in den großen Weihern. Dazu Petrus de Crescentius (1230–1310): »...die Hecht in Weyher guet seint, wan (denn) sie essen die frösch, die aller fisch feind seint«. Der bereits erwähnte Janus Dubravius gab Anleitungen zur Bekämpfung des Schilfs: Dieses solle zur Zeit der Sommersonnenwende unter Wasser abgemäht werden, dann »...wird das Schilf...verschwinden, als wenn es ein zehrendes Gift getrunken hätte«. Der Fischereisachverständige Hartig empfahl die Beseitigung aller Ufergehölze, um den »schädlichen Vögeln« keine Warte zu bieten. Als »schädliche Pflanzen« wertete er – entgegen heutiger Auffassung – Schilf, Rohrkolben, Flechtbinse, Schwertlilie, Tannenwedel, Schwanenblume, Froschlöffel u. v. a., die natürlich dann auch entsprechend bekämpft wurden.
Sehr interessante Weiher waren auch die Wässerungsweiher (es gibt noch ein paar davon), die in Südtirol zum Beispiel Tschött und im oberen Inntal Pitze heißen. In diesen Weihern ließ man Wasser zusammenlaufen, damit es sich erwärmen konnte und zur rechten Zeit gutes Wässerwasser für die Wiesendüngung zur Verfügung stand. Gut hieß, daß es möglichst nährstoffreich sein sollte. Deshalb legte man sie häufig unterhalb der Höfe und Ställe an – im Schwarzwald soll in manchen Weilern fast jedes Haus einen solchen Weiher gehabt haben –, so daß man Jauche, Gülle und Abwässer einleiten konnte. Die nährstoffreiche Brühe wurde dann mit Hilfe von kleinen Gräben auf den Wiesen verrieselt. Diese Wässerungsweiher wurden nie vollständig aufgenommen oder gezählt. Für den Lauterbach, einen Zufluß der Schiltach im mittleren Schwarzwald, sowie für dessen Nebenbach, den Sulzbach, besitzen wir jedoch Zahlen. Hier gab es zu Beginn des 20. Jahrhunderts auf 16 km Fließstrecke noch 125 Wässerungsweiher, von denen 25 auch für Triebwerke genutzt wurden.
Zum Teil recht alte Gewässer sind die Burg- und Schloßgräben, Stadtgräben, die meist nur zeitweilig geflutet waren, sowie später die Festungsgräben, von denen viele im 16. Jahrhundert entstanden sind, als man die strategisch wichtigsten Städte zu Festungen ausbaute. Allen diesen Gewässern war gemeinsam, daß sie kaum einen Wasseraustausch hatten und daß sehr viel Unrat und Fäkalien hineingelangten. Kurz, es dürften recht unansehnliche und im wahrsten Sinne des Wortes anrüchige Gewässer gewesen sein. Die romantisch anmutenden Ruinen und Burgen geben darüber jedenfalls keine genaue Auskunft mehr.

Beim Anrücken der Feinde wurde der Burggraben geflutet. Nur wenige haben die Jahrhunderte überdauert. Heute liegen die allermeisten trocken oder sind verfüllt.

Als das Holz noch den Bach runterkam

Regional von großer Bedeutung waren die Floßweiher, auch Treibseen, Klausen, Wasserstuben oder Schwellweiher genannt, die man als Speicherbecken gebaut hat, um für das Flößen von Langholz und Klötzen oder die Scheiterholztrift ausreichend Wasser bzw. eine Mindestwassertiefe zur Verfügung stellen zu können. Die Floßweiher wurden immer im Hauptschluß und mit zum Teil sehr hohen und massiven Dammbauwerken – also sehr wirksamen Barrieren – gebaut. Durch den stoßartigen Schwellbetrieb wurden einerseits die Speicherbecken sehr rasch und turbulent entleert und zum anderen die Fließgewässer hydraulisch und mechanisch sehr stark belastet. Die Flößerei hat in Mitteleuropa eine alte und große Tradition, insbesondere in Süd- und Mitteldeutschland, der Schweiz und Österreich. Schriftliche Belege gehen bis ins 13. Jahrhundert zurück. Die Langholzflößerei auf den größeren Flüssen dürfte sehr viel älter sein. Die letzten Floßweiher oder Klausen wurden noch im 20. Jahrhundert in den Alpen eingerichtet. Nur ein Beispiel für die Häufigkeit dieses Gewässertyps sei genannt: Im Bereich der württembergischen Kinzig im Schwarzwald wurden auf einer Fließstrecke von nur etwas mehr als 14 km einst insgesamt 26 Floßweiher errichtet.

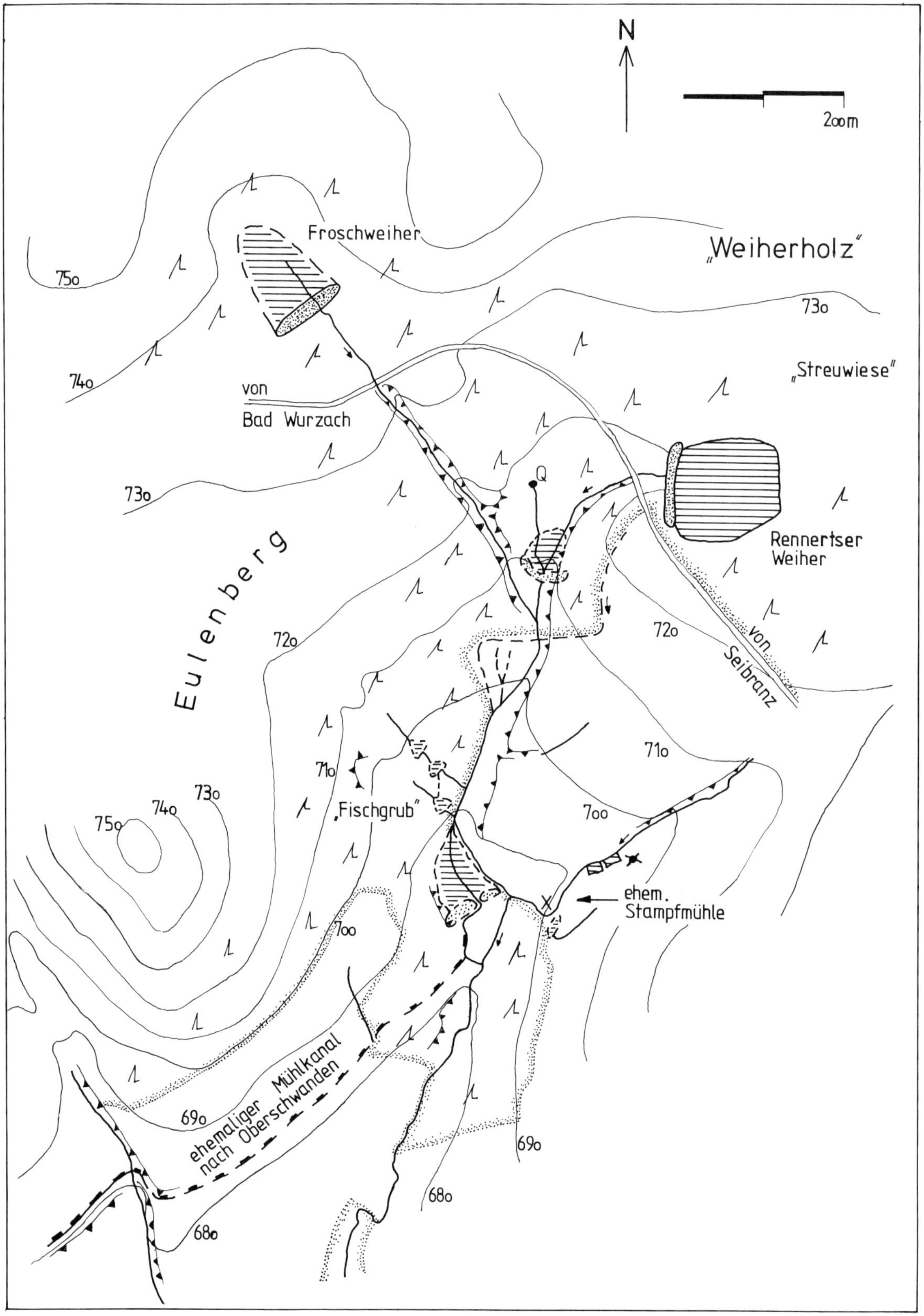

Ausgeklügelte Weiher- und Kanalsysteme leiteten das kostbare Wasser auf die Mühlräder. Die Karte zeigt ein Beispiel aus dem oberschwäbischen Seengebiet.

Die in früheren Zeiten lebenswichtigen Säge- und Mahlmühlen sind heute nur noch Romantik.

Mühlweiher, Mühlteiche sind Triebwasserspeicher, die manchmal auf »unvordenkliche Zeiten« zurückgehen, wenigstens bis ins hohe Mittelalter. In vielen Schenkungsurkunden der damaligen Zeit und des frühen Mittelalters tauchen – pauschal und formelhaft genannt – Mühlen und Gewässer auf. Darunter dürften auch Mühlteiche gewesen sein. Nicht selten wurden ganze Speicher- und Kanalsysteme angelegt, um die Mühlräder zu jeder Zeit mit ausreichend Wasser versorgen zu können. Alle Mühlweiher sind mehr oder weniger intensiv auch fischereilich genutzt worden.

Ein technisch ausgefeiltes und höchst faszinierendes wasserwirtschaftliches Gesamtkunstwerk ist das heute noch existierende System aus Teichen, Kanälen, Stollen und Aquaedukten im Oberharz. Dieses wurde nach und nach ab dem 16. Jahrhundert ausgebaut, um im Bergbau mit Hilfe der Energiequelle Wasser Blasebälge und Pochwerke (das sind Stampfen zur Zertrümmerung des erzhaltigen Gesteins) zu betreiben, vor allem aber, um die Gruben zu entwässern, also das Wasser zu heben. Dank dieser wasserwirtschaftlichen Meisterleistung konnte sich der Oberharz im 17./18. Jahrhundert zum größten Bergbaugebiet Deutschlands entwickeln. Das am höchsten gelegene Glied in einer Kette – oder besser in einem Verbund – von rund 70 Speicherteichen ist der Oderteich, 1713–1722 gebaut, der auf Grund seiner Staudammhöhe von 18 m und seinem Speichervolumen von 1,6 Millionen m^3 bereits als Talsperre bezeichnet werden muß. Der Oderteich ist die bei weitem älteste Talsperre in Mitteleuropa. Ein Pendant zum Oberharzer System gibt es im sächsischen Erzgebirge, wo man die Anfänge des Wasserbaus bis in 14. Jahrhundert zurückverfolgen kann.

Moderne Gewässer

Verbaute Natur

Die meisten der neueren Speicher und Talsperren haben meist ganz andere Dimensionen als der Oderteich. Sie dienen auch nicht mehr nur als Triebwasserreservoir, sondern sehr unterschiedlichen Zwecken, nämlich der großdimensionierten Energieerzeugung (dies noch direkt vergleichbar mit den alten Speichern), der Trinkwasserversorgung, dem Hochwasserschutz, als landwirtschaftlicher Speicher oder als Reservoir für die Niedrigwasseraufhöhung von Bächen und Flüssen. Andere sind Speicherbecken für die Speisung von Schiffahrtskanälen.

Die großen Talsperren sind recht junge Gewässer. Erst gegen Ende des 19. Jahrhunderts sah man sich in der Lage, statisch sichere, höhere Staumauern zu bauen. Verwendete man zur Abriegelung des Tales zunächst vorwiegend Erddämme, Steinschuttdämme oder gemauerte Dämme, so waren es später Gewichtsmauern aus Beton, Pfeilerstau- und Bogenstaumauern. Die meisten Talsperren sind erst nach dem II. Weltkrieg gebaut worden. In Deutschland gibt es weit über 200 davon, in den Alpen 322, wobei hiervon 126 durch den Aufstau von Naturseen entstanden sind. Manche Staumauer ist jeglichen menschlichen Maßstäben entrückt. Im Wallis staut eine 285 m hohe Mauer den Grande Dixence-Stausee auf! Der Erddamm des Mattmarksees, ebenfalls im Wallis, erreicht 120 m Höhe!

Speicher mit ganz spezieller Funktion sind die Pumpspeicherbecken und die Ausgleichsbecken, die im Rahmen der Energiewirtschaft in kurzen Abständen entleert und wieder vollgepumpt werden. Solche Gewässer sind nicht einmal mehr fischereilich nutzbar.

Große Dimensionen können auch Flußstauseen erreichen, die ebenfalls überwiegend erst im 20. Jahrhundert angelegt wurden. Sie dienen der Reinigung des Flußwassers durch Sedimentation, der Wasserhaltung für die Binnenschiffahrt, der Verringerung des Gefälles und der Wasserkraftnutzung.

Hochwasserrückhaltebecken gibt es in Mitteleuropa erst seit einigen Jahrzehnten, wobei es zumindest in den alten Bundesländern der Bundesrepublik Deutschland in den sechziger und siebziger Jahren einen regelrechten Boom gab. In manchen Regionen sollte fast jeder größere Bach sein Becken verpaßt bekommen. Glücklicherweise wurden längst nicht alle gebaut. Eine belebende Wirkung für die Naherholung versprach man sich von den Dauerstauen oder Grundseen, die allenthalben

Moderne Pumpspeicherbecken werden nachts mit Hilfe überschüssigen Stroms mit Wasser gefüllt. Tagsüber dienen sie der Stromerzeugung.

angelegt wurden. Mancherorts ist die ursprüngliche Bestimmung der Becken darüber völlig in den Hintergrund getreten. Die stark frequentierten Gewässer, wie manche Flußstauseen und Talsperren, sind eigentlich schon fast zu reinen Erholungsseen geworden, auf denen sich an den schönen Wochenenden Tausende von Menschen tummeln.

Problemgewässer – Gewässer für Probleme

Vielfach sehr problematische Gewässer sind die Fischzuchtanlagen, in der Regel ausgerichtet auf Massenproduktion von Bach- und Regenbogenforellen sowie Karpfen. Problematisch deshalb, weil das ablaufende Wasser erwärmt und organisch belastet ist und weil viele dieser Teichgruppen direkt in Quellbereichen angelegt wurden, wodurch man sehr wertvolle Lebensräume zerstört hat.

Klärteiche oder Nachklärteiche werden dazu verwendet, bereits vorgereinigtes Wasser, etwa den Auslauf einer mechanischen Kläranlage, über die Dauer einer bestimmten Aufenthaltszeit durch biochemische Abbauvorgänge nachzuklären. Oft sind mehrere Teiche hintereinandergeschaltet, in denen dann stufenweise das Wasser auf natürliche Weise gereinigt wird. Manchmal ist eine Fischhaltung möglich.

Nahezu wertlos als Lebensraum – es sei denn für Abwasserbakterien und -pilze – sind Abwasser- und Oxidationsteiche, in denen Rohabwasser meist durch Belüftung voraufbereitet wird. Klärteiche sind auch die zum Teil große Ausmaße erreichenden, flachen Becken, in denen leicht belastetes oder mit Schwebstoffen befrachtetes Brauchwasser aus gewerblichen Betrieben, z. B. einer Zuckerfabrik, gespeichert wird. Sie dienen als Absetzbecken und besitzen eine große, verdunstungsaktive Oberfläche.

Wo Wasser ist, ist nicht immer intaktes Leben

Parkseen und -teiche gibt es, seit es die Gartenkunst gibt. Wasser als Wasserspiel, als Wasserfall, ruhig gleitend oder leise plätschernd, in gezirkelten Gerinnen und Behältern oder im »natürlich« gestalteten Weiher (hier wird der Begriff Weiher romantisierend gebraucht) übt auf uns Menschen eine Faszination aus. Spätestens mit dem Bau der für jedermann gedachten Volksparks sind die Parkseen mit ihrem Geflügelreichtum die Attraktion der öffentlichen Grünanlagen. Hier kann »Natur« beobachtet und trockenes Brot entsorgt werden. Parkseen sind meist in einem schlechten Gewässergütezustand.

Auch Schwimmbäder, Freibäder, Waldbäder, Spaßbäder und Erlebnisbäder sind Gewässer, die jedoch nur für den Menschen kurzfristig als Lebens- und Freizeitraum von Bedeutung sind. Schwimmbäder werden permanent mit Chlor und Ozon desinfiziert und umgewälzt.

Naturschutzweiher sind Gewässer, die zum Zweck des Artenschutzes einerseits und aus pädagogischen Gründen andererseits angelegt wurden. Sie können weit draußen in der freien Landschaft, aber auch auf einem Schulgelände liegen. Schwerpunkt ihrer Bestimmung, vor allem, wenn sie außerhalb der Siedlungen ausgehoben wurden, ist meist der Amphibien- und Libellenschutz.

Folientümpel und Gartenteiche sind heute zu Tausenden zu finden an allen geeigneten und ungeeigneten Standorten. Sie dienen oft repräsentativen Zwecken und werden manchmal zu Alibitümpeln ohne großen ökologischen Wert. Viele dieser Kleinstgewässer haben jedoch auch eine nicht zu unterschätzende pädagogische Bedeutung.

Zufällig entstandene Gewässer

Leben in der Spur

Klein- und Kleinstgewässer, die im weitesten Sinne zwar unter Zutun des Menschen, aber doch rein zufällig, ungewollt entstanden und oft schnell vergänglich sind, spielen in unserer Landschaft ebenfalls eine erhebliche Rolle. Es sind anthropogene – durch menschlichen Einfluß entstandene – Gewässer.
Eine ganz kurze Aufzählung mag genügen: Auf fast jeder Baustelle, in jedem Steinbruch, in jeder Kies- oder Tongrube gibt es in kleinen Mulden und anderen Geländevertiefungen, in Fahrzeugspuren, in Baggerlöchern kleine Wasseransammlungen, die für aquatische Organismen kurzfristig Lebensraum sein können. Es sind ephemere Gewässer, die auftauchen und binnen kurzem wieder ganz verschwinden. Manche erhalten nur Niederschlagswasser, andere liegen – vielleicht auch nur vorübergehend – im Grundwasser. Je nach Lage und Umgebung kann die Besiedlung rasch oder langsam gehen. Manches dieser Kleinstgewässer ist schon wieder weg, bevor es ein Tierchen aus Zufall dorthin verschlagen hat.
Rad- bzw. Wagenspuren auf unbefestigten Feld-, aber insbesondere auf Waldwegen erreichen manchmal eine erstaunliche Lebensdauer, wenn sie nicht planiert oder aufgefüllt werden. So kann sich eine recht große tierische Arten- und Individuenvielfalt entwickeln. Ihre Bedeutung wird sehr unterschätzt.
Sehr zwiespältige Gefühle rufen die wassergefüllten Bombentrichter hervor, von denen es in jenen Landstrichen, die in den letzten Kriegsjahren am stärksten unter dem Bombenhagel zu leiden hatten, am meisten gibt. Furchtbare Gewässer, schreckliche Erinnerungen. Andererseits sind Bombentrichter mancherorts die einzigen und oftmals vielseitig besiedelten Feuchtlebensräume. Da eine Nutzung in der Regel nicht stattfindet, sind schon viele verlandet und zugewachsen. Ein Verlust? Verheilte Erinnerung? Ja und nein.
Eine längere Lebensdauer besitzen die Bergsenkungsgewässer, wenn sie nicht durch einen Abfluß angestochen werden. Sie sind überall dort entstanden, wo durch den Bergbau im Untergrund ein Massenverlust stattgefunden hat, die Deckschichten nachgesackt sind und sich diese Hohlform mit Wasser gefüllt hat. Dies kann Niederschlagswasser sein oder Wasser von einem oberirdischen Zufluß, der ebenfalls eingesunken ist und sich aufgestaut hat. Verharmlosend ausgedrückt sind Bergsenkungsgewässer anthropogene Erdfalltümpel, also den Dolinen ähnlich.

Wasser ist oft mehr in der Landschaft präsent, als man glaubt. Da sind kleinste Wasseransammlungen in ausgefaulten Astlöchern, in Baumhöhlen, umgestürzten, vermodernden Bäumen, in Steinmulden, aber auch in menschlich unbeabsichtigt geschaffenen Feuchtstrukturen wie Regenrinnen, Regentonnen, liegengebliebenen Dosen, Scherben und Autoreifen.
Diese Kleinst-Stillgewässer ermöglichen einer Anzahl von kleinen Lebewesen, wie Stechmücken, Zuckmücken und anderen Arten, sich auch in Bereichen fortzupflanzen und zu entwickeln, obwohl keine entsprechenden Feuchtgebiete vorhanden sind.

Feuchtlebensräume als Nebenprodukte

So manche Gewässertypen haben wir Menschen geschaffen, oder wir schaffen sie heute noch bei der Gewinnung von Roh- und Brennstoffen. Zwar wußten wir und wissen wir, daß dabei Gewässer mitunter entstehen, aber sie sind nicht direktes Ziel der menschlichen Tätigkeit in den Abbaugebieten. So sind sie quasi Nebenprodukte menschlichen Tuns.
Ursprünglich sehr weit verbreitet waren die verschiedensten Kuhlen, Löcher, Sölle, Gruben, in denen meist nur sehr kleinflächig Lehm, Ton, Sand und Kies gewonnen wurden und es oft auch eine wassergefüllte Senke gab. Die abgebauten Materialien benötigte man als Baustoff, zur Ziegelherstellung oder als Rohstoff für die Töpferei. Im Norden waren dies dann die Ziegelsölle und die Püttersölle.
Als Besonderheit auf der östlichen Schwäbischen Alb gab es die Bohnerzgruben. Das waren zum Teil recht ansehnliche Gruben, in denen für eine gewerbliche Verhüttung bis bohnengroße Eisen-Konkretionen gewonnen wurden.
Mergel als Düngemittel – sozusagen der erste mineralische Dünger – wurde ab dem 18./19. Jahrhundert eingesetzt. Die Abbauflächen heißen dementsprechend Mergelkuhlen oder -gruben.
Im Laufe der Jahrhunderte sind so Tausende und Abertausende kleiner menschlicher Kratzspuren in der Landschaft entstanden, wieder vernarbt und an anderer Stelle neu entstanden. Heute sind die meisten mit Erde, Müll oder Schutt verfüllt, und es werden durch geänderte Wirtschaftsweisen keine neuen mehr gegraben.
Die ersten kleinen Torfstiche wurden schon vor mehreren tausend Jahren gestochen. Für Süddeutschland gibt es Belege aus der Bronzezeit, daß man den Torf als Brennstoff für kleine Schmelzöfen verwendet hat. Mit gewissen räumlichen Schwerpunkten – im ostelbischen Gebiet sehr viel später – und nicht immer mit der gleichen Intensität hat man den »brennenden Rasen«

Für manche Pioniere wie Kreuzkröte und Flußregenpfeifer sind Sekundärbiotope wichtige Lebensräume.

genutzt und damit die Moore am Rande etwas verändert. Der Abbau blieb an der Oberfläche; Spuren aus der ältesten Zeit sind deshalb kaum mehr vorhanden.

Doch mit einer immer schlimmer werdenden Holzknappheit infolge des Raubbaus an den Wäldern wurde der Torfabbau im 17., hauptsächlich dann im 18. Jahrhundert richtig aktuell und auch lebensnotwendig. Man begann nun auch mit systematischen Entwässerungen und flächendeckendem Abbau. Unzählige Torfstiche entstanden insbesondere dort, wo Moorgebiete an Bauern oder Bürger ausgegeben waren, die auf kleinen Parzellen arbeiteten. Es gab damals und bis weit ins 19. Jahrhundert hinein abenteuerliche Vorstellungen über die unbegrenzte Nutzbarkeit der Moore. Dieser Eindruck konnte entstehen, weil die kleinen Torfstiche rasch zugewachsen waren.

In herrschaftlichen Mooren wurde auch in großen Stichen bereits kommerziell gestochen: ungesunde Schwerstarbeit im Akkord. Ab der Mitte des 19. Jahrhunderts kamen Torfstechmaschinen auf, die sehr tief und vor allem auch unter Wasser stechen konnten. Dies war der Beginn der großflächigen Entwässerung und Ausbeutung, in deren Verlauf die Torfstiche sehr viel größer, tiefer und durchweg steilwandig wurden, was eine schnelle Wiederverlandung verhinderte. Zu Beginn des 20. Jahrhunderts schließlich wurden vielerorts Torfwerke errichtet, mit denen ein industrieller Torfabbau anfing, bei dem dann regelrechte Torfstichseen entstanden, aber vielfach auch ganze Moore aus der Landschaft ausradiert und eliminiert wurden. Der bäuerliche Torfstich war in einigen Gebieten kleinflächig weiterbetrieben worden, so daß auch kleinere Moorgewässer in die Gegenwart herübergerettet werden konnten.

Vor oftmals bizarren Steilwänden liegen die Steinbruchseen und Steinbruchtümpel, die einerseits von Regenwasser und diffus zusammenlaufendem Oberflächenwasser gespeist werden und andererseits – dies gilt vor allem für die Seen – von Sickerwasser, welches aus den Wänden über wasserstauenden Schichten austritt. Diese Gewässer sind teilweise noch sehr nährstoffarm und unbelastet, sind also ausgesprochen wertvolle Lebensräume aus »zweiter Hand«.

Baggerseen entstehen durch sogenannte Naßbaggerungen in ebenen Kies- oder Sandschichten, wo das Grundwasser hoch ansteht. Ältere Abbaustellen dienten dem lokalen Bedarf. Sie lagen zerstreut in der Landschaft und waren kleindimensioniert.

Sehr viel Sand und Kies gewann man auch direkt in den Flüssen, indem man Kiesbänke abtrug. Jahre später hatte der Fluß wieder Geschiebe abgelagert. Mit dem Ausbau der Flüsse und dem Einbau von Wehren und Staustufen versiegte diese Quelle, da der Geschiebehaushalt gestört war: Der Rohstoff wurde nicht mehr einfach herangetragen.

Sehr stark zugenommen hat der Kies- und Sandabbau, seitdem Beton im Hoch- und Tiefbau allgegenwärtig ist. Der formbare Stein Beton ist aus unserer heutigen Zeit nicht mehr wegzudenken. Die exponentiell ansteigende Nachfrage nach den Zuschlagsstoffen Sand und Kies hat in einigen Landschaften zu ei-

Außerordentlich artenreich ist die Libellenfauna unserer Stillgewässer. Faszinierend sind ihre Farben und ihr filigraner Körperbau.

ner völlig unkontrollierten Durchlöcherung, zu einer regelrechten Perforierung geführt. Heute sind die Ausbeutungsflächen richtige Baggerseekomplexe mit Straßen, Schwimmbaggern, Wasch-, Sortier- und Verladeeinrichtungen, kurz mit einer umfangreichen technischen Ausstattung. Die Seen sind meist den Parzellen entsprechend eckig, steilwandig, tief und vom nächsten oft nur durch einen schmalen Kiesrücken getrennt. Stillgelegte Baggerseegebiete sind beliebte Naherholungsziele. Hydrologisch gesehen sind sie Grundwasserseen.

Wassergefüllte Radspuren im Bereich noch nicht befestigter Feld- und Waldwege sind wertvolle Kleinlebensräume. Gelbbauchunke und Bergmolche fühlen sich hier wohl.

Die Tagebaurestgewässer des Braunkohlenabbaus, einfach gesagt die Braunkohlenseen, sind noch recht junge Gebilde und haben sicherlich noch eine Zukunft vor sich, auch was die Neuentstehung angeht, denn der Braunkohlenabbau wird wohl so schnell nicht eingestellt werden. Anfang des 20. Jahrhunderts wurde dieser Brennstoff noch in kleinen Gruben und Schachtanlagen gewonnen. Der Übergang zum Tagebau bedeutete, daß man großflächig bis zu mehrere 10 m mächtige Deckschichten abtragen und lagern mußte, um an die Kohlenflöze zu kommen. Im rheinischen Braunkohlenrevier werden jährlich etwa 120 Millionen t Kohle abgebaut. Die Landschaften erhalten durch die Gruben, Halden, Kippen, umgelegten Gewässer und Grundwasserabsenkungen ein völlig anderes Gesicht, was weniger als vorteilhaftes Lifting, sondern eher als eine Verunstaltung anzusehen ist. Nach Beendigung des Abbaus läßt man die sich mit den Deckschichten teilaufgefüllten Gruben kontrolliert mit Wasser füllen: Der Braunkohlensee ensteht allmählich, tief und steilwandig. Die Ausmaße können gigantisch sein. Der Senftenberger See in der Niederlausitz etwa besitzt eine Fläche von 1475 ha! Die »Eingliederung« der Abbauflächen ist eine äußerst schwierige, langwierige und kostspielige Angelegenheit, zumal es sehr fragwürdig ist, ob sich Flächen mit diesen Dimensionen überhaupt eingliedern lassen, da es keinen landschaftlichen Rahmen mehr gibt.

Übersicht

Natürliche Gewässer

	See / Flachsee	*Tümpel*
Karstgewässer	Höhlensee Karstsee	Höhlentümpel Erdfalltümpel Dolinentümpel
Halogene Gewässer	Erdfallsee	Erdfalltümpel
Tektogene Gewässer	Grabensee Muldensee	
Vulkanogene Gewässer	Maar Kratersee	
Glazigene Gewässer	Eisrandstausee Zungenbeckensee Toteissee Rinnensee Karsee Gletschersee Noor	Soll Alpiner Tümpel Almtümpel
Periglaziale Gewässer	Thermokarstsee Deflationssee	Heideweiher
Pluvigene Gewässer		Regenwassertümpel
Moorgewässer	Moorsee	Moorkolk Blänke Flark
Staugewässer	Bergsturzsee Kalktuffdammsee	Bergsturztümpel
Küstengewässer	Bodden Haff Strandsee	Dünentümpel Wehle Brake
Augewässer	Altwasser* Altarm*	Totarm* Autümpel Qualmwassertümpel Überschwemmungs-tümpel

*oft auch künstlich entstanden

Künstliche Gewässer = anthropogene Gewässer

Bewußt und zu einem bestimmten Zweck angelegte Gewässer

See / Flachsee	*Weiher / Teich*	*Tümpel*
Talsperre Stausee Flußstausee Pumpspeicherbecken Parksee Schwimmbad Hochwasserrückhaltebecken	Fething Dorfweiher Feuerlöschteich Deichelweiher Bleicheweiher Fischteich Wässerungsweiher Burggraben Schloßgraben Stadtgraben Festungsgraben Floßweiher / Klause Mühlteich Speicherteich Hochwasserrückhaltebecken Fischzuchtanlage Parkteich	Tränketümpel Schwemme Waschgrube Eisweiher Dränkuhle Röstgrube Klärteich Naturschutzweiher Folientümpel Gartenteich

Zufällig entstandene Gewässer

Bergsenkungsgewässer	Wagenspur Bombentrichter Bergsenkungstümpel Baumhöhlentümpel

Gewässer als Nebenprodukte

Steinbruchsee Torfstichsee Baggersee Braunkohlensee	Mergelkuhle Tongrubentümpel Lehmgrubentümpel Sandgrubentümpel Steinbruchtümpel Handtorfstich

Stillgewässer, die keine mehr sind

Der Mensch hat über viele Jahrhunderte hinweg für ganz spezielle Nutzungen Weiher, Kuhlen, Gruben, Tümpel angelegt und hat sie durch die Nutzung am Leben erhalten. Die große Menge an Gewässern und die große Vielfalt gibt es heute nicht einmal mehr annäherungsweise. Die meisten Kleingewässer sind zu ökonomisch nutz- und zwecklosen Objekten geworden, und man hat sie trockengelegt, aufgefüllt, im besten Fall noch verlanden lassen. Auf diese Weise sind ungezählte dieser Gewässer einfach von der Bildfläche verschwunden. Man kann diese Aussage auf fast jeden beliebigen Landschafts- oder Verwaltungsraum beziehen.

In zwei Gebieten der östlichen Schwäbischen Alb, auf dem Härtsfeld und dem Albuch, gab es zur Zeit der ersten Landvermessung (1818–1840) noch 683 Hülben, also kleinere Dorf-, Wiesen- und Feldweiher. Zu Beginn der achtziger Jahre des 20. Jahrhunderts waren es gerade noch 284 und sehr viele davon in einem ökologisch und landschaftlich nicht zufriedenstellenden Zustand.

Dieses Kleingewässersterben setzt sich noch weiter fort. Es gab sogar noch eine Beschleunigung zwischen 1960 und 1980. Auf den topographischen Karten von Schleswig-Holstein beispielsweise waren in der Ausgabe von 1973 noch rund

Werden und Vergehen von verschiedenen Weihertypen am Beispiel Südwestdeutschlands in zeitlicher Sicht

Weihertypus	*Zeitraum der Entstehung*	*Zeitraum der Auflassung und Beseitigung (Schwerpunkt)*	*Hauptursachen der Aufgabe*
Dorf- und Hofweiher, Feldweiher, Hülben, Wetten	parallel zur Rodungstätigkeit und Siedlungsentwicklung	seit Ende des 19. Jh.	Ausbau der zentralen Wasserversorgung, Einführung der Stallfütterung
Mühlweiher	ab Karolingerzeit	ab Mitte 19. Jh.	Umstellung auf andere Energieträger, zentrale Energieversorgung, Aufgabe des Getreideanbaus, Industrialisierung von Handwerk und Gewerbe
Fischweiher	Spätmittelalter	1750–1850	Preisverfall bei Fischen, Agrarstrukturwandel, veränderte Marktlage
Wässerungsweiher	Spätmittelalter	nach dem 2. Weltkrieg	Einführung von Mineraldüngung und Güllewirtschaft (die Gräben stören), Nutzungsaufgabe von Hanglagen (Aufforstungen)
Röstgruben	Spätmittelalter, 19. Jh.	ab Ende 19. Jh.	Aufgabe von Hanf- und Flachsanbau, industrialisierte chemische Rostverfahren
Deichelweiher	ab Ende Hoch- und im Spätmittelalter parallel zur Städtebildung	ab Mitte 19. Jh.	keine Verwendung von Holzröhren mehr
Floßweiher / Schwellweiher	Ende Spätmittelalter bis 19. Jh.	Ende des 19. Jh.	Aufgabe der Flößerei wegen Ausbau des Eisenbahnnetzes und Schiffbarmachung der Flüsse
Eisweiher	19. Jh. mit Aufkommen der Braunbiere	nach dem 2. Weltkrieg	Einsatz von Kältemaschinen
Bleicheweiher	Spätmittelalter	ab frühe Neuzeit	Aufgabe der hochkommerzialisierten Leinwandherstellung und vor allem -verarbeitung, chem. Bleichverfahren

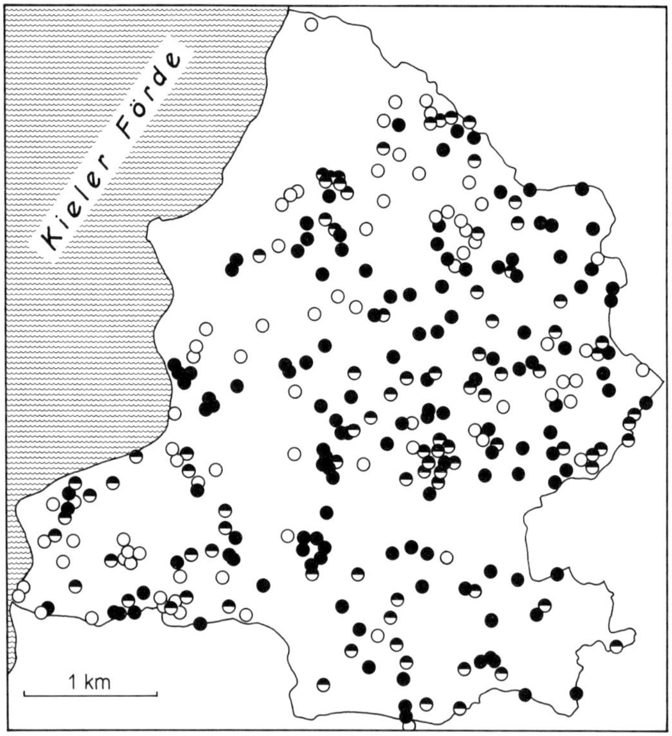

In der Gemeinde Heikendorf sind nur noch wenige Kleingewässer vorhanden (ausgefüllte Kreise). Nur ein Bruchteil von ihnen ist intakt.

33 000 Kleingewässer eingetragen. Eine Untersuchung von 1976 ergab einen Verlust von 34 Prozent. Im Münsterland/Westfalen verschwanden auf einer Fläche von 11 x 11 km (ein Meßtischblatt) innerhalb von 23 Jahren (1963–1986) 40 Prozent der Kleingewässer. Ursache war insbesondere der Grünlandumbruch.

Neben den angeführten Gründen und Ursachen für die Nutzungsaufgabe verschiedener künstlich angelegter Stillgewässer wurden sehr häufig die hygienischen Probleme genannt. So wurde z. B. der »See zu Lauffen« (bei Heilbronn), der 1454 als größter altwürttembergischer Weiher in einer verlassenen Neckarschlinge angelegt worden war, 1820 trockengelegt, um den »Anlaß des endemischen Fiebers, welches beim Ausschlagen des Sees sich zu zeigen pflegte, zu beheben«. Und natürlich fielen sehr viele Kleingewässer dem Verkehrswegebau zum Opfer.

Ebenfalls ganz gezielt und in großem Stil wurden etwa ab der Mitte des 18. Jahrhunderts Tausende von Fischteichen in den meisten Teichlandschaften trockengelegt. In den Originalquellen von damals werden ganz stereotyp die Begründungen genannt: der Preisverfall bei Fischen sei extrem und man müsse die anderen landwirtschaftlichen Nutzungen ausdehnen und intensivieren. Die Landwirtschaft wurde »modern«, die ganze Gesellschaft fortschrittsgläubig. Bereits verlandende Teiche sah man als Brutstätten »fiebererzeugender Miasmen«. Ein übriges dazu tat dann die politische Neuordnung Mitteleuropas durch und nach Napoleon und die Aufhebung vieler Klöster. Es wurde trokkengelegt, was nur trockenzulegen war. Zwei zeitgenössische Zitate geben eine Vorstellung von der damaligen Mentalität. Der Kameralamtsverwalter des aufgelösten Klosters Weingarten in Oberschwaben schrieb 1839 in einem Gutachten: »Viele stehende Gewässer zeugen von der minderen Kultur des Landes; wo der Mensch wohnt, da müssen Fisch und Wasser weichen«. Und die frommen Deutschordensleute, in deren Besitz die kleine, fischweiherreiche Herrschaft Achberg unweit des Bodensees war, meinten, als sie sich entschlossen hatten, Weiher trockenlegen zu lassen, daß »die Natur des baren Geldes immer besser sei als jene der Fischerei«. Sie erzielten aus der Wiesennutzung einen doppelt so hohen Pachtzins wie aus der Fischerei.

Die holsteinische Teichwirtschaft schrumpfte 1850 von ehedem etwa 6000 ha Fischereifläche auf rund 2000 ha. Ein Beispiel aus dem Alpenvorland: von den 849 meist größeren bis großen Weihern, die für die Zeit vor 1818 im Landkreis Ravensburg nachgewiesen werden konnten, tauchen nach 1818 in den Urflurkarten gerade noch 201 auf. Da die Weiher fast immer in Ketten oder Verbundsystemen angelegt worden waren, wurden manche Gebiete auf einen Schlag nahezu völlig entwässert.

Aus der gleichen Mentalität heraus ging man auch den natürlichen Seen ans Leder, ob sie Müritz (Mecklenburg), Chiemsee (Bayern) oder Neuenburgersee (Westschweiz) hießen. In der Schweiz wurden seit dem 18. Jahrhundert der Thunersee im Zuge der Kandereinleitung, der Vierwaldstätter See, Zürichsee, Genfer See, Zugersee und einige andere reguliert, das heißt am Abfluß mit entsprechenden Wehren oder Schützen versehen. Obwohl es auf den ersten Blick nicht den Anschein hat, wurde auch in die Gewässerlandschaft am Fuße des Schweizer Jura um den Bieler See in den 70er und 80er Jahren des 19. Jahrhunderts im Rahmen der sogenannten 1. Juragewässerkorrektion massiv eingegriffen. Murten-, Neuenburger- und Bieler See, alle drei tektogene Seen, deren Becken zusätzlich vom Gletschereis ausgeräumt wurden, senkte man um etwa 2,5 m ab, damit sie als riesige Rückhaltebecken die Hochwässer der unbändigen Aare aufnehmen konnten, die regelmäßig riesige Flächen unter Wasser gesetzt hatte. Dazu mußte eigens ein Kanal für die Aare durch einen Geländerücken zum Bieler See gebaut werden,

Landschaftsausschnitt westlich von Ravensburg

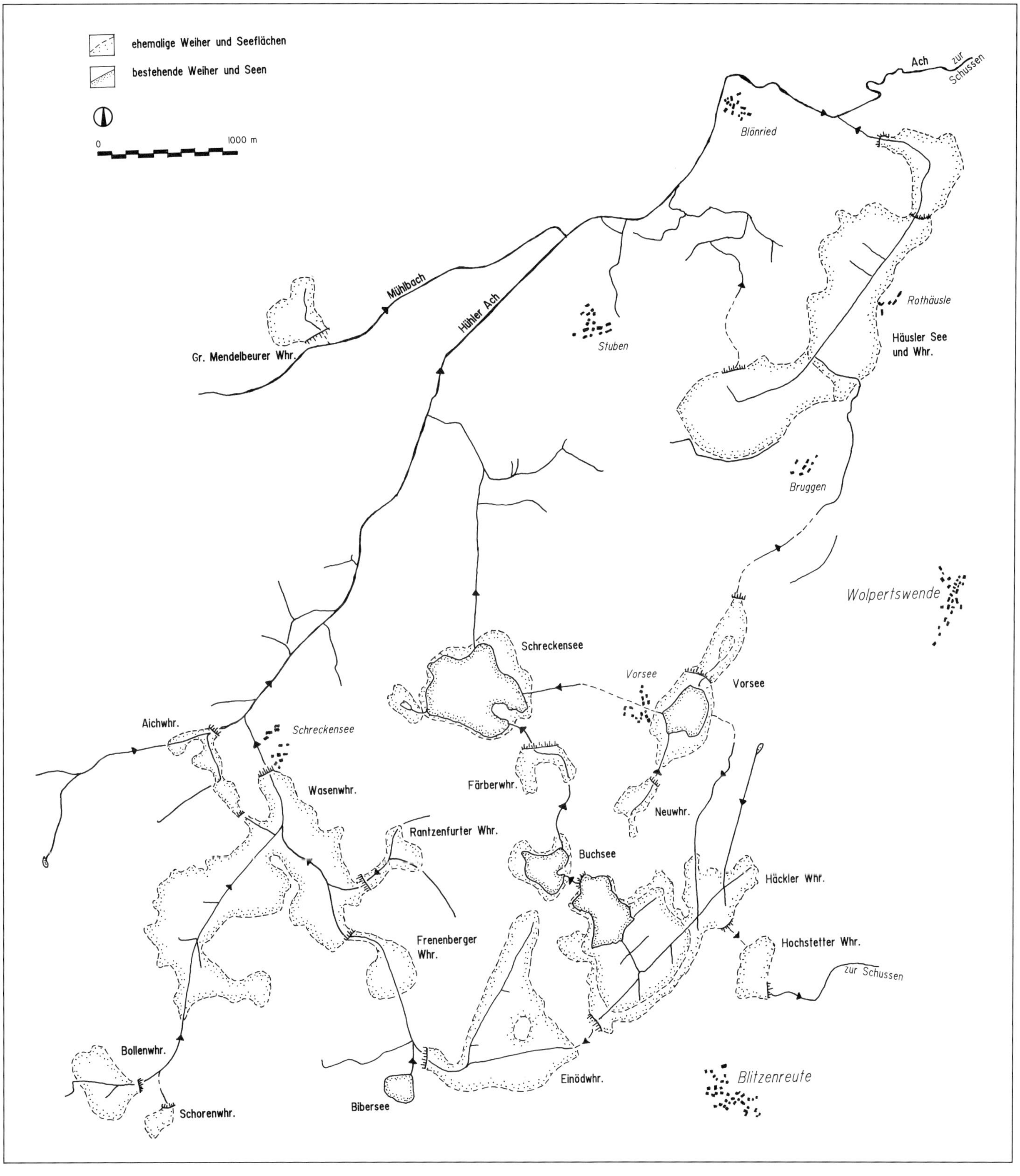
ehemalige Weiher und Seeflächen
bestehende Weiher und Seen
0
1000 m
Ach
zur Schussen
Blönried
Mühlbach
Hühler Ach
Rothäusle
Gr. Mendelbeurer Whr.
Stuben
Häusler See und Whr.
Bruggen
Wolpertswende
Schreckensee
Vorsee
Vorsee
Aichwhr.
Schreckensee
Wasenwhr.
Färberwhr.
Neuwhr.
Rantzenfurter Whr.
Buchsee
Häckler Whr.
Frenenberger Whr.
Hochstetter Whr.
zur Schussen
Bollenwhr.
Einödwhr.
Blitzenreute
Schorenwhr.
Bibersee

Oft werden Tümpel nur als willkommene Deponien betrachtet.

denn die Aare floß etwa 8 km am See vorbei. Ziel war es, aus der großen Ebene vor dem Jura einen einzigen großen, hochwasserfreien Garten zu machen.

Im westlichen Niedersachsen gab es um 1900 noch regelrechte Seenplatten, von denen heute nichts mehr oder allenfalls klägliche Reste übrig geblieben sind. In der Wulfenauer Mark bei Quakenbrück zählte man mehr als 30 Seen. Alle diese relativ flachen Stillgewässer wurden entweder gezielt als Ödland trockengelegt, oder sie fielen großflächigen Grundwasserabsenkungen zum Opfer. Im übrigen war auch die Trockenlegung des über 12 qkm großen Dümmer im Jahre 1860 von der hannoverschen Regierung ins Auge gefaßt worden.

Der Federsee in Baden-Württemberg, nach dem internationalen Bodensee der zweitgrößte See dieses südwestdeutschen Bundeslandes, mußte in den Jahren 1787/88 und zum zweiten Mal 1809 Fällungen über sich ergehen lassen. Die Initiatoren versprachen sich in einer damals durchaus verbreiteten Euphorie und Blauäugigkeit fruchtbares Neuland zum Torfstich, für den Wiesenbau, die Weide- und Grünlandwirtschaft, außerdem Verbesserungen für die Volksgesundheit und die Verkehrsinfrastruktur. Die erste Seespiegelsenkung um 85 cm brachte 415 ha, die zweite um 114 cm ca. 400 ha Neuland. Diese waren jedoch keineswegs so nutzbar, wie man sich das vorgestellt hatte. Die wenig fruchtbaren und schwer entwässerbaren Böden überließ man deshalb sehr bald wieder sich selbst, worauf sich ausgedehnte Röhrichte, Riede und Naßwälder entwickelten, die heute allesamt zu einem nicht nur für die Vogelwelt bedeutsamen Naturschutzgebiet gehören.

Es gab auch recht wechselhafte Entwicklungen. Von vielen Seen Brandenburgs – etwa im Raum des ehemaligen Klosters Chorin oder bei Feldberg – weiß man zum Beispiel, daß sie im 12./13. Jahrhundert um mindestens 1 m niedriger und im 17./18. Jahrhundert um 1 m höher lagen als heute. Als Ursache für die Spiegelanhebungen im ausgehenden Spätmittelalter wird die Anlage zahlreicher Mühlenstaue und ein feuchteres Klima angenommen. Die Absenkungen der beiden letzten Jahrhunderte sind wiederum auf Regulierungen, Fällungen und die Beseitigung von Mühlenstauen zurückzuführen.

In der Lausitz gehen heute noch Fischteiche dadurch verloren, daß sie in die Grundwasserabsenkungstrichter des Braunkohlen-Tagebaus geraten und einfach auslaufen, weil der Gegendruck des Grundwassers wegfällt.

Da scheint es geradezu ein Anachronismus zu sein, daß man den Bodensee diesbezüglich in Ruhe gelassen hat.

Was kennzeichnet Seen, Teiche, Tümpel und andere Stillgewässer?

Form und Gestalt

Seen, Teiche, Tümpel sind Lebensräume mit sehr unterschiedlichen Eigenschaften, und sie beherbergen sehr unterschiedliche Lebensgemeinschaften. Das Sediment, der Wasserkörper, Pflanzen und Tiere stehen in mittelbaren oder unmittelbaren Wechselbeziehungen zueinander, wirken also aufeinander ein oder bedingen sich gegenseitig. Wenn nun im folgenden einige, die Gewässer charakterisierenden Merkmale aus Gründen der Übersichtlichkeit nacheinander abgehandelt werden, so dürfen die Gesamtzusammenhänge nicht vergessen werden.
Werfen wir zunächst einen Blick auf die Gestalt der Stillgewässer, in der meist schon ein ganzes Stück Individualität und Unverwechselbarkeit zum Ausdruck kommt. Sie können flach (bis 4 m), mäßig tief (4–12 m), tief (12–32 m) oder sehr tief (>32 m) sein, wobei der relative Tiefenbereich eine mehr oder weniger große Fläche des Gewässerbodens ausmachen kann: Ist ein See überwiegend tief, oder hat er nur an einer Stelle ein tiefes Loch? Um dies auszudrücken, wird neben der maximalen Tiefe auch meist die mittlere Tiefe angegeben bzw. ermittelt.
Vom Grundriß her gesehen gibt es eher rundliche und eher längliche bzw. lange Seen, aber auch solche, die man eigentlich keiner Grundform zuordnen kann. Wo dies jedoch möglich ist, ist »lang« mindestens 5mal so lang wie breit. Man hat versucht, den Umriß eines Sees mit einer einfachen Formel zu erfassen, um ein Maß dafür zu haben, wie eng verzahnt das Gewässer mit seinem Umland ist, das heißt auch, wie stark die Umgebungseinflüsse potentiell sind (z. B. von landwirtschaftlichen Flächen), und schließlich, wie das Verhältnis zwischen der flacheren Uferzone und der gesamten Oberfläche ist. Man hat für diese Beziehung den Begriff der Uferentwicklung geprägt.

Die Formel lautet: $$U = \frac{l}{2\sqrt{\pi \cdot G}}$$

U = Uferentwicklung
l = Uferlänge
G = Gewässeroberfläche

Je größer U ist, um so stärker ist die Uferlinie in Buchten zerteilt. Am kleinsten ist U bei einem Kreis.

Die Hohlform, in der das Gewässer liegt, kann ebenfalls sehr unterschiedlich gestaltet sein, und sie steht oft mit der Entstehungsgeschichte in Verbindung. Diese »Behälter« lassen sich ganz grob aufgliedern in
- Mulden, Pfannen (rundlich), Wannen (eher langgestreckt) für flache Gewässer
- Schale und Trog für tiefere Gewässer
- Rinne (V-förmig) und Kessel (U-förmig) für tiefe bis sehr tiefe Gewässer.

Sinnvoll ist hierbei noch zusätzlich die Angabe über die Größe des Gewässers, wobei Gewässer
- bis 6 ha klein,
- von 6 bis 25 ha ziemlich klein,
- von 25 bis 100 ha mittelgroß,
- von 100 bis 650 ha groß und
- ab 650 ha Fläche sehr groß

sind. Dies sind sehr pragmatische und auch sinnvolle Gliederungen, aber noch keinesfalls Konvention. Was die Gestalt der Hohlform angeht, so kann natürlich ein und dasselbe Gewässer in verschiedenen Teilen wannen- und trogförmig sein oder zum Beispiel Kessel in einer Schale besitzen. Künstliche Stillgewässer sind oft gekennzeichnet durch einen im Längsschnitt nur in eine Richtung geneigten Grund – etwa bei Flußstauungen, Fischteichen in Tallagen oder Hochwasserrückhaltebecken.

Wasserspeisung, Wasserführung

Sehr wichtige Unterscheidungsmerkmale sind die jeweiligen hydrologischen Eigenschaften unserer Gewässer. Wir müssen uns die Frage stellen, woher das Wasser kommt, wie lange es im Gewässer bleibt und wie die Wasserführung ist. Herkünfte können sein: Regenwasser, welches direkt auf die Wasseroberfläche trifft; Schmelzwasser aus Schnee oder Eis; diffuser Oberflächenabfluß; Fließgewässer; Grundwasser. Es ist klar, daß jeder See Regenwasser oder diffuses Oberflächenwasser abbekommt. Entscheidend sind jedoch die dominierenden Herkünfte, weil sie die Eigenschaften des Gewässers prägen. So kann es sich dabei um saures, stickstoffangereichertes Regenwasser, schwermetallbelastetes Schmelzwasser, nährstoffreiches Sickerwasser aus landwirtschaftlichen Flächen, schwebstoff- und abwasserbefrachtetes Bachwasser oder klares, kaltes, aber nitratreiches Grundwasser handeln. Aus dem Wissen über die Herkunft wird auch einiges deutlich über die Rolle oder Funktion des jeweiligen Stillgewässers als Wasserspeicher in der Landschaft, als hydrologischer und chemischer Puffer (evtl. werden Säureschübe abgepuffert), als Sedimentations-

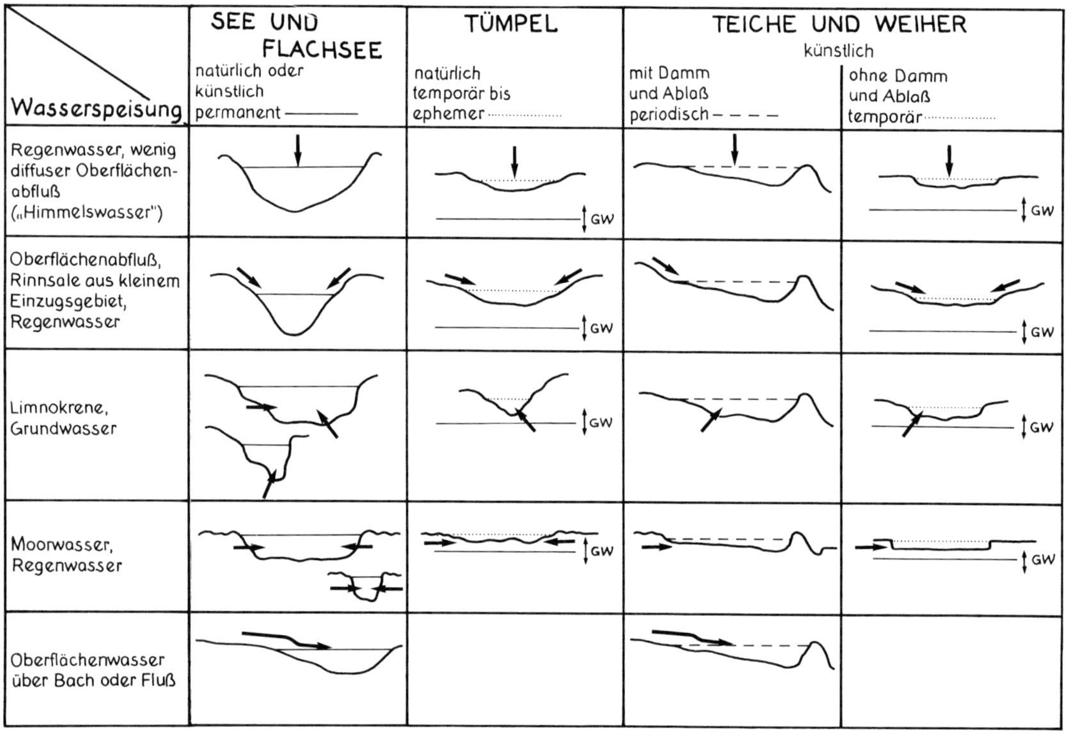

becken, als Schadstoffdepot oder als Ventil für den Grundwasserkörper.

Eigentlich sehr wichtig, aber meist nur von theoretischem Wert ist die Erneuerungszeit des Wasserkörpers, also die Frage, in welchem Zeitraum das gesamte Wasservolumen ausgetauscht wird. Dies sagt uns möglicherweise etwas über die Belastbarkeit eines Sees. Die wirkliche Erneuerungszeit ist ganz stark abhängig von der Gestalt des Gewässers und natürlich von der Art der Wasserspeisung. Ein länglicher See mit starken Grundwasserquellen, sogenannten Limnokrenen, und einem oberirdischen Abfluß wird sich natürlich sehr viel schneller erneuern als ein in viele Buchten zerteilter See, der von einigen kleinen Bächen gespeist wird. Die Durchströmungsverhältnisse sind hier auch ganz unterschiedlich. Manche Buchten und auch einige Tiefenwasserbereiche werden möglicherweise gar nicht vom Austausch erfaßt.

Ein weiterer ökologischer Faktor ist die Eisbildung, die außer mit der geographischen und der Höhenlage direkt mit der Gestalt und dem Volumen des Gewässers sowie der Wasserspeisung zusammenhängt. Eine Eisschicht verhindert die Verdunstung und die Sauerstoffaufnahme aus der Luft, und sie verändert das Lichtklima im Gewässer, weil Strahlung reflektiert, absorbiert und gebrochen wird. Die Eisschicht ist aber auch eine Isolation gegenüber den Unbilden der Witterung und tiefen Temperaturen. So bleibt auch über den Winter hinweg in Gewässern ab einer gewissen Tiefe eine Art von Lebensqualität erhalten.

Flache Gewässer frieren sehr schnell zu und können auch lange zugefroren bleiben. Tiefe Seen – außer den Gebirgsseen natürlich – gefrieren meist nur am Rande, weil im großen Wasserkörper sehr viel Wärme gespeichert ist und die Wasserbewegung auf der Oberfläche eine Eisbildung erschwert. Fließwassergespeiste Seen frieren im Strömungsbereich des Zuflusses nur selten zu. Überwiegend grundwassergespeiste, also winterwarme Gewässer bleiben das ganze Jahr über offen. Auf Seen mit schwächeren Grundwasseraustritten am Grund kann man im Winter im Eis große kreisrunde, dunkle Flecken sehen, wo das Eis dünner und klarer ist.

Für die Lebensgemeinschaften im Wasser und im Sediment von existentieller Bedeutung ist die Häufigkeit und die Dauer der Wasserführung. Hier unterscheidet man folgende Typen:

- *Permanent* sind Gewässer, wenn sie immer Wasser führen. Ihr Wasserspiegel kann bei größeren Gewässern jedoch saisonal erheblich schwanken, bei kleineren Gewässern bereits nach einer längeren Regenperiode oder gar nach einem starken Niederschlagsereignis.

- *Temporär* sind Gewässer, die meist über eine bestimmte Zeit des Jahres, etwa im Spätsommer, trockenfallen und insgesamt von starken Wasserspiegelschwankungen geprägt sind. Temporäre Gewässer sind immer flach und meist auch klein.
- *Periodisch* sind Gewässer, die in gewissen Abständen trokkengelegt werden (klassisch: der Fischteich). Die Wasserspiegelschwankungen während der wasserführenden Phase sind meist gering. Die periodischen Gewässer sind ablaßbar und meistens besitzen sie einen Damm.
- *Ephemer* sind Gewässer, die nur vorübergehend und oft auch in unregelmäßigen Abständen – etwa als Reaktion auf ein Regenereignis – Wasser führen. Sie sind immer flach und meistens klein.

In Trockenphasen oder bei Trockenfallen der Uferpartien finden natürlich Umsetzungen und Abbauvorgänge statt, die die Eigenschaften der Sedimente verändern. Wichtig ist insbesondere, daß die organischen Bestandteile mineralisiert, d. h. zu Nährstoffen in pflanzenverfügbarer Form abgebaut werden.

Sedimente – Die Böden der Stillgewässer

Der Unterwasserboden, das Sediment, ist ein ganz wesentliches Element jedes Gewässers, es sei denn, der Grund besteht aus Plastikfolie oder Beton. Im Sediment des flachen Gewässers haften oder wurzeln die Wasserpflanzen, und sie entnehmen ihm Nährstoffe. Es ist Lebensraum für sehr unterschiedliche Organismen, ganz speziell jedoch für solche, die organisches Material – abgestorbene Pflanzen und Tiere – abbauen und mineralisieren. Das Sediment ist ein Depot, welches immer mächtiger werden kann, bis es den See geschluckt hat. Es steht in stofflichem Austausch mit dem Wasser, kann also auch Nährstoffe wieder abgeben, z. B. Phosphor, und damit das Wasser düngen.
Generell wird unterschieden zwischen solchen Sedimenten, die der See gleichsam selber erzeugt, das sind autochthone Sedimente wie Seekreide oder Kalkmudde, und solchen, die über einen Bach oder Fluß von außen hereingetragen werden, dies sind allochthone Sedimente wie Lehm oder Sand.
Die Gliederung der Seesedimente folgt einigen wenigen einfachen Kriterien: Ob sie mineralischer oder organischer Herkunft bzw. wie hoch deren jeweilige Anteile sind, wie die Körnung

Ein ganz normaler Vorgang: Ein See verlandet, indem der Unterwasserboden allmählich an die Oberfläche wächst.

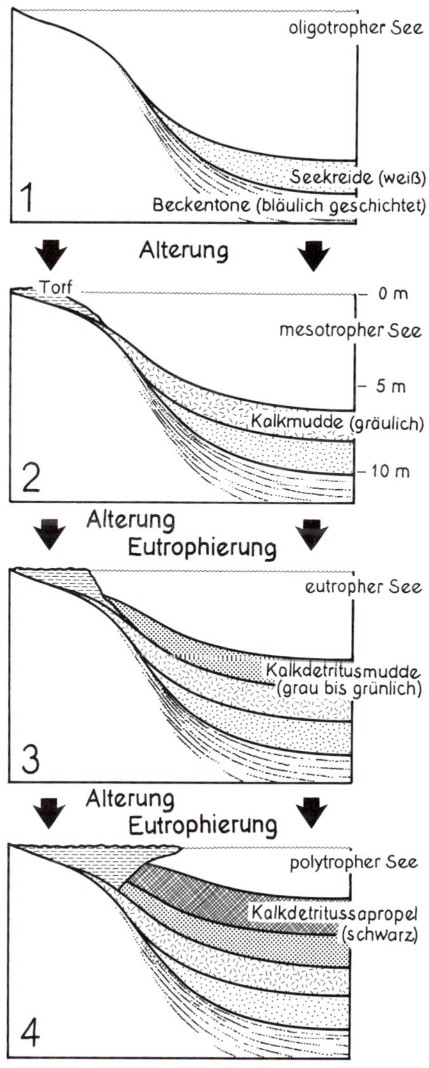

und Herkunft der mineralischen Bestandteile, der Kalkgehalt und der Sauerstoffgehalt sind.
Bei sehr jungen oder jung gebliebenen Gewässern besteht der Untergrund aus dem anstehenden Gestein, also etwa Moränenmaterial oder tertiären Sanden, aus Geröll oder Hangschutt wie in den Alpen oder aus dem örtlichen Boden, etwa bei ganz flachen Tümpeln oder in Hochwasserrückhaltebecken. In Mooren ist das Stillgewässer meist allseits in Torf eingebettet. All das sind aber noch keine Sedimente.
In den meisten glazigenen Seen – die mit Abstand häufigsten natürlichen Gewässer – steht im Untergrund feiner See- oder Beckenton an, der nach dem Rückzug der Gletscher von den Schmelzwasserflüssen in die tiefen Becken eingetragen worden war. Bei den Gletscherseen in den Alpen können wir diesen Prozeß heute noch beobachten. In großen Becken können diese Tonschichten mehrere 100 m Mächtigkeit erreichen. In den meisten unserer Seen sind sie jedoch schon längst von jüngeren Sedimenten überdeckt. Sedimente finden wir in der Natur oft aufeinandergeschichtet, so daß die folgende Aufzählung auch einen Entwicklungsprozeß widerspiegelt, der etwa im Laufe einer natürlichen oder vom Menschen induzierten Alterung abläuft.
Rein mineralische Sedimente sind z. B. Sande aus silikatischem, oft saurem Gestein oder aber Kalksande. Gröberes Material aus kalkinkrustierten Muschel- oder Schneckenschalen nennt man Schill oder regional auch Schnegglisand. Dies findet man nur in den flachen Uferzonen, wo die meisten Schnecken und Muscheln ihren Lebensraum haben. Seekreide ist ein feiner Kalkschlamm, der, wenn er nicht von jüngeren darüberlagernden Sedimenten zusammengepreßt wurde, bei Störung leicht aufgeschwemmt wird. Die Seekreide besteht aus zerkleinerten Kalkkrusten, die sich um Algen angelagert hatten, und oft noch aus zerfallenen inkrustierten Armleuchteralgen. Sie hat dann eine Röhrchenstruktur. Dicht gelagerte Seekreide wurde früher als begehrter Rohstoff für die Kalkherstellung oder als Düngemittel unter dem Namen Wiesenkalk abgebaut, so an entwässerten Seeufern oder unter dem Torf von Verlandungsmooren.
Die Übergänge zu den organisch geprägten Seesedimenten sind fließend. Die erste große Gruppe sind die sauerstoffhaltigen Mudden, die gekennzeichnet sind durch einen gewissen mineralischen Anteil und einen höheren Gehalt an Detritus. Das sind feinere oder gröbere Pflanzenteile (Detritus heißt »das Zerriebene«). Mudden haben oft eine gallertartige Konsistenz, hervorgerufen durch die Schleimhüllen reichlich vorhandener Algen. Wir können ganz grob unterscheiden zwischen den silikatischen Ton- bis Sandmudden, den Kieselalgenmudden in Gebieten mit ebenfalls silikatischen Gesteinen, den Kalkdetritusmudden, die oft den Seekreideschichten aufgelagert sind, und den Detritusmudden, die einen geringeren Kalkgehalt besitzen. Eine ganz spezielle Mudde ist die Torfmudde, auch Dy genannt, die sich in sauren Gewässern und Moorgewässern bildet.
Die zweite große Gruppe der organischen Sedimente umfaßt die sauerstoffarmen und -freien Faulschlämme oder Sapropele. Dies sind typische Sedimente der sehr nährstoffreichen, hochproduktiven Gewässer, in denen ständig große Massen von abgestorbenen Algen zu Boden sinken. Die Sapropele haben eine bläuliche bis schwärzliche Farbe, bei Erschütterung treten Faulgase aus, und die ganze Masse stinkt nach faulen Eiern (Schwefelwasserstoff). Man unterscheidet wiederum zwischen Ton- bis Sandsapropelen, Kalksapropelen und fein oder grob strukturierten Detritussapropelen.

Schichtung und Umwälzung

Stehende Gewässer haben die Eigenschaft, sich in bestimmten Zeiten des Jahres zu schichten, und zwar mehr oder weniger stabil. Dies hängt zusammen mit der Dichte des Wassers, die mit steigender Temperatur des Wassers abnimmt. Je kälter also irgendeine Volumeneinheit Wasser wird, desto schwerer wird sie auch. Am schwersten ist ein Kubikmeter Wasser aber nicht etwa kurz vor der Eisbildung, sondern bei 4° C. Man spricht hier von der Dichteanomalie des Wassers. Auch Eis ist leichter als das 4° C warme Wasser. Übertragen auf einen See heißt das, daß das sich gegen den Sommer hin erwärmende Oberflächenwasser als »Leichtwasser«-Schicht oben und das kältere, schwerere Tiefenwasser unten bleibt. Dazwischen liegt ein dünnes Wasserpaket, die Sprungschicht, innerhalb derer die Temperatur rasch

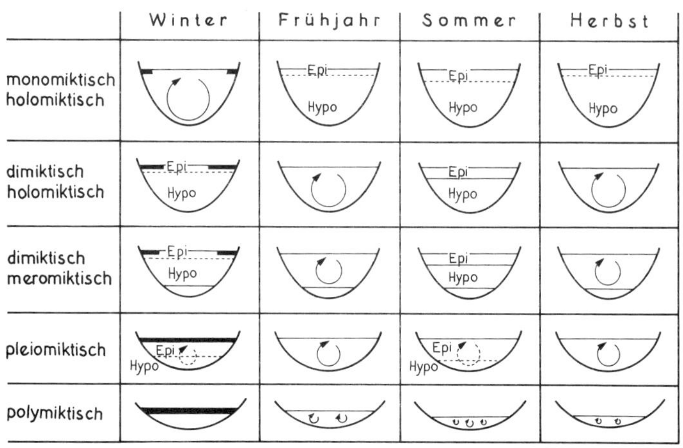

Gliederung von Stillgewässern nach ihrem Schichtungs- und Umwälzungsverhalten.

zurückgeht. Wir haben das schon selbst erlebt, wenn wir im Frühsommer an den Baggersee zum Baden gehen: Oben ist es schon angenehm warm, man hat aber Befürchtungen, an den Füßen vor lauter Kälte einen Krampf zu bekommen.
Die obere Schicht (Epilimnion) wird im Laufe des Sommers mächtiger, die kleiner werdende untere Schicht (Hypolimnion) behält ihre 4° C: Die sogenannte Sommerstagnation, also die sommerliche Wasserschichtung ist eingetreten. Dies gilt jedoch nur für Seen, die tiefer als 10 m sind. Ebenfalls wenig ausgeprägt ist die Schichtung bei Gebirgsseen und voralpinen Seen, die im Sommer reichlich kaltes Wasser aus dem Gebirge bekommen.
Im Herbst kühlt das Oberflächenwasser wieder ab, wodurch der Dichteunterschied zwischen Oberflächen- und Tiefenwasser aufgehoben wird. Die Schichtung löst sich auf, und Wind und Wellen sind in der Lage, das tiefere Wasser in eine Umwälzungsbewegung einzubeziehen. Dies ist dann die Phase der Vollzirkulation, bei der bis in die Tiefe die gleiche Temperatur (4° C) und die gleiche Sauerstoffversorgung herrschten. Gegen Winter kommt es zu einer weiteren Temperaturabsenkung. Das Oberflächenwasser geht gegen 0° C oder gefriert gar zu Eis, ist also in jedem Fall wiederum leichter als das nicht weiter abgekühlte, 4°C kalte Tiefenwasser. So stellt sich erneut eine Schichtung ein, wenn auch bei weitem nicht so ausgeprägt wie im Sommer. Im Frühjahr schließlich fängt der See wieder an zu zirkulieren, wenn sich das Oberflächenwasser erwärmt.
Gewässer, die zweimal im Jahr durchmischt werden, sind dimiktisch. Monomiktisch hingegen sind große, tiefe Seen, die nur einmal pro Jahr zirkulieren, wie der Bodensee oder der Lago Maggiore, deren riesige Wassermasse sehr träge auf die abnehmenden Temperaturen im Herbst reagiert, so daß es erst im Winter zu einer einmaligen Durchmischung kommt. Diese großen Seen frieren nur sehr selten zu, weil sie während des Sommers viel Wärmeenergie speichern. Diese wird im Herbst und Winter allmählich an die Umgebung abgegeben. Im Bereich dieser großen Seen herrscht ein deutlich milderes Klima, so daß der Anbau empfindlicher Kulturen wie des Weins möglich ist.
Es gibt auch Gewässer, die sich in recht starker Abhängigkeit von der jeweiligen Witterung (Lufttemperatur und Wind) im Sommer mehrfach umschichten. Typische pleiomiktische Gewässer sind Flachseen, Dauerstaue in Hochwasserrückhaltebecken, nicht zu flache Fischteiche oder Parkseen. Im Winter frieren diese meist ganz zu.
Polymiktisch sind Gewässer, die sich in völliger Abhängigkeit von den aktuellen Witterungs- und Temperaturverhältnissen durchmischen. Die meisten Tümpel gehören dazu, aber auch flache Fischteiche, Parkteiche oder Gruben und Kuhlen. Im Winter sind sie fast alle von einer dicken Eisschicht bedeckt.
Stehende Gewässer, deren ganzer Wasserkörper von einer Zirkulation erfaßt wird, nennt man holomiktisch (»ganzmischig«). Alle pleio- und polymiktischen Flachgewässer sind holomiktisch. Meromiktisch (»teilmischig«) sind solche Seen, in denen das Tiefenwasser oder Teile davon – zum Beispiel in tiefen Kesseln lagerndes – nicht in die Zirkulation einbezogen werden. Die Ursachen hierfür können sein die Gestalt des Seegrundes – wie bereits erwähnt –, ein hoher Salzgehalt des Tiefenwassers und hohe Nährstoffgehalte. Beides macht das Tiefenwasser gegenüber dem anderen Wasser schwerer. Nur relativ tiefe Seen können meromiktisch sein.

Ernährung und Produktion

Das nach der Frühjahrszirkulation sich bildende Epilimnion ist der produktive, der sogenannte trophogene Lebensraum im Gewässer. Hier synthetisieren die grünen Pflanzen – Algen, Moose, höhere Wasserpflanzen – mit Hilfe des Sonnenlichts aus Kohlendioxid oder Hydrogenkarbonat und Nährstoffen Biomasse. Und je nach dem Angebot an Grundbaustoffen wird mehr oder weniger davon produziert. Als Maß dafür, was ein Gewässer zu leisten imstande ist, hat man den Begriff der Trophie geprägt. Er sagt uns etwas über den Ernährungszustand (wie konzentriert die »Nährlösung« ist), die Produktivität und die aktuelle Produktion.
Woran kann die Trophie eines Gewässers erkannt werden? Ein sehr gutes Merkmal ist die Algendichte an der Oberfläche, die dann wiederum die Farbe des Wassers entscheidend mitbestimmt und natürlich auch den Grad der Trübung, der sich ganz einfach als Sichttiefe ermitteln läßt mit Hilfe einer weißen Porzellanscheibe. Ein weiteres Kriterium sind die Sauerstoffverhältnisse bzw. die Sauerstoffschichtung während des Sommers. Um dies zu ermitteln, müssen wir allerdings mit einer Sauerstoffsonde messen.
Phosphor ist *der* wachstumsbegrenzende Faktor in einem Gewässer, oder anders gesagt, wird dem See Phosphor zugeführt, z. B. aus landwirtschaftlichen Flächen oder durch Abwassereinleitungen, so steigt er schlagartig in seiner Produktivität und ändert seine Trophie. Den Phosphorgehalt zu messen, kann also sehr aufschlußreich sein. Man benötigt allerdings mehrere Werte über das ganze Jahr hinweg, denn in den Zeiten hoher Algenproduktion ist ein Großteil des Phosphors in der Algenbiomasse gebunden und im freien Wasser kaum noch nachweisbar. Man darf also nicht grundsätzliche Phosphorarmut annehmen.
Eine über das ganze Jahr hinweg gesehen gute Phosphorversorgung und -verfügbarkeit (das heißt, daß die Pflanzen auch einen

»Zugriff« auf den Nährstoff haben) ist Kennzeichen eines eutrophen, hochproduktiven Gewässers. Wo viel Biomasse, sprich Algen, vorhanden ist und produziert wird, kommt es tagsüber zu einer sehr hohen Sauerstoffproduktion im Epilimnion, nachts jedoch, wenn die Pflanzen selbst Sauerstoff für die Atmung benötigen, zu einem Sauerstoffdefizit. Eutrophe Gewässer sind also gekennzeichnet durch eine ausgeprägte Tag/Nacht-Schwankung des Sauerstoffgehalts bzw. der Sauerstoffsättigung. Eine hundertprozentige Sauerstoffsättigung bedeutet, daß die bei einer bestimmten Temperatur physikalisch maximal lösliche Sauerstoffmenge auch tatsächlich gelöst ist, also mengenmäßig weniger bei hohen und mehr bei niederen Wassertemperaturen, und das ganz unabhängig von den aquatischen Pflanzen und Tieren. Eutrophe Seen können tagsüber völlig disharmonische Übersättigungen von 100–200 Prozent und mehr erreichen, gekoppelt mit drastischen Untersättigungen während der Nacht.

Wo viel Biomasse produziert wird, stirbt auch viel ab und sinkt Richtung Gewässergrund, wo Zerkleinerer, »Abfallfresser« und Mikroorganismen die tote Biomasse abbauen, und zwar in aller Regel unter Sauerstoffverbrauch. Denn diese Organismen sind ja keine grünen Pflanzen, die Sauerstoff abgeben, sondern sie müssen atmen. Nun ist gerade im eutrophen See im Sommer die untere Wasserschicht (Hypolimnion) ohnehin schon durch die Schichtung des Gewässers von jeglicher Sauerstoffzufuhr aus der Atmosphäre abgeschnitten. Die Situation verschärft sich also zusehends. Die abbauenden Organismen müssen zu einem großen Teil ihre Tätigkeit wegen Sauerstoffmangels einstellen, die tote Biomasse akkumuliert sich am Gewässerboden, es bilden sich unter den sauerstofffreien (= anaeroben) Verhältnissen reduzierte Verbindungen wie Methan, Ammonium, Eisensulfid und Schwefelwasserstoff (»Geruch« nach faulen Eiern!). Diese Sedimente sind die schwarzen, stinkenden Sapropele. Eine hohe Algenproduktion belastet einen See also erheblich.

Bei solch problematischen Verhältnissen ist das Hypolimnion mit seinen Organismen dringend auf die Sauerstoff-Frischkur bei der Zirkulation angewiesen. Nur: es hat dort unten eine Anreicherung von Nährstoffen stattgefunden, die bei der Zirkulation im ganzen Gewässer verteilt werden, so daß sie für eine neue Hochproduktion zur Verfügung stehen. Ein weiteres Problem ist, daß bei extremer Sauerstoffarmut im Hypolimnion zusätzlich Nährstoffe aus dem Sediment-Depot freigesetzt werden. Die Produktion wird also weiter angekurbelt: Eine Art Teufelskreis wird sichtbar. Diese Eutrophierung läuft als natürlicher Prozeß in einem sehr gemächlichen Tempo ab und ist nicht weiter besorg-

Gliederung der Stillgewässer nach ihrer Trophie

Trophiestufen:	*oligotroph*	*oligotroph + dystroph**	*mesotroph*	*eutroph*	*eutroph + dystroph*	*polytroph*
Merkmale (nicht alternativ)						
Farbe des Wassers	klar, bläulich oder grünlich	braun	grün	gelbgrün	gelblich / braun	gelb
Algendichte im Epilimnion	gering	gering	mittel	hoch	mittel	sehr hoch
Sichttiefe mit weißer Porzellanscheibe	hoch bis sehr hoch >6m	sehr gering wenige dm	mittel 3–6m	gering bis sehr gering 3–1m	sehr gering wenige dm	sehr gering 0,1–1m
Sauerstoff-Schichtung während des Sommers; gilt nur für tiefere Gewässer	unscharf	scharf	deutliche Schichtung	deutliche Schichtung	scharf	scharf
Gesamtphosphor-Gehalt in mg/m³ Wasser	gering <10	gering bis mittel ~10	mittel 10–30	hoch 30–100	hoch 30–100	sehr hoch >100

*Es gibt noch weitere Untertypen, z. B. kalkreich + oligotroph, sauer + oligotroph (=azidotroph) u. a.

Algenteppiche auf Stillgewässern zeigen ein Zuviel an Nährstoffen an. Dadurch altert und verlandet das Gewässer sehr viel schneller.

niserregend. Meist bringen jedoch wir Menschen durch Nährstoffbelastungen den Stoffhaushalt dermaßen durcheinander, daß sich die Eutrophierung in einem rasanten Tempo beschleunigt bis zum polytrophen Zustand, bis das Gewässer »umkippt«, bis die höheren Wasserpflanzen verschwinden, die Fische verenden und das Wasser eine dickflüssige Brühe wird. Dieser Prozeß der vom Menschen beschleunigten Eutrophierung hat schon zigtausendfach in unseren Seen stattgefunden, und es kostet immense Summen an Geld, ihn zu stoppen oder gar den Trend umzukehren.

Das Gegenstück zum eutrophen Gewässer ist das oligotrophe Gewässer, gekennzeichnet durch klares Wasser, hohe Sichttiefe, geringe Produktivität und de facto auch geringe Produktion. Es ist meist tief, kalt, oft von starken Grundwasserquellen gespeist; die Zuflüsse tragen wenig gelöste und feste Stoffe ein. Das Epilimnion bleibt klein, die Schichtung ist meist nicht sehr deutlich. Die Dichte der schwebenden Pflanzen und Tiere, des Planktons, bleibt gering. Der Sauerstoffhaushalt ist sowohl in der Vertikalen als auch im Tag / Nacht-Wechsel nur von geringen Gradienten bzw. Schwankungen geprägt.

Innerhalb der oligotrophen Gewässer gibt es einige Spielarten. Eine wichtige Gruppe sind die sauer-oligotrophen, die sogenannten azidotrophen Seen, die in Landschaften mit saurem Ausgangsgestein vorkommen. Manche davon sind zusätzlich durch die schwefel- und salpetersäurehaltigen Niederschläge versauert worden. Hier können viele pflanzliche und tierische Organismen gar nicht mehr existieren. Diese Seen sind meist frei von Fischen. Andere, zunächst ebenso lebensfeindliche Gewässer sind die Braunkohlenseen in der Lausitz, deren extrem niedrige pH-Werte (unter pH3) von dem sauren Material herrühren, in dem sie liegen.

Eine andere Gruppe sind die kalkreich-oligotrophen Gewässer, die wir vereinzelt noch vor allem in den Landschaften finden, die von der letzten Eiszeit geprägt wurden. Als Sedimente finden wir hier Seekreiden und Kalkmudden, also Substrate, die in den eutrophierten Seen schon längst überdeckt worden sind. Sehr schön beobachten kann man in diesen Gewässern den Prozeß der biogenen Entkalkung (der auch in eutrophen Seen stattfindet, aber dort optisch von anderen Prozessen überlagert wird). Biogene Entkalkung heißt, daß die Pflanzen dem Wasser den für den Aufbau der Biomasse notwendigen Kohlenstoff als Hydrogenkarbonat (HCO_3^-) entnehmen, welches im kalkreichen Gewässer als Kalziumhydrogenkarbonat ($Ca(HCO_3)_2$) gelöst ist. Zurück bleibt das unlösliche Kalziumkarbonat, der Kalk, der sich als weiße Kruste auf den Pflanzen ablagert und letztlich mit dem Absterben der Pflanzen auf den Boden sinkt, wo er die Seekreide (überwiegend Algenkalk) bzw. die Kalkmudde bildet.

Die mesotrophen Gewässer stehen mit ihren Eigenschaften zwischen den eu- und den oligotrophen Gewässern.

Als dystroph bezeichnet man Seen, Weiher oder Tümpel, deren Wasser eine deutlich braune Farbe aufweist (die Limnologen nannten sie Braunwasserseen), hervorgerufen durch die reich-

lich vorhandenen gelösten Humusstoffe und die im Wasser schwebenden Humusteilchen und -flocken. Dieses braune Material ist von außen hereingetragen (allochthon). Ist die Dystrophie mit einer Nährstoffarmut verbunden, so ist das Gewässer sehr produktionsschwach und daher arm an Biomasse. Die sommerliche Schichtung ist meist sehr ausgeprägt, da die einstrahlende Energie in der obersten Wasserschicht völlig geschluckt wird. Die Sauerstoffzehrung im abgekapselten Hypolimnion ist wegen des hohen Gehalts an abzubauenden Humusstoffen sehr stark. Extreme Sauerstoffdefizite im Sommer sind die Regel. Dies sind also Verhältnisse wie im eutrophen Gewässer!
Dystrophe Gewässer können jedoch durchaus auch eutroph, also nährstoffreich und relativ produktiv, sein. Dies ist dann der Fall, wenn der Mensch Nährstoffe durch Düngung, Fütterung von Fischen oder Abwassereinleitungen einbringt. Sauerstoffprobleme werden bei einem fischereilich genutzten See oder ehemaligem Torfstich durch regelmäßiges Ablassen und Belüften kompensiert.

Härte und pH-Wert

Die Härte ist ein guter Parameter zur Charakterisierung eines Gewässers. Die Ermittlung der Härte in »Grad deutscher Härte« (°dH) mit Hilfe von einfachen Schnelltests ist recht zuverlässig. Sie wird im wesentlichen gebildet aus den Salzen der Kohlensäure Kalzium- und Magnesiumkarbonat, Kalzium- und Magnesiumoxid sowie in manchen Landschaften überwiegend aus Kalziumsulfat. Die Härte sagt uns also primär etwas über den Kalzium- und den Karbonathaushalt. Bei den Härtegraden gilt folgende Einteilung:

0 – 4° dh	sehr weich
4 – 8° dh	weich
8 – 12° dh	mittelhart
12 – 18° dh	ziemlich hart
18 – 30° dh	hart
> 30° dh	sehr hart

Sehr weich sind alle Moorgewässer. Die meisten der glazigenen Seen liegen im Bereich mittelhart bis ziemlich hart. Sehr hart oder eigentlich extrem hart sind die Gewässer in gipsreichen (=kalziumsulfatreichen) Gebieten. Hier können die Werte bis 80 oder 90° dH ansteigen. Kocht man hartes Wasser, so fällt Kalk aus, der sich als Kesselstein ablagert.
Die Kohlensäure bzw. das Kohlendioxid und die Kalziumkarbonate sind von zentraler Bedeutung im Stoffhaushalt. Wird dem Wasser viel Kohlendioxid durch die Pflanzen entzogen, so kann der pH-Wert erheblich ansteigen. Man spricht dann von schlecht gepufferten Gewässern mit einem stark schwankenden pH-Wert. Kann jedoch das Kohlendioxid aus dem Kalziumhydrogenkarbonat nachgeliefert werden – dies trifft zu bei kalkreichen Gewässern –, so spricht man von gut gepufferten Gewässern. Hier schwankt der pH-Wert nur innerhalb einer kleinen Amplitude im Bereich von pH 7 – 8.
In kohlendioxidreichen Gewässern ist sehr viel mehr Kohlensäure vorhanden, auch wenn das Kohlendioxid überwiegend in freier Form vorliegt. Diese Gewässer sind also sauer. Extrem wird die Situation dann, wenn sich in gipsreichen Gebieten noch zusätzlich Schwefelsäure bildet. Hier können die pH-Werte sogar unter 3 absinken. Das Wasser ist dann ein völlig lebensfeindliches Medium. In fischereiwirtschaftlich genutzten Teichen versucht man, den pH-Wert durch Kalkung zu stabilisieren.

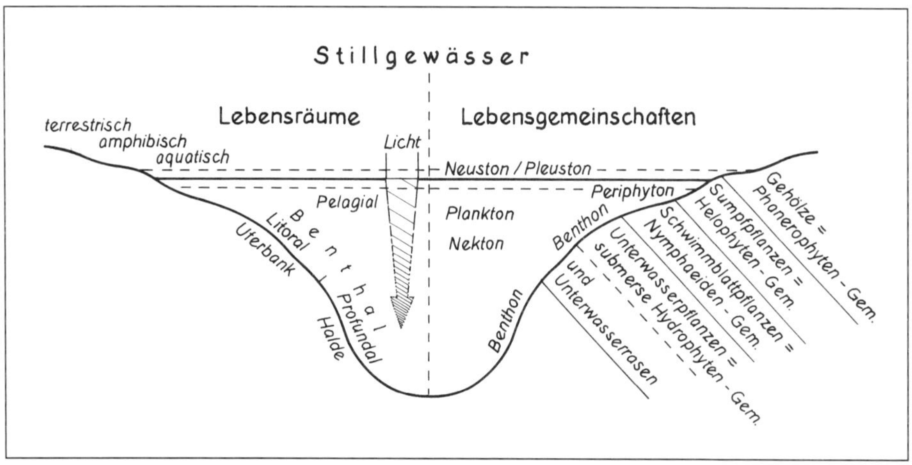

Stillgewässer, ihre Lebensräume und Lebensgemeinschaften in schematischer Darstellung.

Raum und Zeit beeinflussen Lebensräume und Lebensgemeinschaften

Es zeigt sich beim Vergleich immer wieder: Gewässer haben ganz eigentümliche, unverwechselbare Merkmale. Diese Individualität schlägt natürlich bis zu den verschiedensten Lebensgemeinschaften durch, die ihrerseits geprägt werden vom Nährstoffangebot, vom Temperatur- und Sauerstoffhaushalt, von Gestalt und Wasserführung, von der Höhenlage und von der Sedimentbeschaffenheit. Im Grunde sind es intensive Wechselbeziehungen unter den Organismen und zwischen den Organismen und den verschiedensten standörtlichen Faktoren: Die Assimilation und Atmung der grünen Pflanzen bestimmen den Sauerstoffhaushalt mit, die Biomasseproduktion bestimmt die Sedimentationsrate, eine Schwimmblattdecke »schützt« das Wasser vor Erwärmung und Sauerstoffeintrag aus der Atmosphäre usw. Das Beziehungsgeflecht ist fast unüberschaubar. Dennoch wollen wir versuchen, eine Ordnung hineinzubringen, gestützt auf die Erkenntnisse der Limnologen bzw. der Hydrobiologen.
Der Lebensraum des Bodens, des Sediments ist das Benthal. Hierbei wird unterschieden zwischen dem Benthal des Uferbereichs, dem sogenannten Litoral, und dem Benthal der lichtarmen bis lichtlosen Tiefenzone, dem Profundal. Das Eulitoral ist der engere Lebensraum im Schwankungsbereich des Wasserspiegels. Wenn wir diesen Faktor auf ganze Gewässer übertragen, dann heißt das, daß viele Tümpel oder auch Fischteiche nur aus dem Lebensraum des Eulitorals bestehen. Der permanent von Wasser bedeckte seichte Lebensraum ist das Sublitoral. Flache Gewässer, die über ihre gesamte Fläche von höheren Wasserpflanzen und Armleuchteralgen besiedelbar sind, bestehen ausschließlich aus Litoral. Wenn sich ein See schichtet, so liegt das Litoral immer im Bereich des Epilimnions, also in der produktiven Schicht des Gewässers. In diesem Uferbereich wirken Wellen und Brandung, die Sauerstoffversorgung ist gut, die Temperaturschwankungen sind relativ groß, der Lichthaushalt ist günstig. Das Litoral ist meist sehr reichhaltig besiedelt.
In der lichtarmen Tiefenzone (Profundal) können keine grünen Pflanzen mehr existieren. Die Lebensgemeinschaft in diesem unwirtlichen Bereich besteht im wesentlichen aus Lebewesen, die herabsinkendes organisches Material zerkleinern und abbauen. Sie sind oft recht artenarm, aber dafür individuenreich. Dazu gehören im wesentlichen verschiedene Amöben, Zuckmückenlarven der Gattung *Chironomus*, Büschelmückenlarven, Schlammröhrenwürmer, Muscheln sowie einige Bakterienarten. Eutrophe Gewässer sind gekennzeichnet durch eine starke Dominanz von Chironomus-Arten (Zuckmückenlarven) und werden daher auch Chironomus-See genannt. In oligotrophen Seen mit

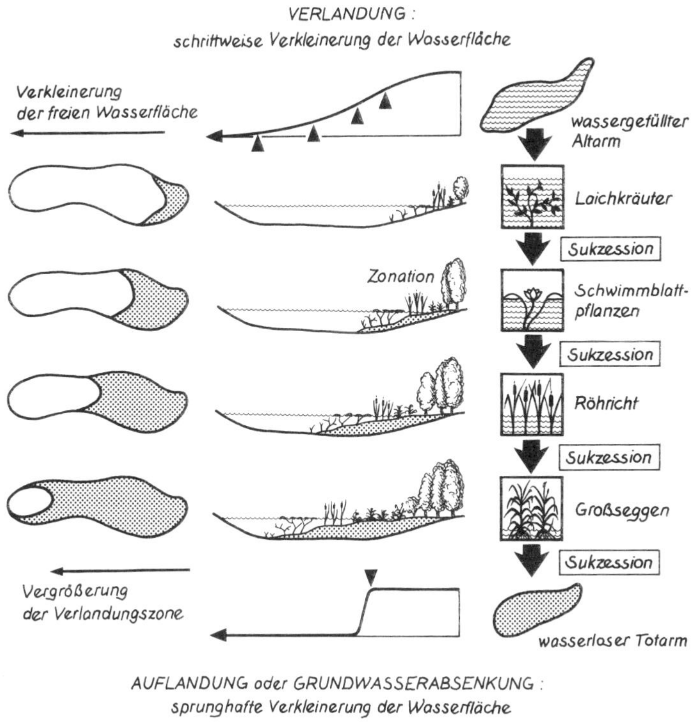

Das zeitliche Nacheinander der Entwicklung von Vegetation (Sukzessive) spiegelt sich im räumlichen Nebeneinander (Zonation) wider. Hier dargestellt am Beispiel der Verlandung eines Altwassers.

einer ausreichenden Sauerstoffversorgung bis auf den Grund tritt als charakteristische Gattung der Chironomide Tanytarsus auf, weshalb dieser Seetypus Tanytarsus-See heißt.
Zurück zum Litoral. Die tierische Lebensgemeinschaft des Bodens (Zoobenthon) besteht hier hauptsächlich aus Schnecken, Muscheln, Egeln, Würmern und Insektenlarven, zum Beispiel von Köcherfliegen und Eintagsfliegen. Von großer Vielfalt ist auch die Lebensgemeinschaft der Organismen, die sich als »Aufwuchs« – oft einen richtigen Schleier bildend – auf lebendem und totem Material (Pflanzen, Steinen, herabgefallenen Zweigen usw.) festgesetzt haben (Periphyton). Beteiligt an diesem Aufwuchs sind Bakterien, Algen, Pilze, Schwämme, Moostierchen, Süßwasserpolypen und andere Lebewesen.
Frei und aktiv sich im Wasser bewegend und damit zur Lebensgemeinschaft des Nekton innerhalb des Eulitorals gehörig ist eine sehr artenreiche Wirbellosenfauna, z. B. Gelbrand- und Kolbenwasserkäfer, die Wasserspinne, die zum Atmen immer wieder an die Wasseroberfläche schwimmen müssen, und eine Reihe von Amphibien – darunter als wichtige Gruppe die Grünfrösche. Mit mehreren Arten vertreten sind auch die Fische, friedvolle ebenso wie Jäger, darunter Hecht, Zander, Rotauge, Mo-

Seit Jahrhunderten nutzen die Menschen das Schilf. Im Bereich der Mecklenburger Seenplatte sieht man ebenso wie in Polen oder Ungarn mitunter noch die zum Abtransport bereitgestellten Schilfgarben, die für die typischen »Reetdächer« verwendet werden.

derlieschen, Karpfen oder Karausche. Für diese Tiere sind die Pflanzenbestände des Litorals ein eigener Lebensraum (Phytal). Ebenso wie bei den tierischen Lebensgemeinschaften ist es unmöglich, einen halbwegs erschöpfenden Überblick über die Litoralvegetation zu geben. Es sollen daher im wesentlichen nur bestimmte Strukturtypen vorgestellt werden. Beim Betrachten der Ufervegetation ist zunächst auffällig, daß die Pflanzenbestände sich räumlich zum offenen Wasser hin, also mit zunehmender Wassertiefe, ablösen. Diese Zonation kann – muß aber nicht – den Prozeß einer Verlandung widerspiegeln, im Laufe derer die äußeren Pflanzengürtel immer mehr nach innen »wandern«, verbunden mit einer Aufhöhung des Sediments, die eine solche Wanderung erst möglich macht. Am Ende eines solchen Prozesses stünde idealtypisch ein gehölzdominierter Bestand mit Erlen bzw. Weiden.

Betrachtet man die typische Zonierung, so stünden am äußersten Rand des Gewässers, dort, wo das Gelände bei hohem Wasserstand noch überflutet ist, solche gehölzdominierten Pflanzengemeinschaften wie ein Erlenbruchwald, typischerweise auf Bruchwaldtorf. Solche Bruchwälder findet man heute allenfalls fragmentarisch in kleinen Buchten; die meisten sind gerodet und entweder zu Wirtschaftswald oder zu landwirtschaftlichen Flächen umgewandelt worden.

Den nächsten Gürtel bilden verschiedene Sumpfpflanzen (Helophyten), die im Gewässersediment wurzeln, mit den »Füßen« zumindest zeitweilig im Wasser stehen, deren Sproß jedoch weit über die Wasseroberfläche hinausragen kann, und die über dem Wasser blühen und fruchten. Die meisten Helophyten besitzen in den unteren Organen ein lufterfülltes Gewebe, was ein Absterben im sauerstoffarmen oder -freien Milieu verhindert bzw. eine Atmung der Wurzeln ermöglicht. Zu den Helophyten-Gemeinschaften gehören die oft ausgedehnten Bestände einiger großwüchsiger Seggen (Großseggenrieder), z. B. die Steifseggen- und Wunderseggen-Rieder, deren einzelne Horste bei regelmäßig stark schwankendem Wasserspiegel zu mächtigen Bulten heranwachsen. Rasenähnlich dagegen entwickelt sich die Sumpfsegge auf eutrophem Substrat. Eher schüttere Rasen bildet auch die Schnabelsegge auf mesotrophem Sediment, oft auch auf Torfschlamm.

In den wenigen noch verbliebenen oligotrophen, schwach sauren Heideweihern beginnen in diesem Bereich, typischerweise auf Sandboden, die Bestände der Wasser-Lobelie. In sauren Gewässern findet sich hier ein Flatterbinsensaum. Meist eher kleinflächig ausgebildet stehen in dieser Zone – vielleicht etwas stärker zum Land hin orientiert – in eutrophen Gewässern mit einem entsprechend nährstoffreichen Sediment Igelkolben-Röhrichte, Kalmus-Röhrichte und Schwertlilien-Bestände. Der Kalmus wurde übrigens in der Mitte des 16. Jahrhunderts aus Indien als Heil- und Gewürzpflanze (»falscher Ingwer«) nach Europa gebracht.

Hochwüchsige Sumpfpflanzen-Gemeinschaften sind die Schneiden-Röhrichte auf oligo- bis mesotrophen Sedimenten. Oft sieht man die Schneide auch in ganz scharf abgegrenzten Herden, innerhalb derer keine andere Pflanze geduldet wird. Auf unterschiedlichen Substraten gedeiht das Schilf, das über ein starkes

Rhizomwachstum riesige Bestände bilden kann, dicht, hochwüchsig und absolut dominant bei guter Nährstoffversorgung, eher schütter und kleinwüchsig dagegen auf mageren Sedimenten. Die rein vegetative Ausbreitung über die Rhizome führt dazu, daß eine große Schilffläche aus einer einzigen Pflanze (aus einem »Klon«) bestehen kann. Die Schilfröhrichte werden am Neusiedlersee, am Plattensee in Ungarn, aber auch an manchen norddeutschen Seen noch regelmäßig geerntet.

Auf eutrophen Sedimenten gedeihen Teichschachtelhalm-, Rohrkolben-, Wasserschwaden- und Flechtbinsen-Röhrichte, wobei sich die Flechtbinse am weitesten ins offene Wasser vorwagt. Wie der Name schon sagt, wurde auch sie vom Menschen handwerklich genutzt.

In den Röhrichten und ihnen vorgelagert haben noch eine Vielzahl anderer Pflanzen ihren Lebensraum. Fest verwurzelt im Sediment, aber mit ihren Sprossen auf dem Wasser liegend, ja geradezu auf dem Wasser kriechend, sind der Fieberklee und das Sumpfblutauge, beides ausgesprochen attraktive Pflanzen.

Völlig frei auf dem Wasser schwimmen in nährstoffreichen Gewässern die Kleine Wasserlinse, die Buckel- und die Vielwurzlige Wasserlinse, in warmen Gebieten auch der Gewöhnliche Schwimmfarn. Unter der Wasseroberfläche schwebend leben zum Beispiel die Dreifurchige Wasserlinse oder das kleine Wassermoos *Riccia fluitans*. Große, fast undurchdringliche Bestände kann in stickstoffreichen Gewässern das Hornblatt bilden.

Außerordentlich zart und zerbrechlich scheinen die fein gefiederten Wasserschlaucharten zu sein, die nur ihre schönen, gelben Blüten über die Wasseroberfläche strecken. Das ganz Außergewöhnliche an ihnen ist, daß an den Blättern sogenannte Schläuche sitzen, mit deren Hilfe sie Beutetiere fangen können, um den Nährstoffbedarf zu decken. Berührt ein kleines Wassertier die Klappe des unter Unterdruck stehenden Schlauchs, so öffnet sich diese, und das Tierchen wird in die Falle hinein-

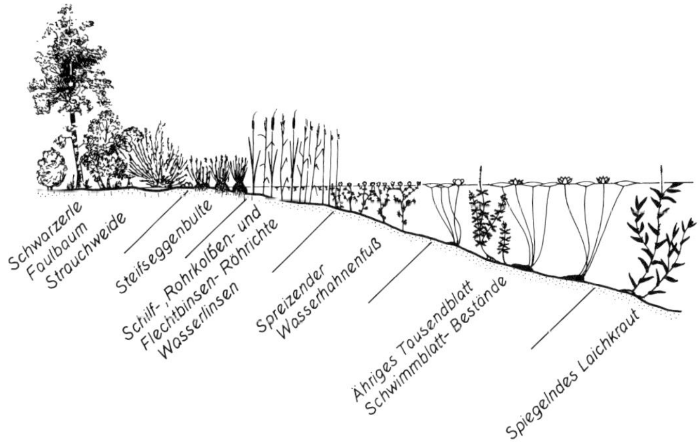

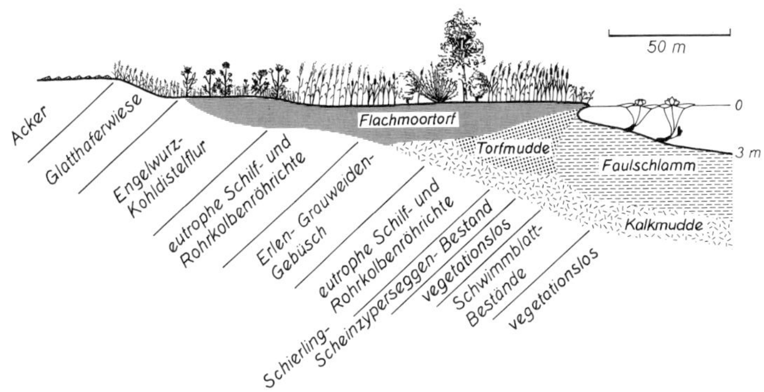

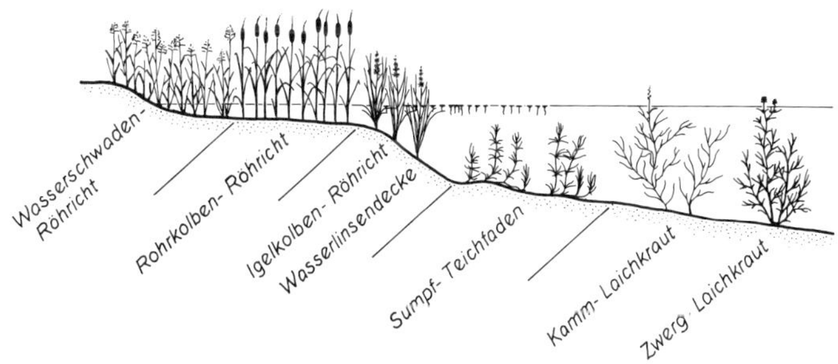

Verlandungszonen verschiedener Gewässertypen

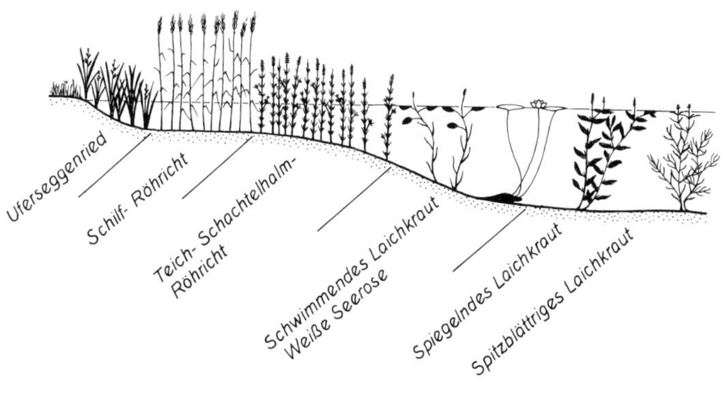

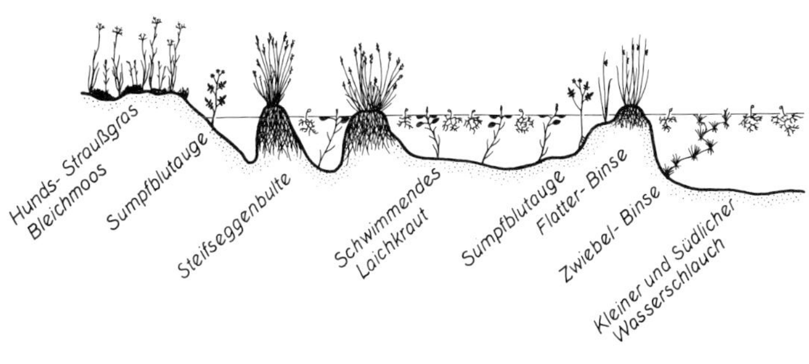

gesogen und dort verdaut. Überwintern können die Wasserschlauch-Arten als Winterknospen, sogenannte Hibernakeln.
Weitere Wasserschweber in eutrophen Gewässern sind die Krebsschere, der Froschbiß und die Wassernuß, die schon während der Jungsteinzeit vom Menschen kultiviert wurde, weil sie große, fettreiche Nüsse bildet.
In der nächsten Zone kommen nun – mit zunehmender Wassertiefe – die Schwimmblattpflanzen- bzw. Nymphaeiden-Gemeinschaften, die neben den Schwimmblättern auch Unterwasserblätter besitzen können, so zum Beispiel die Gelbe Teichrose, das Schwimmende Laichkraut oder das Stumpfblättrige Laichkraut. Keine untergetauchten Blätter haben die Weiße Seerose oder die Kleine Seerose. Zwischen den Schwimmblattpflanzen und dann aber hauptsächlich diesen vorgelagert ist der Lebensraum der oft sehr üppigen Unterwasserpflanzen bzw. der submersen Hydrophytengemeinschaften, nach den meist dominierenden Laichkräutern auch Laichkrautzone genannt. Als wichtigste Arten finden wir in sehr nährstoffreichen Gewässern das Krause Laichkraut, das Kamm-Laichkraut, das Durchwachsenblättrige Laichkraut und das Zwerg-Laichkraut. In meso- bis eutrophen Gewässern bilden das Spiegelnde Laichkraut, das Gras-Laichkraut und zuweilen auch der Bastard aus beiden dichte Bestände. Eher saure, nährstoffarme Seen und Teiche bevorzugt das Knöterich-Laichkraut.
Das Ährige Tausendblatt und die Kanadische Wasserpest entwickeln in nährstoffreichen Gewässern oft dichte Massenbestände. Die meisten der genannten Pflanzenarten – die Kanadische Wasserpest kann sich bei uns nur vegetativ vermehren – schieben die Blütenstiele über das Wasser, um die Narben von Insekten befruchten zu lassen.
Vollständig unter Wasser bleiben dagegen die Hydrophyten, die – soweit es vom Lichtgenuß und vom Wasserdruck her möglich ist – richtiggehende Rasen bilden. Die wichtigsten Vertreter sind hierbei die Armleuchteralgen, die teils als Matten mehrere Jahre überdauern, teils sich jährlich aus Oosporen neu bilden. Im Sediment sind sie lediglich mit wurzelähnlichen Fäden, den Rhizoiden, verankert. Viele der Chara-Arten kommen nur in kalkreichen Gewässern vor und sind dort inkrustiert. Der Boden ist dann mit kleinen Kalkröhrchen übersät. Entsprechende Seen mit einem reichlichen Bewuchs von Armleuchteralgen nennt man Chara-Seen. Sie sind ein spezieller, leider schon selten gewordener Seen-Typus. Nährstoffarme, schwach saure und meist weiche Gewässer – ebenfalls sehr selten geworden – beherbergen den Strandling sowie die Brachsenkräuter *Isoetes lacustris* und *Isoetes echinospora*, zwei niedrigwüchsige Wasserfarne. Bis in sehr saure Gewässer vordringen kann die Zwiebelbinse. Schließlich nicht zu vergessen sind die dichten Matten aus Wassermoosen: das Quellmoos in nährstoffreichen und Bleichmoose in sauren, nährstoffarmen Gewässern.

Wenn Seen trockenfallen

Fallen in den flachen Seen die Ufer trocken, werden die Fischteiche abgelassen und gesömmert, liegen Tümpel, Kuhlen, Gruben trocken, so kann sich aus dem im Schlamm ruhenden Samenpotential eine phantastische Flora entwickeln, mit Arten, die schnell blühen, fruchten und viele Samen produzieren (bis zum nächsten Erwachen aus dem Schlamm). Sie sind allesamt sehr lichtbedürftig und oftmals auch kleinwüchsig. Zu dieser Schlammboden- oder Teichbodenflora gehören zum Beispiel die Zypergras-Segge, das Braune Zypergras, verschiedene Tännel-Arten, Sumpfquendel, Schildehrenpreis, Eisumpfsimse, Quirlige Knorpelmiere oder der Hirschsprung. Diese filigrane Lebensgemeinschaft verschwindet, wenn der Schlamm wieder mit Wasser bedeckt ist oder wenn hochwüchsigere Konkurrenten zu viel Schatten werfen.

Kleinstleben mit großer Bedeutung

Der Lebensraum des »freien« Wassers ist das Pelagial, in dem das Plankton die bedeutendste Lebensgemeinschaft repräsentiert. Es sind dies meist weniger als 1 mm kleine, schwebende Organismen, die im Wasser fast ausschließlich passiv bewegt werden. Um sich in der Schwebe halten zu können, sind sie mit Gasbläschen, Öltröpfchen, Wimpern, Geißeln, Gallerthüllen, Borsten und anderen Fortsätzen ausgestattet. Ganz grob kann man zwischen dem sehr kleinen Bakterioplankton, dem Phytoplankton und dem Zooplankton unterscheiden. Das Phytoplankton besteht aus Algen, also niederen Pflanzen, deren wichtigste Gruppen die Joch-, Blau-, Grün- und Kieselalgen sind. Das Zooplankton setzt sich zusammen aus den Geißeltierchen, Wurzelfüßlern, Wimpertierchen, Wasserflöhen, Ruderfußkrebsen, den Rädertierchen und anderen.
Das Plankton – sowohl das pflanzliche als auch das tierische – ist ausgeprägten Populationszyklen unterworfen. Zum Beispiel kommt es in einem eutrophen Gewässer im Frühjahr nach der Zirkulation zu einer Massenentwicklung von Kieselalgen (»Algenblüte«), die dann schließlich von einer sich sehr rasch aufbauenden Wasserfloh-Population dezimiert wird. Ist die Nahrungsgrundlage weg, bricht die Wasserfloh-Population zusammen. Danach baut sich eine neue Algenblüte auf, doch diesmal aus Grünalgen oder Blaualgen, die dem Wasser eine entspre-

chende Farbe verleihen. Im Herbst entwickeln sich dann oft noch einmal die Kieselalgen. Das Zooplankton verhält sich zum Phytoplankton sozusagen antizyklisch.
Auch die Lebensgemeinschaft des Nekton im Freiwasser beschränkt sich auf das Epilimnion, weil nur hier ausreichend Nahrung produziert wird. Das Nekton im Pelagial wird eigentlich nur von den Fischen repräsentiert, und zwar zum einen den zooplanktonfressenden – ein typischer Vertreter ist das Felchen – und zum anderen den Raubfischen wie etwa dem Zander. In vielen der fischereilich genutzten Seen, Teiche und Weiher kommt es im Sommer permanent zu Algenblüten, was dann zu einer Wassertrübung, zu Sedimentation, Abbau und Sauerstoffmangel führt. Dies rührt oft davon her, daß innerhalb des Fischbestandes die zooplanktonfressenden Arten ein Übergewicht haben, so daß das Phytoplankton vom Zooplankton nicht ausreichend dezimiert werden kann. Man hat deshalb in den letzten Jahren Versuche gemacht, durch eine sogenannte Biomanipulation, das heißt in diesem Fall den Einsatz von Raubfischen, das Problem in den Griff zu bekommen, in der Hoffnung, die Raubfische würden dann ihrerseits die zooplanktonfressenden Fische dezimieren.
Doch auch die dünne »Decke« des Wassers – das Oberflächenhäutchen, das nur durch die Spannung für uns sichtbar wird, wenn etwa ein Wasserläufer daherhuscht – hat eine eigene Mikrolebensgemeinschaft. Es ist das Neuston. Daran beteiligt sind Bakterien – man hat schon bis zu 1 Million Individuen pro mm^2 festgestellt –, Kleinalgen und verschiedene Urtierchen (Protozoen).
Zu der Lebensgemeinschaft des Pleuston gehören die schon erwähnten Wasserlinsen und andere frei schwimmende Pflanzen im Bereich des Litorals. Es zeigt sich hier, daß weder die Lebensräume und schon gar nicht die Lebensgemeinschaften exakt voneinander abzugrenzen sind, weder räumlich noch inhaltlich! An Tieren leben auf der Wasseroberfläche die Taumelkäfer und die langbeinigen Wasserläufer, die das »dicke« gespannte Oberflächenhäutchen auf dem Wasser nicht durchbrechen können.

Unglaubliche Vielfalt

Aber das Leben im und auf dem Wasser ist natürlich noch weitaus vielfältiger. Um dies zu sehen, braucht man kein Mikroskop. Eine ganz bedeutende und auch besonders faszinierende Tiergruppe sind die Libellen, deren Larven räuberisch im Wasser leben. Ist die Entwicklung weit fortgeschritten, klettert die Larve aus dem Wasser auf den Halm oder das Blatt einer Wasserpflanze und krallt sich dort fest. Nach einer Ruhepause schlüpft dann die fertige Libelle aus, die sich trocknet und »entknittert«

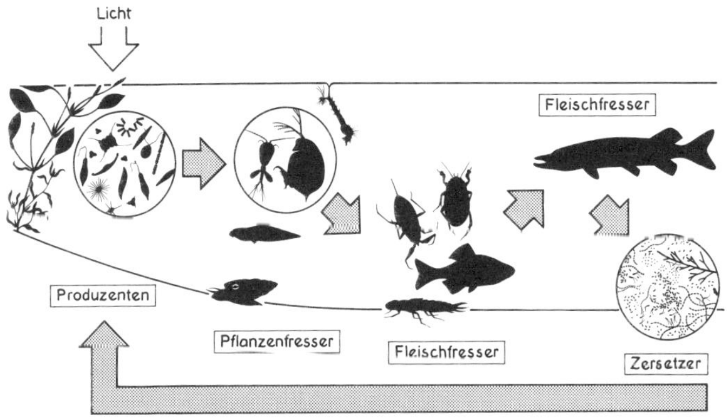

Nahrungskette in einem Stillgewässer

und schließlich davonfliegt. Am Stengel zurück bleibt die trokkene Larvenhaut, die sogenannte Exuvie. Die Eier werden nach der Paarung wieder an den Wasserpflanzen abgelegt oder je nach Art in das Wasser geworfen. Die nächste Generation beginnt ihr Leben wieder im Wasser; der Jahrmillionen alte Kreislauf schließt sich.
Von den Reptilien sucht die Ringelnatter und die viel seltenere Würfelnatter sowie im Südwesten der Schweiz und in Frankreich die Vipernnatter die regelmäßige Nähe zum Wasser. Wenn sie nicht gestört werden, ruhen sie an warmen Sommertagen stundenlang in der Sonne irgendwo am Ufer. Brauchen sie Nahrung, gehen sie auf Jagd nach Amphibien und Fischen.
Außerordentlich vielfältig ist die Vogelwelt der stehenden Gewässer. Recht ortsstet verbergen sich dort, wo die Feuchtgebiete noch intakt und ungestört sind, in den Röhrichten Drosselrohrsänger, Teichrohrsänger, Schilfrohrsänger, Zwergdommel und die große Rohrdommel. An Kiesufern finden die gut getarnten »Läufer« einen optimalen Lebensraum. Dazu gehören Flußuferläufer, Flußregenpfeifer und andere Limikolenarten. Diese Watvögel gehen auch im Flachwasserbereich und auf Schlamm- und Sandbänken auf Nahrungssuche. Verschiedene Reiher stolzieren durch das seichte Wasser oder dösen einfach vor sich hin. Zwergtaucher, Bläßhuhn, Wasserralle und andere Arten halten sich im Schutz der Litoralvegetation auf, Scharen von Enten und Gänsen tummeln sich auf der offenen Wasserfläche, zwischen ihnen der Haubentaucher, der als Spezialist mehrere Meter tief tauchen kann. Die stolzen Fisch- und Seeadler schließlich lassen sich nur wenn sie Hunger haben auf bzw. in das Wasser herab, um sich einen Fisch zu erbeuten. Es ist also für eine Vielfalt von Lebewesen eine ökologische Nische da, wenn die Größe des Sees ausreicht und der Mensch nicht allzusehr eingreift. Der Lebensraum Stillgewässer eignet sich zum Brüten, heißt Gäste willkommen und ist geschätzter Rastplatz für Durchzügler. Allein am

Die Lebensraumansprüche der Weißstörche zeigen die vielfältige Vernetzung in der Natur. Auf Feuchtwiesen fangen sie Amphibien wie diese Grasfrösche, die ihrerseits Stillgewässer als Laichbiotop benötigen. Deshalb brauchen Störche Stillgewässer.

Bodensee rasten während des Winters oder auch nur zeitweise über 250.000 Wasservögel. Ein ökologischer Umschlagplatz im internationalen System der Wasservogelrastplätze.

Die Amphibien – vor allem Frösche, Kröten, Unken und Molche – sind immer oder zeitweilig auf die Seen, Weiher und Tümpel und andere Kleingewässer angewiesen. Für einige sind sie Dauerlebensraum – den Winter verbringen manche Arten im Schlamm, den Sommer an der warmen Wasseroberfläche – für andere, die den Winter an Land unter Steinen, Wurzeln und dergleichen verbringen, nur Laichbiotop und Kinderstube. Der Wasserfrosch und seine Verwandten bleiben im Wasser, der Laubfrosch bleibt in der Nähe, Grasfrosch und Erdkröte unternehmen weite Wanderungen zu den Sommerquartieren. Wie von einem »inneren Kalender« getrieben, wandern im Frühjahr (einige wie der Laubfrosch sind später dran) innerhalb kurzer Zeit die bis zu 4 km entfernt lebenden Amphibien sternförmig zu ihren Laichgewässern, um nach dem Laichgeschäft sofort wieder zu verschwinden. Haben die Kaulquappen die Larvalentwicklung abgeschlossen, so beginnt in gut besetzten Gewässern ein Abmarsch Hunderttausender (bei Grasfrosch und Erdkröte durchaus möglich) frisch»gebackener« Amphibien, bräunlich bis kupferrot, glänzend und noch sehr zart: Ein reich gedeckter Tisch für Vögel!

Entscheidend für die Lebensraumqualität eines Gewässers für Amphibien und für die Besiedlung der näheren und weiteren Umgebung mit Amphibien sind neben der Größe und Form der Fischbestand, die Art und Intensität der Bewirtschaftung, die Form und Beschattung der Ufer (ein kleines Fröschchen trocknet in der prallen Sonne ganz schnell aus) und die Struktur der Umgebung. Da jeder See, jeder Teich oder Tümpel individuelle Züge trägt, besitzen sie auch eine jeweils eigene Bedeutung für die Amphibien und werden von den einzelnen Arten unterschiedlich stark angenommen. In wasserpflanzenreichen und auch sonst reich strukturierten Gewässern mit einem angemessenen Fischbestand gibt es eine gute Koexistenz zwischen Fischen und Amphibien.

Die Pflanzenbestände des Litorals sind nicht nur üppig bemessener Lebensraum, Laichplatz oder bieten eine Schutzfunktion vor Feinden, sondern sie sind auch eine ganz wichtige Nahrungsquelle und ein Kleinlebensraum. Im Schilfröhricht beispielsweise fressen Rohrkäfer, Halm- und Minierfliegen und die Larven mehrerer Groß- und Kleinschmetterlinge. Spinnen spannen dichte Gespinste, Rostpilze bringen Farbe ins Röhricht. Myriaden von blaugrünen Blattläusen saugen an Blättern und Stengeln.

Zu den See- und Teichrosen kommen Käfer und Fliegen (weniger Hummeln und Bienen) zur Bestäubung, die Schwimmblätter sind Rast- und Flugplatz, sie eignen sich für die Eiablage, für die Begattung in sonniger Lage, als Nahrung und Schutzdach. Von den Blattunterseiten weiden die Wasserschnecken gemächlich den üppigen Algen- und Bakterienaufwuchs ab. Die Nahrungsbeziehungen sind von einer faszinierenden und fast unüberschaubaren Vielfalt.

Die bedeutendsten Seen Deutschlands, Österreichs und der Schweiz im Porträt

Der Bodensee

Der ungewöhnlich niedrige Wasserstand nach dem trockenen Sommer und dem darauffolgenden recht niederschlagsarmen Winter legte die Flachwasserzonen des Bodensees in großen Bereichen trocken und brachte Erstaunliches hervor. Aus dem trockengefallenen Seegrund ragten in Reihen angeordnete Pfahlstümpfe. Immer wieder werden Beweise früher Siedlungstätigkeit des Menschen am Bodensee – ebenso wie an anderen Seen – gefunden. Bodendenkmalpfleger des baden-württembergischen Landesdenkmalamtes fanden sogar mit Lehm verkleidete und mit Zierelementen versehene Flechtwände der jungsteinzeitlichen Pfahlbauten-Siedler.
Die Funde zeigen, daß der auf den ersten Blick vielleicht Länder, Landschaften und Menschen trennende riesige Bodensee in Wirklichkeit seit alters her ein verbindendes Element darstellt. Hier siedelten nicht nur Menschen der Jungsteinzeit; der Bodensee war und ist Zentrum im alemannischen Sprachraum, Kristallisationspunkt für viel Gemeinsames der drei Anliegerstaaten Deutschland, Schweiz und Österreich. Dies war früher natürlich noch viel stärker ausgeprägt, als die politischen Grenzen noch nicht so starr waren. Vor allem wegen der sehr schlechten Verkehrsinfrastruktur auf dem Lande waren die Gewässer oft Hauptverkehrsadern. Die wirtschaftlichen Beziehungen Oberschwabens zu der Nordostschweiz waren deshalb sehr viel intensiver als etwa zum schwäbischen Unterland jenseits des Gebirges der Schwäbischen Alb.
Der See erhielt seinen Namen wohl im 8. Jahrhundert, nachdem die Karolinger auf dem Bodanrück oberhalb des heutigen Dorfes Bodman eine Kaiserpfalz eingerichtet hatten. Der Bodensee war der See unter »Bodamon« bzw. Bodman. Vielleicht haben die fränkischen Karolinger auch den Namen einfach von den ansässigen Alemannen übernommen, die damit den heutigen Überlinger See bezeichneten.
Der im Groben dreigeteilte Bodensee hat eine Fläche von insgesamt 539 km^2. Das große Becken des Obersees ist maximal 252 m tief, der Gnadensee bei der Insel Reichenau nur maximal 22 m. Die Uferlänge beträgt 263 km, das Volumen 49,4 km^3, die theoretische Erneuerungszeit 4,3 Jahre. Schon vor den Eiszeiten hatte sich bei der Alpenauffaltung ein Becken gebildet, das dann später von den mächtigen Gletschern ausgeschürft und ausgestaltet wurde. Der Bodensee ist also vom Typus her ein Zungenbeckensee wie die meisten Seen im Alpenraum. Den Großteil des Wassers erhält er aus den Alpen bzw. vom Alpenrhein, dessen Einzugsgebiet bis zum Alpenhauptkamm reicht. Die Wasserführung und die Wasserspiegelhöhe ist also abhängig vom Niederschlags- und Abflußregime der Alpen. Das heißt, daß die Zuflüsse und damit der Seespiegel am niedrigsten im Januar / Februar sind, wenn das Wasser als Schnee und Eis konserviert ist, und der See die höchsten Zuflüsse im Juni / Juli, zur Zeit der Schneeschmelze, erhält. Dieses natürliche Abflußgeschehen ist jedoch heute verändert (oder besser: gestört) durch Speicherwirtschaft und Überleitungen aus anderen Einzugsgebieten. Dennoch schwankt der Wasserspiegel im Mittel um 1,6 m.
Der Bodensee ist ein mono-holomiktischer See, das heißt, daß er nur einmal im Jahr – und zwar während der Wintermonate – bis zum Grund durchmischt wird.

Erste Erfolge

Lange war der Bodensee ein ausgesprochenes Sorgenkind, weil er sehr stark mit Phosphor belastet worden war. Jahrzehntelang hatte man bedenkenlos Abwasser eingeleitet. Ein übriges taten die phosphorbefrachteten Zuflüsse dazu. Die Algendichte, ein Maß für die Produktivität (Trophie) des Sees, steigerte sich auf das 25fache! Milliarden von Mark, Franken und Schillingen wurden in Sanierungsvorhaben und Kläranlagenbau gesteckt. Erste Erfolge sind sichtbar: Seit etwa 1980 sinken die Phosphor-Gehalte wieder, sind aber bei weitem noch nicht auf dem alten Niveau. Der Trend zum Besseren läßt sich unter anderem auch an der Wasserpflanzenflora nachvollziehen. Einige der nährstoffliebenden Pflanzen wie Teichfaden und Kammlaichkraut gehen wieder etwas zurück, das empfindliche Nixenkraut hingegen breitet sich wieder aus. Einige Arten haben allerdings den Eutrophierungsschock noch nicht überwunden.
Also kein Grund, die Hände in den Schoß zu legen!
Die Flachwasserzone (Litoralzone) des Bodensees, ehemaliger Lebensraum der Pfahlbauer, war und ist immer noch massivsten Belastungen ausgesetzt: Kies- und Sandablagerungen, Auffüllungen, Ufermauern, Bootshafen, Anlegeplätze, Badeanstalten, Bootsverkehr, intensive Erholungsnutzung mit allen Nebenwirkungen. Der Großteil der Uferlinie ist weit entfernt von einem natürlichen Zustand. Sichtbare Zeichen der Belastungen sind zerstörte Uferröhrichte und ein Zurückgehen der berühmten Strandlingsrasen auf kümmerliche Reste. Um die Schilfröhrichte zu ret-

Am Bodensee konnte der Nährstoffeintrag durch kommunale Abwasserreinigung erfolgreich reduziert werden. Ein großes Problem stellen jedoch nach wie vor diffuse Einträge aus Landwirtschaft und Gartenbau dar.

ten, wurden teure Renaturierungsprogramme aufgelegt. Hier und da werden verbaute Ufer durch Kiesvorschüttungen in einen naturnäheren Zustand versetzt. Alles nur Tropfen auf einen heißen Stein?

Wenn das schützende Wurzel- und Rhizomgeflecht der Schilfröhrichte vollends verrottet ist, sind auch die Reste der Pfahlbau-Siedlungen vor der zerstörenden Kraft der Wellen nicht mehr zu retten. Unsere Generation droht ihr eigenes Kultur- und Naturerbe zu vernichten.

Die Müritz

Die Müritz ist das Kernstück der berühmten Mecklenburger Seenplatte. Der Name geht auf das slawische *morcze* zurück, was soviel wie »kleines Meer« bedeutet. Mit ihren 117 km^2 Fläche ist sie nach dem – eigentlich internationalen – Bodensee der zweitgrößte deutsche Binnensee.

Wie die meisten Seen in Nordostdeutschland entstand das Kleine Meer während der letzten Eiszeit. Eine Gletscherzunge hatte ein großes Becken ausgehobelt, in dem sich die Schmelz-

Die Müritz und die anderen Seen in der Mecklenburgischen Seenplatte verdienen unseren ganz besonderen Schutz. Hier hat sich noch eine außerordentliche Artenvielfalt erhalten. Der Müritz-Nationalpark soll hier der einmaligen Tier- und Pflanzenwelt wie den dort lebenden Menschen eine Chance geben.

wässer des zurückweichenden Eises sammelten (Eisstausee). Feine Schwebstoffe setzten sich am Grund ab und versiegelten das Becken. Moränenwälle verhinderten, daß das Becken auslief. Nur einige kleine Bäche speisen die Müritz. Sie entwässert über die Elde zur Elbe, also letztlich in die Nordsee. Eine künstlich geschaffene Verbindung über Kanäle besitzt sie zur Havel.

Auch in diese so natürlich erscheinende Landschaft griff der Mensch schon vor vielen tausend Jahren ein. Die Rodungstätigkeiten der Jungsteinzeitmenschen hatten zur Folge, daß die Landschaft als Ganzes sehr viel weniger Wasser verdunstete, weil die Vegetation der Äcker eine geringere Blattoberfläche hatte als der vorherige Urwald. So vernäßten nach der Kultivierung im Laufe der Jahrtausende große Landstriche. Die Menschen zogen sich zurück, die Moore begannen wieder zu wachsen, die Natur holte sich die Landschaft Stück für Stück zurück!

Seit dem Mittelalter greifen die Menschen jedoch wieder in den Wasserhaushalt ein: Seen wurden aufgestaut, Wehre, Schleusen und Kanäle gebaut; man wollte das Wasser zum Transport und als Energieträger möglichst gut nutzen. Mit der Regulierung der Elde und einer Absenkung der Müritz pendelte sich der Seenspiegel auf das heutige Niveau ein. Die trockengefallenen Uferpartien waren begehrte Weideflächen, aber auch Brut- und Rastplätze für zahlreiche Vogelarten (damals gab es noch eine Koexistenz!). Alljährlich wurden bis zu 10000 Kraniche gezählt!

In den fünfziger Jahren und danach wurde dann entwässert, gedüngt, intensiviert – die kostbaren Lebensräume schwanden immer mehr dahin. Schutz- und Pflegemaßnahmen ließen jedoch die Kraniche in jüngerer Zeit wiederkehren. An die 2000 Exemplare kann man im Herbst schon sehen. Auch Seeadler und Fischadlerpopulationen haben sich erholt. Im engeren Bereich der Müritz gibt es jeweils etwa ein Dutzend Brutpaare. Und Reiherenten tummeln sich zu Tausenden auf dem Wasser.

Die positive Entwicklung bei der Vogelwelt täuscht allerdings darüber hinweg, daß die ganze Seenlandschaft noch keineswegs in einem befriedigenden Zustand ist. Waren die meisten

Auf dem Chiemsee dürfen nur Segelboote aufs Wasser. Eine Gewässerbelastung durch Motoröle und Abgase ist dadurch ausgeschlossen. Ein nachahmenswertes Beispiel.

dieser Gewässer noch vor wenigen Jahrzehnten klare, nährstoffarme Seen, in denen es bis in größere Tiefen ausgedehnte Rasen von empfindlichen Armleuchteralgen gab, so sind heute die allermeisten mehr oder weniger stark durch menschliche Einwirkungen belastet: durch Düngereinträge aus der Landwirtschaft, durch Abwässer von Industrie und Siedlung. Es entwickelt sich plötzlich massenhaft Algen-Biomasse, das Wasser wird trübe, lichtbedürftige Pflanzen gehen ein. Sie ersticken ganz einfach unter dem Aufwuchs. Die abgestorbenen Algen sinken auf den Grund und werden dort unter Sauerstoffverbrauch abgebaut. Es bildet sich ein lebensfeindliches Milieu, und der See gerät völlig aus dem Gleichgewicht. Ein klassisches Beispiel einer vom Menschen zu verantwortenden, rasanten Seenalterung!
Die Ausweisung des Gebietes als Nationalpark im Jahr 1990 soll dazu beitragen, diese Probleme (und viele andere) in den Griff zu bekommen. Der Mensch soll sich hier in die Natur einfügen, sich aus manchen Bereichen ganz zurückziehen und dort, wo er wirtschaftet, umweltverträglich wirtschaften. Ein schlüssiges Konzept, das Perspektiven für Mensch und Natur bringt.

Der Chiemsee

Mit 79,9 km^2 ist der Chiemsee, »das bayerische Meer«, der größte See des Bayerischen Alpenvorlandes. Seine maximale Tiefe liegt bei 73,4 m, die mittlere bei 25,6 m. Sein Volumen umfaßt 2,048 Milliarden m^3. Rein rechnerisch wird dieses Wasser einmal in 1,26 Jahren ausgetauscht.
Wie fast alle Seen der Alpenvorländer, die in einem Gürtel das Gebirge umsäumen, ist er vom Typus her ein Zungenbeckensee. Das heißt, die Hohlform, in der er liegt, ist während der letzten Eiszeit von einem Gletscher, in diesem Fall dem sogenannten Chiemsee-Gletscher, aus dem weichen Molasseuntergrund herausgehobelt worden, die sich nach dem Rückzug des Eises dann mit Wasser füllte.
Eine Besonderheit des Chiemsees ist, daß sein Grund mit Dellen und tiefen Senken übersät ist. Diese sind entstanden, weil große Gletscherbruchstücke unter Schutt begraben worden sind und als Toteis im Becken zurückblieben. Nach ihrem Ab-

schmelzen sackte die Schuttdecke ein, und es bildeten sich die Senken.

Der Hauptzufluß ist die Tiroler Achen, die gleichsam als »Schicksalsfluß« das Werden und Vergehen des Chiemsees bestimmt. In ihrer Talfurche drang der Gletscher nach Norden vor, um das Becken auszuschürfen. Sie ist es aber auch, die mit ihrer hohen Geschiebezufuhr aus den Kitzbüheler Alpen das Ende des Chiemsees eines Tages besiegeln wird.

Der See reichte ursprünglich viel weiter nach Norden und Süden. Unter den Torflagern der Kendlmühlfilze südlich des Sees wurden bis zu 250 m mächtige Seetone erbohrt, die allesamt die Achen dort abgelagert hat. Der seit 1876 begradigte Fluß bringt alljährlich etwa 255 000 m^3 Feststoffe in den See. Davon trägt die Alz am Ausfluß bei Seebruck nur etwa 10 000 m^3 wieder weg. Allein im Bereich des Achen-Deltas wird der See pro Jahr um 1,33 ha kleiner.

Die Endmoränenzüge um den See vor der wundervollen Kulisse des Kaisergebirges und der Salzburger Alpen sind altes Kulturland. Ein kulturelles und geistiges Zentrum wurde der Chiemsee mit der Errichtung der Inselklöster Frauen- und Herrenchiemsee im 8. bzw. im 12. Jahrhundert. Im 19. Jahrhundert ließ sich der schwärmerisch-romantische König Ludwig II. sein »bayerisches Versailles« auf der Herreninsel bauen.

Die Fischereigeschichte des Chiemsees ist alt und hochinteressant. Mit Einbäumen und Plätten fuhren die Fischer hinaus, um Reusen auszulegen oder die verschiedenen Netze zu ziehen, um Brachsen, Mairenke und Perlfisch zu fangen. Eine Besonderheit im Chiemsee war das »Werch« oder »Bschlächt« am Auslauf bei Seebruck, praktisch ein speziell aufgebauter Absperrzaun als Fischfanganlage, die sich quer durch die Alz zog und die seit dem Spätmittelalter vom Kloster Frauenchiemsee betrieben wurde. Ab 1771 verfiel dieses Bauwerk. Zusammen mit weiteren »Wuren« (Wehren) und Zäunen in der Alz hatte es den Chiemsee über viele Jahrhunderte hinweg aufgestaut. Mit dem Verfall des Werchs sank der Wasserspiegel, und es fielen viele seichte Uferbuchten, Uferwinkel, Laichgebiete und Kinderstuben für die Fische trocken. In den Jahren 1902 bis 1904 fällte man den See künstlich um 60 cm, wodurch er auf einen Schlag um rund 200 ha kleiner wurde. Wie auch an vielen anderen Seen brachte dieses Projekt der Neulandgewinnung bei weitem nicht den Erfolg, den man sich erhofft hatte. Außerdem waren weitere Fischlaichgründe zerstört worden.

Vegetationskundliche Kartierungen Ende der achtziger Jahre ergaben, daß der Chiemsee immerhin noch rund 40 echten Wasserpflanzen einen Lebensraum bietet. Darunter sind allerdings einige, so etwa der Teichfaden oder das Untergetauchte Hornblatt, die uns bei gehäuftem Vorkommen eine deutliche Gewässerbelastung anzeigen. Ganz generell läßt sich eine ausgeprägte Beziehung zwischen der Verbreitung nährstoffliebender Wasserpflanzen und menschlichen Siedlungseinflüssen herstellen. Berücksichtigt man bei der Gesamtbeurteilung auch die Nährstoffgehalte des Wassers und anderes mehr, so muß man den ehemals oligotrophen Chiemsee heute als mesotroph bezeichnen. Einige Algengruppen deuten bereits darauf hin, daß der See sich zum eutrophen Gewässer hin entwickeln könnte. Ein deutliches Alarmzeichen!

Die Schönheit und Anziehungskraft des Sees mit seiner prächtigen Umgebung ziehen indirekt natürlich viele Probleme nach sich: Siedlungsdruck, Wassersport, starker Freizeitbetrieb (an der Ufern gibt es allein 16 Campingplätze!), Verkehrsbelastung. Der Chiemsee ist einer der großen Tourismusschwerpunkte in Oberbayern. Durch ein umfassendes Klärstufensystem, ähnlich dem Bodensee, konnten die Voraussetzungen geschaffen werden, der weiteren Gewässerverschmutzung entgegenzuwirken. Hinzu kommen umfassende Schutzgebietsanweisungen und das konsequente Verbot des Wassermotorsports.

Der Große Plöner See

Der Große Plöner See ist mit seinen 3038 ha der größte Binnensee des an Seen so reichen Schleswig-Holstein. Auch er ist durch Gletscherausschurf entstanden, in diesem Fall von mehreren Zungen, wodurch sich ein durch Moränenrücken gegliedertes Becken ergab. Der See ist heute noch um die 60 m tief, wobei die tiefste Stelle sogar 40 m unter dem Meeresspiegel liegt! Die Wasserstandsschwankungen sind insgesamt gering. Die nährstoffreiche und träge Schwentine, Zufluß und Abfluß des Sees, ist nicht in der Lage, den See richtig durchzuspülen. Die Erneuerungsrate ist also recht gering.

Interessant ist, daß man 1881 den See um 1,14 m fällte, nachdem das Recht eine alten Mühle, das Gewässer aufzustauen, abgelöst worden war. Man wollte damit Flächen für die landwirtschaftliche Nutzung gewinnen. Doch auch hier blieben die Erfolge aus, weil die trockengelegten Uferpartien viel zu steinig und auch zu nährstoffarm waren.

Das Seesediment ist zugleich Natur-Dokumentation der Zeitgeschichte. So konnte durch Bohrungen festgestellt werden, daß noch vor den ersten wasserbaulichen Manipulationen im späten

Mittelalter, also bevor die besagte Mühle gebaut worden war, die jährliche Sedimentationsrate und damit auch die Verlandungsgeschwindigkeit gerade 1 cm betrug. Nach dem Bau der Mühle gab es einen großen Sprung nach oben und damit einen richtigen Alterungsschub.
Der Große Plöner See hat auch Wissenschaftsgeschichte geschrieben. Bereits im Jahre 1892 wurde die Hydrobiologische Anstalt gegründet, heute das international renommierte Max-Planck-Institut für Limnologie. Und von Anfang an war der See vor der Haustüre natürlich das Freilandlabor der Forscher. In den dreißiger Jahren entdeckte hier der Limnologe Waldemar Ohle den Phosphor als Hauptverursacher für die sogenannte Eutrophierung. Man hatte plötzlich eine enorme Massenentwicklung des Phytoplanktons sowie Sauerstoffmangel und Schwefelwasserstoff-Bildung (Gestank nach faulen Eiern) im Tiefenwasser festgestellt. Die Fischereierträge nahmen bedenklich ab. Als Verursacher kristallisierten sich schon bald die Abwassereinleitungen aus den Siedlungen sowie die Abschwemmungen und die Austräge aus den landwirtschaftlichen Flächen heraus. Erschrekkend war vor allem – und ist es heute noch! –, daß dieser Eutrophierungsprozeß nicht gemächlich abläuft und man ihn nicht einfach kurzfristig durch geeignete Maßnahmen, etwa das Abstellen der Belastungsquellen, abschalten oder unterbrechen kann. Einmal in Gang gekommen, kommt es zu einer rasanten Seenalterung, die man nur langfristig bremsen kann. Und dabei ist man heute noch.

Das Steinhuder Meer

Wenige Kilometer nordwestlich von Hannover, also im Einzugsgebiet einer Großstadt, liegt der größte See Niedersachsens, das Steinhuder Meer. »Meere« sind im niederdeutschen Sprachgebrauch größere Binnenseen. Dem neuesten Stand der Forschung nach ist dieses Meer dadurch entstanden, daß im Untergrund großräumig Salz- oder Gipsschichten ausgelaugt wurden und die dünne Deckschicht einbrach. In die Hohlform ergossen sich Bäche, deren Sedimente den Grund allmählich abdichteten. Andere Theorien bauen sich darauf auf, es sei durch Thermokarst enstanden, ein Prozeß, bei dem bei wärmer werdendem Klima gegen Ende der Eiszeit und zu Beginn der Nacheiszeit große Eislinsen, gleichsam in Eis konservierte Seen, austauten. In diesen Bereichen sackt die Bodenoberfläche ein, weil das Wasser ein geringeres Volumen hat als das Eis. Beide Theorien sind faszinierend.

Das Steinhuder Meer ist etwas über 29 km^2 groß, die maximale Tiefe liegt bei 2,80 m. Es ist also ein ausgesprochener Flachsee. Dementsprechend ist das Meer auch pleiomiktisch, das heißt, es wälzt sich mehrmals im Jahr um, weil sein Wärmehaushalt sehr schnell auf die Lufttemperaturen reagiert. Im Sommer kann es sich bis auf 28° C aufheizen. Da kann man kein erfrischendes Bad mehr nehmen! Im Winter dagegen ist es oft wochenlang zugefroren.
Oberirdische Wasserzufuhr erhält das Meer nur wenig. Es fließt mehr hinaus als hinein. Das meiste Wasser stammt aus dem Grundwasserkörper. Da der See ungeschützt den Winden – meist aus westlicher Richtung – ausgesetzt ist, geht das feinkörnige Sediment schon bei kleinen Luftbewegungen in Suspension. Das Gewässer ist also meistens trübe.
Das Steinhuder Meer ist ein recht labiles System. Viele Parameter schwanken sehr stark, etwa der pH-Wert, die Sauerstoffsättigung und die Nährstoffgehalte. Die Phosphatkonzentrationen und die Phytoplanktonproduktion sind sehr hoch, das Gewässer ist polytroph.
Das kommt nicht von ungefähr. Über die Hälfte des Einzugsgebiets ist intensiv landwirtschaftlich genutzt. Die Seeufer sind zersiedelt mit Wochenendhäusern, Campingplätzen und sonstigen Dingen, von denen die Erholungssuchenden heute meinen, sie so dringend zu brauchen. Es wurden Uferpromenaden angelegt, Stege und Bootsanlegestellen gebaut und Badestrände aufgespült. Die aktiven Mitglieder von fast zwei Dutzend Segelvereinen tummeln sich an den Wochenenden auf dem Wasser. Das alles übersteigt die Selbstheilungskräfte eines solchen Gewässers.
Die eutrophen Röhrichtgürtel aus Flechtbinse, Schilf und Wasserschwaden sind auf weiten Strecken zerstückelt. Glücklicherweise gibt es noch einige gut entwickelte und ausgedehnte Bestände am Nordost- und am Westufer.
Das artenreiche Phyto- und Zooplankton findet ideale Bedingungen vor. Insbesondere einige Grün- und Blaualgenarten kommen regelmäßig zu Massenentwicklungen (Algenblüte). Höhere Wasserpflanzen gibt es nicht mehr. Diese sind schon vor mehreren Jahren verschwunden. Fischereilich gilt das Steinhuder Meer als gering bis allenfalls mäßig ertragreiches Gewässer.
Das Steinhuder Meer als flaches und labiles Gewässersystem kann mit diesen Nutzungen und Belastungen nicht fertig werden. Sie drücken ihm schon mittelfristig den Lebensnerv vollends ab!

Der Wörthersee

Der Wörthersee in Kärnten ist wohl der bekannteste See Österreichs und als Urlaubsziel der Extraklasse geschätzt. Auch aus seenkundlicher Sicht hat der mit über 19 km^2 Fläche größte See Kärntens etwas zu bieten. Er liegt in einer tektonischen Rinne, die vom Gletscher der letzten Eiszeit noch weiter ausgeformt wurde. Von der Entstehung her ist er also dem Bodensee sehr nahe verwandt. In vielen anderen Hinsichten allerdings ganz und gar nicht. Er hat zum Beispiel keinen größeren Zufluß, weil sein Einzugsgebiet gerade nur das Achtfache seiner eigenen Größe ausmacht. Entsprechend dem geringen Zufluß beträgt seine theoretische Wassererneuerungszeit 9,5 Jahre. Viele kleinere Seen im Einzugsgebiet wirken wie Vorbecken bei einer Talsperre, in denen Sedimente und Nährstoffe zurückgehalten werden. Der Wörthersee selbst ist kein einheitliches, langgestrecktes Gebilde, sondern durch Inseln, Halbinseln und Schwellen in drei Becken gegliedert, von denen eines immerhin 85,2 m tief ist.

Aus limnologischer Sicht etwas ganz Besonderes, wenn auch nicht sehr Erfreuliches, ist, daß sich der See während der frühjährlichen und herbstlichen Umwälzungsphase nicht vollkommen durchmischt. Er ist also meromiktisch: Unterhalb 50 m Tiefe ist keine Bewegung, keine Dynamik und auch kein Sauerstoff mehr. In hohen Konzentrationen angereichert sind hingegen die Nährstoffe wie in einem riesigen Depot, auf das man keinen Zugriff hat. Dies alles sind Folgen von Beckengestalt und geringem Zufluß.

Wie so viele andere Seen auch eutrophierte der Wörthersee ab Ende der fünfziger Jahre stark aufgrund ständiger Abwassereinleitungen, die mit dem zunehmenden Fremdenverkehrsstrom enorm anstiegen. Diese Belastung führte zu Massenvermehrungen der Burgunderblutalge *Oscillatoria rubescens*. Von 1967 bis 1977 stieg der Phytoplanktongehalt um das 7fache. Die Sichttiefe ging von 7 m auf 2,4 m zurück. Ab 1978 begann sich der See wieder zu erholen, nachdem man für viele hundert Millionen Schillinge Abwasserringleitungen und Kläranlagen gebaut hatte. Die Sichttiefe stieg um über 2 m, die Algen reagierten mit Verzögerung.

Als einer der wärmsten und bezüglich der Temperaturamplitude stabilsten Seen Österreichs wird der Wörthersee der große und beliebte Badesee bleiben. Man hatte gerade noch rechtzeitig die richtigen Maßnahmen ergriffen.

Durch umfangreiche Sanierungsmaßnahmen konnte der Wörthersee als beliebtes Urlaubsziel Kärntens erhalten werden.

Der Neusiedlersee

Ein ganz eigentümliches und in Europa einmaliges Gewässer ist der Neusiedlersee, ein Steppensee am westlichen Rand der österreichischen und ungarischen Puszta, gesäumt von der Parndorfer Platte, dem Leithagebirge und den Ruster Hügeln. Der maximal 2 m, im Mittel nur 1 m tiefe See liegt in einer seichten Mulde, die durch tektonische Prozesse entstanden ist. Von Natur aus abflußlos, erhielt der See in den Jahren 1895–1910 den sogenannten Einserkanal als Abfluß, der nach Süden Richtung Raab entwässert und mit dessen Hilfe man den Wasserspiegel regeln kann. Der einzige größere Zufluß ist die von Westen kommende Wulka. Für die Wasserspeisung von weitaus größerer Bedeutung sind jedoch die Grundwasserströme, die breitflächig aus dem Wulka-Becken und von den Ruster Hügeln herab Richtung See ziehen. In der Längsachse des Sees, also von Süden nach Norden, drückt dieses Wasser entlang einer tektonischen Verwerfungslinie an die Oberfläche.

Die Größe des Neusiedlersees wird mit etwa 300 km² angegeben. Dies ist im Grunde nur ein ungefährer Richtwert, denn mit nur 1 cm Wasserspiegeländerung verändert sich seine Fläche um 3 km²! Im Osten ist die Uferlinie allerdings einigermaßen fest, da hier durch Eisschub ein »Seedamm« aufgeworfen wurde. Der überwiegend von Westen kommende Wind trieb große Eisschollen ans östliche Ufer, welche die Sedimente zu einem Wall zusammenschoben.

Als richtiger Steppensee ist der Neusiedlersee salzhaltig. Die Salze kommen mit dem Grundwasser aus den Bruchlinien. Über längere Zeiträume schwankt der Salzgehalt erheblich. Während er in den dreißiger Jahren bei etwa 16 g/l Wasser lag, beträgt er heute etwa 1 g/l Wasser. Trotz dieser Aussüßung beherbergt er doch noch einige ganz typische Organismen der Sodaseen wie den Kleinkrebs *Arctodiaptomus spinosus*, andere dagegen wie der Wasserfloh *Moina micura* sind allerdings verschwunden. Wegen seiner geringen Tiefe schichtet er sich natürlich nicht ein. Es kommt immer wieder zu Konvektionsströmungen und Umwälzungen. Das Wasser kann sich bis auf über 30° C aufwärmen. Im Winter ist er regelmäßig über mehrere Wochen hinweg völlig mit Eis bedeckt.

Über die Hälfte der Seefläche besteht aus Schilfröhricht. Das sind insgesamt etwa 170 km². Der Schilfgürtel ist wegen des Wellenschlags und der Eisschiebungen am Ostufer schmaler als im Westen. Dieses Röhricht ist das größte seiner Art in Mitteleuropa. Eine Ausdehnung erfuhr es insbesondere nach dem Bau des Einserkanals. Andere Pflanzen finden neben dem Schilf kaum eine Existenzmöglichkeit, denn es erreicht eine Höhe bis zu 3 m und eine Sproßdichte bis zu 90 Halmen pro Quadratmeter. Die außerordentlich hohe Biomasse und die großen Blattflächen verdunsten unglaublich große Wassermengen, nämlich ca. 1000 l/m² und Jahr. Die Niederschläge liegen im Vergleich dazu bei 650 l/m² und Jahr.

Schilf breitet sich mit Hilfe von Wurzelsprossen vegetativ aus. Eine einzige Pflanze kann dadurch riesige Areale einnehmen. Auch solche Riesenpflanzen altern natürlich und sterben ab. Auf diese Weise entstehen große Lücken im Röhricht, die sogenannten Lakunen, die dann aufs neue zuwachsen. Seit altersher werden die Schilfbestände kommerziell genutzt, etwa zur Verwendung bei Stukkateurarbeiten oder als Dachbedeckung. Hierzu wird das Schilfrohr im Winter gemäht, gereinigt und gebündelt. Dem Schilfgürtel vorgelagert bilden einige Wasserpflanzen Unterwasserwiesen, z. B. das Hornblatt, das Ährige Tausendblatt, das Meer-Nixenkraut sowie das Kamm-Laichkraut, das eigenartige »Hexenringe« bildet.

Als Vogellebensraum – als Brut- und Rastplatz zusammen mit den kleineren Lacken im Seewinkel – hat der Neusiedlersee eine international herausragende Bedeutung und ist in dieser Funktion vergleichbar mit dem Donaudelta oder der Camargue. Über 300 Vogelarten wurden schon festgestellt. Spektakulär sind die teilweise sehr hohen Individuenzahlen von Graureiher, Silber- und Purpurreiher, Löffler, Graugans, Saat- und Bläßgans (»normale« Novemberbestände bei 22 000 bzw. 7000), an den Lacken Säbelschnäbler, Kampfläufer, Großer Brachvogel, Fluß- und Seeregenpfeifer. Rohrdommel und Zwergrohrdommel bevölkern die Schilfröhrichte.

Abwassereinleitungen, Dammschüttungen, »Pfahldörfer«, große Ferienhaussiedlungen, Park- und Campingplätze und insgesamt eine explosive Entwicklung des Tourismus, aber auch eine enorme Intensivierung der Agrarflächen im Einzugsgebiet bedrohen diesen einzigartigen Steppensee ganz massiv. In den Jahren 1967/68 bis 1978/79 stieg die Algenbiomasse um das 70fache. Schilfröhrichte wurden beseitigt, zerschnitten und degradiert. Ein ganz großer Fehler war es auch, die aus Asien stammenden Graskarpfen einzusetzen, die mit ihrer extremen Gefräßigkeit den Wasserpflanzenbestand auszurotten drohen. Wegen seiner einmaligen Eigenartigkeiten ist der Neusiedlersee ein besonders empfindliches Gewässerökosystem. Es müssen sehr große Anstrengungen gemacht werden, um dieses wieder in ein Gleichgewicht zu bringen. Ganz entscheidend ist dabei, daß sich der Mensch mit seinen zerstörenden Nutzungen aus weiten Teilen zurückzieht.

Der Vierwaldstätter See

Direkt an der Naht zwischen dem Mittelland und den Alpen und im Zentrum der alten Eidgenossenschaft liegt der eigenartigste der Schweizer Seen, der Vierwaldstätter See. Er zerteilt sich in nach verschiedenen Himmelsrichtungen weisenden Becken. »Welcher See in Fetzen, dieser unglückliche Vierwaldstättersee – wie vier Taschentücher, die nach verschiedenen Richtungen Abschied winken«, so karikierte Rainer Maria Rilke dieses Gebilde zwischen Gebirge und Hügelland. Ganz nüchtern betrachtet besteht er aus verschiedenen Zungenbecken, die miteinander verbunden sind. Jedes dieser Becken ist ein Individuum hinsichtlich Tiefe, Form, Temperaturhaushalt usw. Die Gesamtfläche umfaßt etwas über 115 km², die maximale Tiefe beträgt 214 m, das Volumen 11,8 km³, die Gesamtuferlänge 143,7 km. Rein rechnerisch wird der Inhalt alle 3–4 Jahre ausgetauscht. Seinen maximalen Wasserstand erreicht er im Juni/Juli, wenn im hochgelegenen alpinen Einzugsgebiet die Schneeschmelze stattfindet.

Die bizarre Form des Vierwaldstätter Sees inspirierte viele Dichter und Maler. Heute zieht er vor allem Erholungsuchende an.

Die Ufer des Vierwaldstätter Sees sind zum einen ganz massiven Belastungen ausgesetzt, andererseits als Lebensraum aber besonders empfindlich, weil wegen der meist steil abfallenden Felswände und Hänge kaum eine Flachwasserzone vorhanden ist, in der sich Röhrichte, Strandlingsrasen und anderes mehr entwickeln könnten. Der See leidet unter Uferverbauungen jeglicher Art, die das Auslaufen der Wellen nicht nur verhindern, sondern sie zurückwerfen und die nachfolgenden Wellen verstärken. Nicht weniger belastend sind Bäder, Campingplätze, Kais, Straßen, Bootshäfen, Ausbaggerungen, kommerzielle Kiesentnahmen und anderes mehr. Bis gegen Ende des letzten Jahrhunderts gab es noch rund 290 ha Uferzone. Durch Trockenlegungen sind über 250 ha davon verschwunden.

Eine von Wissenschaftlern gemachte Bestandsaufnahme der gesamten Uferzone hat eine erschreckende Bilanz gebracht: Der Ufergürtel existiert nur noch in Bruchstücken. Einen hohen bzw. außerordentlich hohen ökologischen Wert besitzen lediglich noch 10 Prozent der Uferlinie!

Mit insgesamt 43 echten Wasserpflanzen und 26 Uferpflanzen beherbergt der Vierwaldstätter See dennoch eine erstaunliche Vielfalt an Pflanzen. Allerdings sind gegenüber früheren Kartierungen deutliche Verluste zu beklagen, und dies vor allem bei den Uferpflanzen, die bei irgendwelchen Baumaßnahmen oft völlig abgeräumt werden. Bei den Wasserpflanzen sind die empfindlichen Arten verschwunden, z. B. das Gefärbte Laichkraut und der Strandling. Vermehrt haben sich hingegen einige nährstoffliebende Arten. Also auch hier wie an fast allen unseren mitteleuropäischen Seen die sterotype und deshalb um so besorgniserregendere Erkenntnis: Die Degradierung und Eutrophierung eines weiteren einmaligen Lebensraums hat zugenommen!

Seen, Teiche, Tümpel und andere Stillgewässer erkennen, bestimmen, schützen

Steckbriefe zu den einzelnen Feuchtbiotoptypen

Welcher Biotop ist das?

Feuchtbiotope erkennen – bestimmen – schützen

Über Jahrhunderte waren die Menschen Bestandteil der von ihnen geschaffenen und erhaltenen Kulturlandschaften Mitteleuropas. Eingebunden in die Regelmechanismen des Naturkreislaufs wurden Seen, Teiche, Tümpel und andere Stillgewässer von den Menschen durch extensive Nutzung in ihr Wirtschaften einbezogen. Ja, der Mensch schuf eine Vielzahl neuer Feuchtlebensräume in Form von Tränken, Eis- und Löschweihern, Fischteichen und vielen anderen Stillgewässern. Viele Tiere und Pflanzen profitierten so von den zusätzlich zu den natürlichen Feuchtgebieten entstandenen Stillgewässern. Ihr Lebensraumspektrum wurde durch den wirtschaftenden Menschen zunächst erweitert. Rohrammer und Schilfrohrsänger gehören ebenso dazu wie Zwergtaucher und Zwergrohrdommel.
Doch dann wurde den Feuchtbiotopen immer mehr der Garaus gemacht. Wasser wurde aus der Landschaft vertrieben, als ob es ein Feind des Menschen sei. Und heute hat ein Großteil der Bevölkerung keine Beziehung mehr zur Kulturlandschaft. Welche Kinder haben noch Gelegenheit, am naturbelassenen Tümpel die ersten Frösche zu entdekken, der Nachtigall zuzuhören oder die Balz der Teichmolche zu beobachten. Und selbst viele Menschen, die sich selbst als umweltbewußt einschätzen, kennen nicht mehr den Unterschied zwischen See und Teich, Tümpel und anderen Kleingewässern. Viele frühere Nutzungen von Stillgewässern sind längst vergessen, weil man sie eben nicht wie antiquarische Gegenstände in Heimatmuseen aufbewahren kann. Nur noch Flurnamen erinnern da und dort an die einstige Existenz eines Stillgewässers und an die oft sehr spezifische Nutzung durch die Bevölkerung. Nachdem sich die Erkenntnis der Notwendigkeit umfassenden Biotopschutzes immer mehr durchsetzt, brauchen wir jetzt ein neues Naturbewußtsein, das breite Wissen über die verschiedenen Biotope, deren Entstehung, mögliche Gefährdung und Schutzbedürftigkeit einschließt.
Der nachfolgende Bestimmungsteil ermöglicht, die verschiedenen Seen, Teiche und anderen Stillgewässer-Biotope im Gelände ebenso zu erkennen, wie den Pflege- und Erhaltungszustand sowie mögliche Gefährdungen einzuschätzen. Entsprechende allgemein verständliche Biotop-Steckbriefe und fotografische Lebensraumportraits liefern allen Einsteigern in den Biotopschutz handbuchartig die wichtigsten Grundinformationen. Städte, Gemeinden, Fachbehörden, Landwirte und alle anderen Grundstücksbesitzer können sich so Erstinformationen über die Einordnung und die Bedeutung von Biotopen beschaffen. Naturschutzgruppen, Planern und mit den Biotoperfassungen betraute Personen wird in einem komprimierten Überblick die Einschätzung der Feuchtbiotope erleichtert.
Bei der Bestimmung von Lebensräumen muß jedoch immer beachtet werden, daß Natur keine Grenzen kennt. Zwischen den verschiedenen Biotoptypen gibt es eine Vielzahl von Zwischen- und Übergangsformen.
Weil aber die Vielfalt der Natur mit ihren fließenden Übergängen zwischen den unterschiedlichen Lebensräumen letztlich nicht nachahmbar ist, wird die Einteilung in Biotoptypen immer etwas Statisches bleiben. Und dennoch lassen sich durch das Vorkommen bestimmter Pflanzen- und Tierarten, durch die landschaftliche Erscheinungsform oder durch die kultur- und naturhistorische Entstehungsgeschichte Lebensräume als solche definieren und beschreiben. Nicht alle Feuchtbiotoptypen sind ausschließlich nach limnologischen oder vegetationskundlichen Kriterien zuzuordnen. Die Versuche, nach den Kriterien der verschiedenen wissenschaftlichen Disziplinen Lebensräume zu kategorisieren, werden eben der Natur und Landschaft nur unzureichend gerecht.
In der Reihe BiotopBestimmungsBücher sind deshalb sowohl Biotoptypen aufgenommen, die sich vegetationskundlich zuordnen lassen, als auch Nutzungstypen sowie aus der Sicht anderer Disziplinen beschriebene Biotope. Die Stillgewässer werden im Bestimmungsteil im Hinblick auf deren Entstehung (Genese) geordnet.
Zur leichteren Orientierung beim Nachschlagen und Vergleichen sind die Beschreibungen nach folgenden Gesichtspunkten aufgebaut:

Name: Für jeden Biotoptyp wird sowohl die deutsche Bezeichnung als auch – sofern vorhanden und gebräuchlich – die wissenschaftliche Bezeichnung angegeben.

Kennzeichen: Hier werden die wichtigsten Erkennungsmerkmale des einzelnen Biotoptyps angegeben.

Verbreitung / Vorkommen: Informationen zu den Verbreitungsschwerpunkten.

Standortmerkmale: Angaben zu Wasserhaushalt, Sediment, wasserchemischen und -physikalischen Eigenschaften, Stoffhaushalt allgemein.

Charakteristische Arten: Aufgeführt sind Pflanzen- und Tierarten, die für den beschriebenen Biotoptyp charakteristisch sind. Es sind dabei sogenannte Leitarten und sonstige typische Arten, die im jeweiligen Biotoptyp vorkommen können, zusammengefaßt. Ein bestimmter Biotoptyp liegt dabei natürlich auch vor, wenn einzelne Arten nicht vorhanden sind. Die Auflistung gibt somit eine Tendenz und Erkennungshilfe für den einzelnen Lebensraum und dessen Abgrenzung gegenüber ähnlichen Biotoptypen.

Nutzung: Eine Vielzahl von Biotoptypen ist durch verschiedene Nutzungen entstanden. Unter dieser Rubrik werden deshalb aktuelle wie auch historische Nutzungen, deren Auswirkungen auf den beschriebenen Biotoptyp und das gesamte Landschaftsbild in kurzen Stichworten dargestellt.

Ökologische Bedeutung: Hier wird auf die Funktion als Lebensraum für Tiere und Pflanzen ebenso eingegangen wie auf die Wirkung im gesamten Landschaftsbild usw.

Gefährdung: In kurzen Stichworten wird auf die verschiedenen Gefährdungsursachen – wie etwa Nutzungsaufgabe, Tourismus usw. – eingegangen.

Schutz und Pflege: Dargestellt werden Maßnahmen zur Erhaltung des jeweiligen Biotoptyps. Dabei werden erforderliche rechtliche Schutzinitiativen ebenso dargestellt wie notwendige Pflegemaßnahmen, deren Intensität usw.

Karsee

Kennzeichen: See in Hohlform gelegen, amphitheaterartig von drei Seiten mit Steilwänden umgeben, an der offenen Seite liegt die stauende Abschlußmoräne des ehemaligen Kargletschers, der sogenannte Karriegel. Meist Nordost-exponiert, klein, mehr oder weniger rund im Umriß, tief.

Verbreitung / Vorkommen: Alpen, Schwarzwald, Vogesen, Bayerischer Wald.

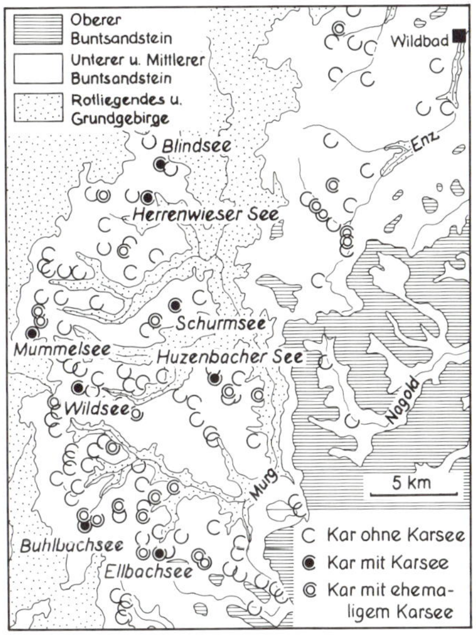

Verbreitung der Kare und Karseen im Schwarzwald

Oben: Karsee im Hochgebirge
Rechts: Ein typischer Karsee im Schwarzwald
Unten: Kleine Teichrose

Standortmerkmale: Sehr kleines Einzugsgebiet, Wasserspeisung durch kleine Rinnsale / Bäche und diffus, nicht immer mit oberirdischem Abfluß. Das Wasser ist klar, kaltstenotherm, leicht bräunlich (obligohumos), holomiktisch. Das Substrat ist steinig, sandig bis schlammig. Oligo- bis mesotroph, pH-Wert sauer bis sehr sauer (im Nordschwarzwald liegen die Werte noch knapp über pH 4. Diese Gewässer sind versauert).

Charakteristische Arten: Insgesamt recht artenarm wegen Nährstoffarmut. An Wasserpflanzen z. B. einige oligotraphente, gegen Nährstoffeintrag sehr empfindliche Arten: Zwiebelbinse *(Juncus bulbosus)*, die Brachsenkräuter *Isoetes lacustris* und *I. echinospora*, das Wechselblütige Tausendblatt *(Myriophyllum alterniflorum)* sowie verschiedene Armleuchteralgen. Pflanzen oft von einem dichten Kieselalgen-Aufwuchs überzogen. Als besondere Schwimmblattpflanze mitunter die Kleine Teichrose *(Nuphar pumila)*. Im und am Gewässer Schwimmdecken und Schwingrasen, in der Umgebung oft saure Niedermoore.
Fauna: Erbsenmuscheln, von denen manche in große Tiefen vordringen, Elritze.

Nutzung: Angelsport (es wurde immer wieder versucht, in solche Biotope Fische einzusetzen), Erholung, Fremdenverkehr.

Ökologische Bedeutung: Seltene Bildung der Natur, großräumig oft noch die letzten nicht oder gering belasteten aquatischen Lebensräume, Biotop für sehr selten gewordene Pflanzenarten, z. B. Reliktvorkommen der Brachsenkräuter im Feldsee / Schwarzwald.

Gefährdung: Schleichende Eutrophierung, Tourismus, Versauerung, insbesondere im kaum gepufferten Buntsandsteingebiet des Nordschwarzwaldes (z. T. hohe Aluminium-Werte).

Schutz und Pflege: Fernhaltung jeglicher Eutrophierung, ggf. Erschließung zurücknehmen, strikter Schutz, Errichtung von Pufferzonen, Besucherlenkung. Auf jegliche Nutzung (außer Naturreservat) verzichten.

Zungenbeckensee

Endmoränenwannensee

Kennzeichen: Meist längliche Gestalt, oft auch aufgeteilt in mehrere Becken; von Moränenwällen umgeben. In den jungen Glaziallandschaften der See schlechthin. Flach- bis steilufrig, z.T. recht tief, blaue bis grüne Farbe. Dem Typus und der Verbreitung des Zungenbeckensees ähnlich ist der Toteissee. Dieser besitzt allerdings meist einen rundlichen Umriß. Fast immer rundum steile Ufer und dementsprechend schmale Vegetationszonierung. Oft liegen Toteiskessel in Zungenbeckenseen.

Verbreitung/Vorkommen: Jungmoränenlandschaften, also das Gebiet der letzten Vergletscherungen (außeralpiner Bereich).

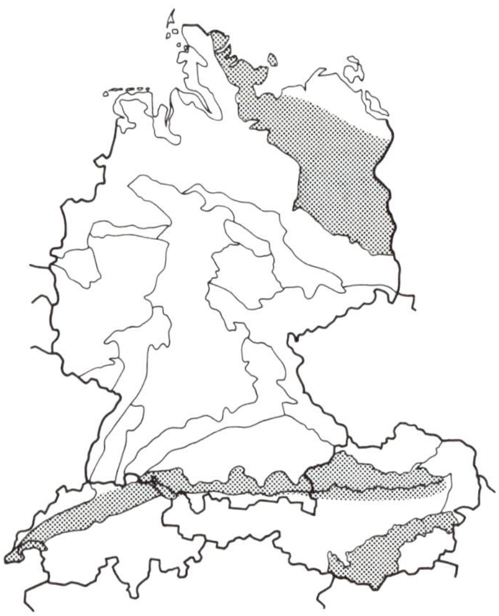

Standortmerkmale: Oberirdischer Zu- und Abfluß, meist auch Kommunikation mit dem Grundwasser. Als Substrat unterschiedliche Mudden bis Faulschlamm (je nach Trophie), kalkreich, hart, neutraler bis leicht alkalischer pH-Wert, gut gepuffert.
Oligotropher Typus: tief, klar, sehr große Sichttiefe (bis mehrere 10 m), holomiktisch, meist dimiktisch

Das Eriskircher Ried am Bodensee, ein typischer Zungenbeckensee.

Eutropher Typus: eher flach, trübe durch starke Phytoplankton-Produktion, geringe Sichttiefe (wenige m), im Sommer und Winter regelmäßig starke Sauerstoffdefizite schon in geringer Tiefe; bei starker Belastung auch meromiktisch.

Charakteristische Arten:
Oligotropher Typus: Ausgekleidet mit verschiedenen Arten von Armleuchteralgen (Chara-See): *Chara hispida, Ch. aculeolata, Ch. aspera* u. a. (in den Seen bei Feldberg/Mecklenburg wuchsen früher 15 verschiedene Characeen!), außerdem z. B. Wechselblütiges Tausendblatt *(Myriophyllum alterniflorum)*, Cladophora-Algen. Uferbereiche eher schütter bewachsen, z. B. mit der Schneide *(Cladium mariscus)*, der Knotenbinse *(Juncus subnodulosus)* und der Schnabelsegge *(Carex rostrata)*. Die wichtigsten Fische sind Salmoniden (Forellenartige) wie Felchen, Renken, Maränen. Sonst Zuckmücken-Gattung *Tanytarsus* u. a.
Meso- bis eutropher Typus: Spiegelndes Laichkraut *(Potamogeton lucens)*, Zwerg-Laichkraut *(Potamogeton pusillus)*; Schwimmblattpflanzen: Gelbe Teichrose *(Nuphar lutea)*, Weiße Seerose *(Nymphaea alba)*; Röhrichte und Riede: Flechtbinse *(Schoenoplectus lacustris)*, Schilf *(Phragmites australis)*, Steifsegge *(Carex elata)*, Sumpfsegge *(Carex acutiformis)*.

Nutzung: Fischerei, Angelsport, Freizeit, Tourismus im großen Stil.

Ökologische Bedeutung: Große, oft landschaftsprägende Seen, Stabilisierung des Landschaftswasserhaushalts (Puffer), natürliche Kläranlagen, allerdings mit begrenzter Belastbarkeit. Als gesamte Ökosysteme von größter Wichtigkeit für alle aquatischen Organismen. Bedeutende Wasser-Zugvogelrastplätze.

Gefährdung: Sehr vielschichtig bei den großen Gewässern: Eutrophierung über Zuflüsse und direkte Abwassereinleitungen, Uferverbau- und Zerstörung, Bootsverkehr, ungelenkter Tourismus.

Schutz und Pflege: Bei Belastungen Sanierungsprogramme (z. B. Ringleitungen für Abwasser, Nährstoffrückhalt im Einzugsgebiet) und Renaturierungsprogramme (z. B. Wiederherstellung von natürlichen Ufern). Restriktionen für Besucher oft unerläßlich, Ufer und Flachwasserzone weiträumig unter Schutz stellen.

Ganz oben: Zungenbeckenseen zeigen oft vielfältige Verlandungsgürtel.
Oben: Seerose und Wasserknöterich
Rechts: Die Flachwasserzonen der großen Zungenbeckenseen sind vor allem während des Herbstes und Winters eine wichtige Drehscheibe im internationalen Verbund des Wasservogelzugs.

Soll (Mehrzahl Sölle)

Glazigener Tümpel

Kennzeichen: Rundes bis nierenförmiges, kleines (0,1 – 1 ha), in einer Hohlform gelegenes natürliches Gewässer. Typisch ausgebildet in den Ackerbaulandschaften der norddeutschen Jungmoräne (Ackersoll), im Uferbereich oft kleiner Wall.

Verbreitung / Vorkommen: Jungmoränenlandschaften.

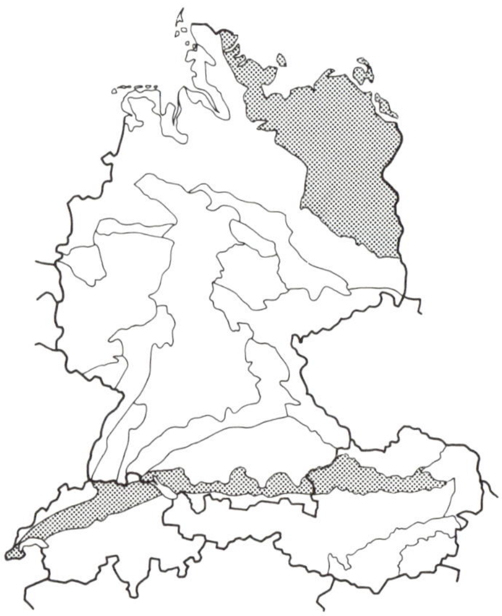

Standortmerkmale: In der Regel ohne oberirdischen Zu- und Abfluß, Wasserhaushalt entweder nur durch Niederschlag und Verdunstung bestimmt oder auch durch Grundwassereinflüsse, starke Wasserstandsschwankungen, auch trockenfallend.
Substrat sehr unterschiedlich: mineralische Sedimente, Mudden. Je nach Lage, Nutzungsgeschichte und umgebender Nutzung Torf oder Faulschlamm. Wo , kein Boden eingeschwemmt wurde, konnten sich über die Jahrtausende hinweg sogenannte Kesselmoore mit bis zu 10 m mächtigen Torflagern bilden. Bei starker Wasserzufuhr kann dieser Torfkörper auch aufschwimmen.
Meist eutroph bis polytroph, polymiktisch. Temperaturen und Sauerstoffgehalte im Tages- und Jahresverlauf stark schwankend.

Charakteristische Arten: Bezogen auf die Gesamtheit der Sölle sehr große Vielfalt vorhanden wegen unterschiedlicher Randbedingungen.
Wasserpflanzen: Schwimmendes Laichkraut *(Potamogeton natans)*, aber auch Wasserfeder *(Hottonia palustris)*, Flutender Schwaden *(Glyceria fluitans)*. In zeitweilig austrocknenden Söllen Wasserknöterich *(Polygonum amphibium)*, der auch eine Landform ausbilden kann. Am Ufer Igelkolben-Röhricht *(Sparganium erectum)*, Froschlöffel *(Alisma plantago-aquatica)*, Knick-Fuchsschwanz *(Alopecurus geniculatus)*, Krötenbinse *(Juncus bufonius)*, Schilf- oder Rohrkolben-Röhricht, Grauweidengebüsch, Bittersüßer Nachtschatten *(Solanum dulcamara)*. Auf bloßliegendem Schlammboden als Besonderheit verschiedene Tännel-Arten *(Elatine sp.)*.
Fauna: Rotbauchunke (nur im Nordosten), Erdkröte, Wechselkröte, Wasserfrosch, Stockente, Bläßhuhn.

Nutzung: Früher Tränke, Flachs- und Hanfröste, Torfabbau u. a.; heute allenfalls fischereiliche, meist jedoch keine.

Ökologische Bedeutung: Aquatischer und amphibischer Lebensraum in oft völlig ausgeräumten Ackerbaulandschaften, wichtiger Refugialbiotop (Deckung, Schutz), typischer Trittsteinbiotop, Laichhabitat für Amphibien (verschiedene Frosch-, Kröten- und Molcharten), z. T. interessante Schlammbodenflora. Hohe ästhetische Bedeutung.

Gefährdung: Sehr stark gefährdet, sehr viele Sölle sind schon beseitigt worden durch Entwässerung und Auffüllung. Allein in Mecklenburg-Vorpommern gibt es jedoch noch mehrere Zehntausend. Eintrag von Oberboden, Belastung mit Nährstoffen und Pestiziden, extreme Eutrophierung. Viele Sölle sind dadurch als Lebensraum völlig wertlos geworden.

Schutz und Pflege: Bestand erhalten, erweitern und wiederherstellen. Ausräumung bei Gefahr der Verlandung, Vielfalt im Raum schaffen, Pufferzonen einrichten, Ausgangspunkt für Biotopvernetzung.

Der Bittersüße Nachtschatten kommt in den Uferbereichen von Söllen vor.

Oben: Der recht unempfindliche Wasserknöterich ist ein typischer Bewohner der Sölle, die auch einmal austrocknen können.
Rechts: Die Schönheit des Bildes trügt: Viele Sölle liegen isoliert in großen Ackerflächen und können damit ihre Funktion als Feuchtlebensräume kaum mehr erfüllen.

Flachsee, eutroph

See, baltischer Typus

Kennzeichen: Kleine bis große Gewässer in Hohlform, auf unterschiedliche Art und Weise entstanden. Seichte Ufer, regelloser bis länglicher Umriß, meist breite Röhrichtgürtel und insgesamt eine üppige Flora. Oft grünlich bis bräunlich gefärbt wegen Algenblüte. Können im Winter vollständig zufrieren.

Verbreitung / Vorkommen:

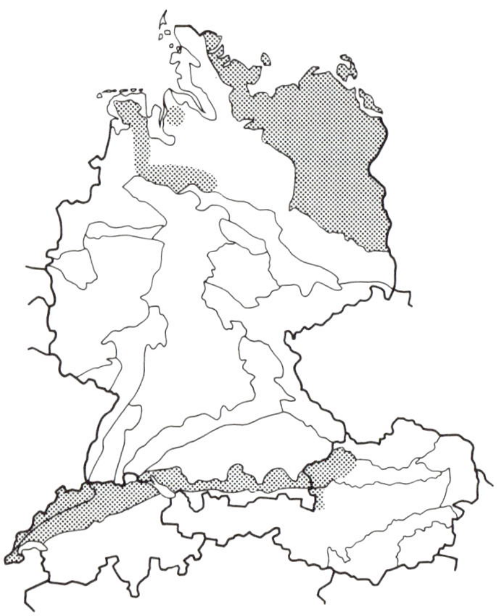

Charakteristische Arten: Wasserpflanzen (soweit das Gewässer nicht schon zu stark eutrophiert und damit lebensfeindlich ist): Ähriges Tausendblatt *(Myriophyllum spicatum*, oft in Massenbeständen), Kamm-Laichkraut *(Potamogeton pectinatus)*, Hornblatt *(Ceratophyllum demersum)*, Kanadische Wasserpest *(Elodea canadensis)*, Weiße Seerose *(Nymphaea alba)*. Röhrichte aus Flechtbinse *(Schoenoplectus lacustris)*, Schilf *(Phragmites australis)*, Rohrkolben *(Typha latifolia* und *T. angustifolia)*, Wasserschwaden *(Glyceria maxima)*.

Hohe Blaualgen-Produktion, in der Tiefe rote Mückenlarven der Gattung *Chironomus*, Schlammröhrenwürmer *(Tubificiden)*. Fische: Zander, Karausche, Blei, Plötze, Aal. Verschiedene Wasserschnecken, Erbsenmuscheln. Möglich ist eine hohe Vielfalt bei den Wasserinsekten, Amphibien (Grünfrösche fast immer vorhanden), bei den Libellen (keine Spezifika) und Wasservögeln sowie den Röhrichtbewohnern (z. B. Rohrdommel, Schilfrohrsänger, Blaukehlchen).

Oben: Die kanadische Wasserpest – eine untergetaucht lebende Wasserpflanze – existiert in Europa nur als weibliche Pflanze und vermehrt sich daher vegetativ.
Rechts: Naturbelassene Flachseen mit intakten, d.h. nicht intensiv genutzten Ufern, sind Heimat der Ringelnattern, eine der am besten an das Leben zwischen Land und Wasser angepaßte Reptilienart.
Unten: Der Federsee in Oberschwaben ist ein typischer Flachsee, der allerdings in der Vergangenheit durch sog. Seefällungen abgesenkt wurde. Dadurch entstanden große Schilfröhrichte.

Standortmerkmale: In der Regel mit oberirdschem Zu- und Abfluß, geringe Sichttiefe im Sommer, allenfalls labil geschichtet.
Substrat: eutrophe Mudden, Faulschlamm (nach Schwefelwasserstoff riechend).
Eutroph bis polytroph, pH-Wert im Neutralbereich und darüber, im Sommer im Oberflächenwasser (Epilimnion) hohe Sauerstoff-Übersättigung, im tieferen Wasser Sauerstoff-Defizit bis Sauerstoff-Freiheit, Rücklösung von Phosphor aus dem Sediment, starke Tag Nacht-Amplitude von Temperatur und Sauerstoffgehalt.

Nutzung: Erholung, Tourismus, Angelsport, gewerbliche Fischerei.

Ökologische Bedeutung: Lebensraum, Rast- und Überwinterungsplatz für Wasservögel (auf manchen der Flachseen kann man zeitweise Tausende von Enten beobachten) und Röhrichte bewohnende Vögel, bedeutende Amphibien- und Fischbiotope. Wenn nicht zu eutroph, bedeutsam für höhere Wasser- und Sumpfpflanzen, wichtig für Mikroklima und Landschaftswasserhaushalt, hohe ästhetische Wirkung.

Gefährdung: Uferverbau und -zerstörung, Auffüllung, Wasserabsenkung, Entwässerung in der Umgebung, Zerschneidung und Zerstückelung (Verinselung!) der oftmals ausgedehnten Röhrichte. Polytrophierung durch Abwässer und belastete Zuflüsse (rasante Alterung, Faulschlamm-Akkumulation, Verlandung), oft auch hygienische Probleme, Naherholung, Tourismus, Uferzerstörung durch Trampelpfade, Schadstoffeintrag.

Schutz und Pflege: Erweiterung und Schutz der Röhrichte, Entfernung von Stegen, Schließung der Wege, Sanierung durch Abwasser-Ringleitungen und Extensivierungen der landwirtschaftlichen Nutzungen im Einzugsgebiet, großzügige Puffer zum Nutzland schaffen, Steuerung des Erholungs- und Freizeitbetriebs, insbesondere im Bereich des Wassersports.

Noor

Glazigener Flachsee

Kennzeichen: Flaches, rundliches bis längliches, durch einen Strandwall oder eine Landzunge von einem Rinnensee abgeschnürtes Gewässer, Lage in einer Hohlform, im Sommer oft gelbgrün gefärbt, trübe, ausgedehnte Uferröhrichte.

Verbreitung / Vorkommen: Holstein an der Schlei.

Standortmerkmale: Verbindung mit dem Brackwasser»fluß« Schlei, außerdem oberirdische Zuläufe von Bächen und Gräben aus landwirtschaftlichen Flächen, Wasseraustausch gering; pleiomiktisch.

Sediment tiefgründig, organisch, eutroph (Faulschlamm). Wasser eutroph, etwas brakkig. Im Sommer oft extreme Sauerstoffarmut im tieferen Wasser, tagsüber hohe Sauerstoff-Übersättigung im Oberflächenwasser.

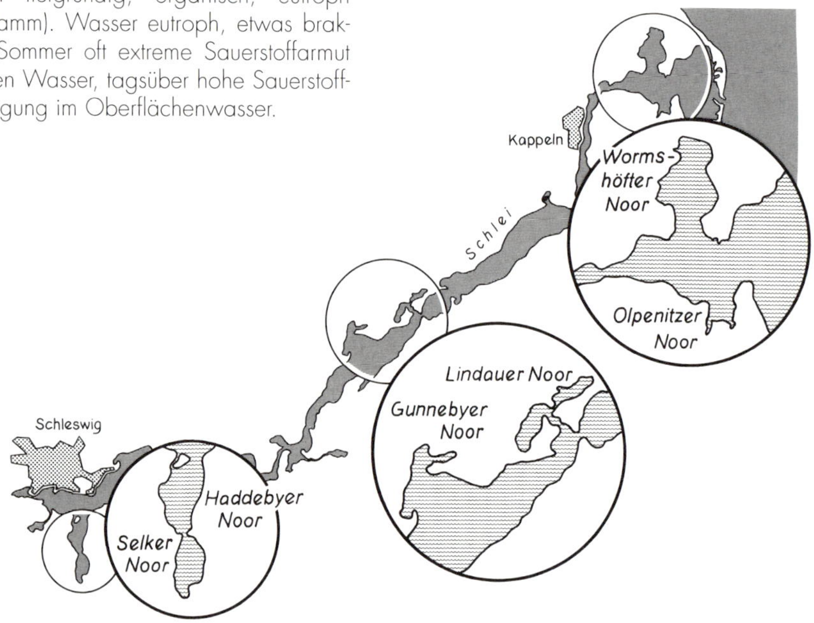

Charakteristische Arten: Massen von *Microcystis*-Blaualgen, zum Teil ausgedehnte Schilf-Röhrichte. Besonderheit: die Brackwasserröhrichte mit Salz-Flechtbinse *(Schoenoplectus tabernaemontani)*, Meerstrandsimse *(Bolboschoenus maritimus)*, Bottenbinse *(Juncus gerardii)*. Auffallend die großwüchsigen Arten Sumpfgänsedistel *(Sonchus palustris)* und Echte Engelwurz *(Angelica archangelica)*. Im Schlamm Massen von *Tubificiden*, Zeiger für starke organische Belastung. Bei den Fischen gab es früher den Schleischnäpel, der durch die Eutrophierung ausgerottet wurde. Heute Barsch, Aal, Brasse, Plötze (z. T. eingesetzt).

Nutzung: Naherholung, Angeln, Fischerei. Im 10./11. Jahrhundert lag von einem Ringwall umgeben am Haddebyer Noor bei Schleswig die Wikinger-Handelsstadt Haithabu, die Beziehungen pflegte bis nach Norwegen und zum Kaspischen Meer. Sehr günstig war dieser Platz an der Engstelle zwischen der Schlei und den zur Nordsee gehenden Flüssen gleich westlich der Stadt.

Ökologische Bedeutung: Oft abgeschiedene Gewässer und Röhrichte abseits des großen Tourismusbetriebs, meist wenig erschlossen, von da her große Bedeutung insbesondere für die auf die Röhrichte angewiesenen Vögel und auch als Laichplatz und Kinderstube für Fische. Außerdem sind die Noore von hohem landschaftlichem Reiz.

Gefährdung: Eutrophierung durch Abwässer und Schadstoffeintrag durch die Landwirtschaft. Alle früher vorhandenen Armleuchteralgen, die meisten Zeiger für oligo- bis mesotrophe Verhältnisse, sind verschwunden. Es gibt kaum noch höhere Wasserpflanzen, 13 Arten sind ausgerottet. Auch die Fauna ist vielfach schon stark verarmt.

Schutz und Pflege: Extensivierung der landwirtschaftlichen Flächen im Einzugsgebiet, großzügige Puffer schaffen, Ausweisung von Schutzgebieten mit Tabuflächen.

Linke Seite: Das Gródersbyer Noor ist durch einen Sandhaken von der Schlei abgeschnürt.

Ganz oben: Im Gegensatz zu vielen anderen Binnengewässern ist der Aal in den Nooren heimisch.

Oben: Blutweiderich
Links: Wie auch an Flachseen und Flachwasserzonen der Zungenbeckenseen finden sich an entsprechenden Bereichen der Noore ausgedehnte Schilfröhrichte.

Gebirgssee

Alpiner See

Kennzeichen: Seichter bis tiefer, meist relativ kleiner See in einer Hohlform im Hochgebirge mit unregelmäßigem Umriß, Blockufer, kalt, klar, wenig Biomasse im Wasser erkennbar, schüttere Ufervegetation.

Verbreitung / Vorkommen: Alpen.

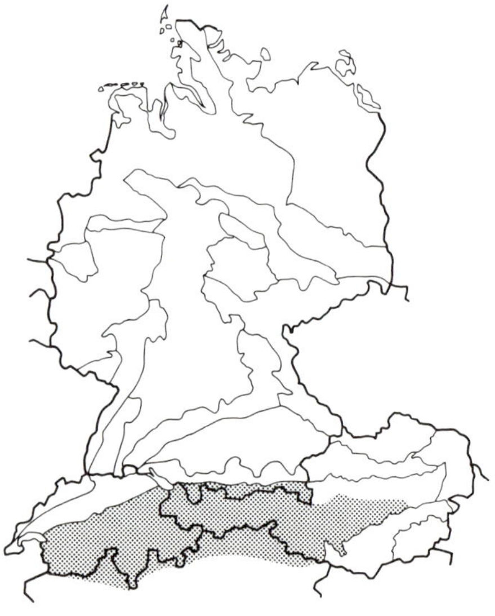

Wegen der Nährstoffarmut bildet der Kleine Igelkolben nur ganz schüttere Bestände.

Standortmerkmale: Zuflüsse oft als zahlreiche Rinnsale oder als Bäche, manchmal ohne oberirdischen Abfluß, da das Wasser in den Gesteinsklüften versickert, geringe Wasserspiegelschwankungen, lange Zeit des Jahres – in Hochlagen von September bis Juli – mit Eis bedeckt, in manchen Jahren gar nicht auftauend. Temperatur ganzjährig sehr niedrig (8 bis 12° C), nur kleine jahreszeitliche Schwankungen, keine stabile Schichtung, sauerstoffgesättigt bis Untersättigung, oligotroph, Produktion stark gehemmt.

Charakteristische Arten: Die Gebirgsseen besitzen keine eigene, spezifische Flora und Vegetation. Es sind durchweg Arten, die auch in tieferen Lagen vorkommen. Vegetationsperiode sehr kurz, Nährstoffangebot gering.
Unterwasserflora: verschiedene Armleuchteralgen, z. B. *Nitella flexilis,* und Laichkräuter, z. B. das Alpenlaichkraut *(Potamogeton alpinus)* sowie als recht häufige Art der Haarblättrige Hahnenfuß *(Ranunculus trichophyllus).*
Verlandungs- und Uferbereich: Fieberklee *(Menyanthes trifoliata),* Kleiner und Schmalblättriger Rohrkolben *(Sparganium minimum* und *angustifolium),* Schnabelseggen-Bestände *(Carex rostrata),* Braunsegge *(Carex fusca)* und Wollgras *(Eriophorum scheuchzeri).*
Fauna: Anpassungsfähigkeit an niedriges Temperaturniveau notwendig, das Wachstum und die Vermehrung wird zeitweilig eingestellt, die Eisdecke schützt vor atmosphärischen Störungen und extremer Kälte. Sehr hoch gelegene Seen sind von Natur aus fischfrei, ansonsten kommen vor: Seesaibling, der nur zu einer Hungerform heranwächst, sowie bei etwas günstigeren Verhältnissen Bachforelle, Elritze und Groppe. Amphibien: die Spätlaicher Alpensalamander und der Bergmolch, dessen kiemenatmende Larven unter der Eisdecke des Sees überwintern können.

Bergmolche bewohnen normalerweise kleinere Stillgewässer, können aber auch mitunter in den Flachzonen der Gebirgsseen beobachtet werden. Dies gilt insbesondere, wenn keine Freßfeinde (Fische) vorhanden sind.

Weil der Sommer im Hochgebirge kurz ist, bildet sich in Gebirgsseen kaum Vegetation am Ufer und im Wasser aus.

Nutzung: Angelsport, Freizeitbetrieb.

Ökologische Bedeutung: Lebensraum für speziell angepaßte Tiere, z. B. aus den Gruppen der Ruderfußkrebse und Wimpertierchen. Die Gebirgsseen sind Inbegriff der Schönheit der alpinen Welt.

Gefährdung: Aufstau durch die Energiewirtschaft (hinzu kommen Überleitungen, Beileitungen usw., die die alpinen Abflußverhältnisse völlig verändern), Erschließung, Tourismus, Eutrophierung durch Freizeitbetrieb und Abflüsse aus Viehweiden. Fischfauna durch Besatz oft völlig verfälscht, Tendenz zur Versauerung in den Zentralalpen.

Schutz und Pflege: Energiewirtschaftliche Nutzung sehr restriktiv handhaben, strenger Uferschutz, Besucherlenkung, Verhinderung jeglicher Eutrophierung, da die »Selbstreinigungsfähigkeit« sehr gering ist; Verbot des Fischbesatzes, Angelsport einschränken.

Gletschersee

Glazialer See

Kennzeichen: Gewässer in den vergletscherten Kammlagen der Alpen, relativ klein, kein regelmäßiger Umriß, sehr kalt, trübe durch Gletschermilch, im Sommer Eisbrocken auf dem Wasser schwimmend, frei von Vegetation, Blockufer.

Verbreitung / Vorkommen: Alpenraum.

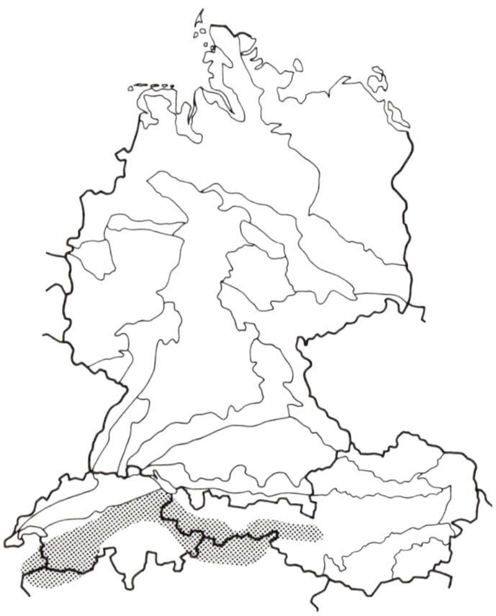

Erst wenn sich der Gletscher zurückgezogen hat, verschwindet die typische Gletschertrübe.

Standortmerkmale: Wasserspeisung durch Gletscherbach oder direkt aus dem Gletschertor, im Sommer deutlich höherer Wasserspiegel, die meiste Zeit des Jahres zugefroren, häufig zur Energienutzung aufgestaut und reguliert.
Substrat: rein mineralisch, verschiedene Korngrößen. Oligotroph, keine Produktion, sauerstoffarm.

Charakteristische Arten: Keine.

Nutzung: Keine oder Energiewirtschaft.

Ökologische Bedeutung: Wichtiges Element im alpinen Landschaftswasserhaushalt. Ermöglicht Beobachtung der Entstehung eines natürlichen Sees (Naturgeschichte im Zeitraffer).

Gefährdung: Höchste Gefährdung durch Aufstau und Bewirtschaftung durch die Energiewirtschaft.

Schutz und Pflege: Keinen Aufstau mehr zulassen, ansonsten keine Pflege und kein Schutz notwendig, wenn keine Erschließung vorhanden.

Gebirgstümpel

Alpiner Tümpel

Kennzeichen: Klein, flach (30–40 cm), meist in abflußloser Mulde, unregelmäßiger Umriß, oft dunkel gefärbtes Wasser, dann von Sumpf oder Moor umgeben.

Verbreitung/Vorkommen: Alpen.

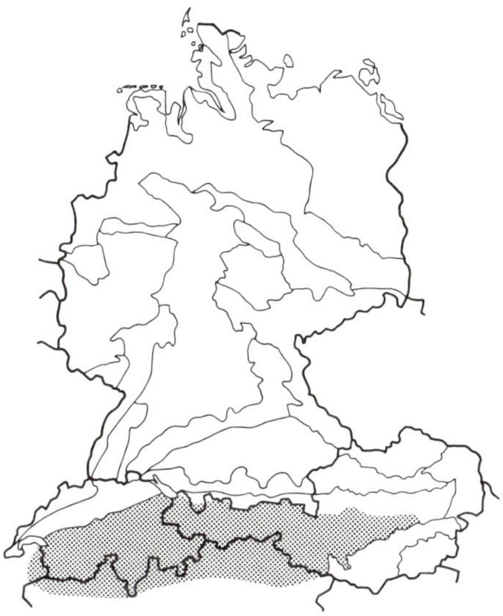

Oben: Die Ufer von Gebirgstümpeln sind äußerst trittempfindlich. Darauf sollten Wanderer Rücksicht nehmen.
Rechts: Je nach Standortvoraussetzungen sind Gebirgstümpel mit dichten Wasserpflanzenbeständen bewachsen oder auch ganz kahl.

Standortmerkmale: Diffuse Wasserspeisung, starke Wasserspiegelschwankungen, permanent bis temporär, sehr lange zugefroren, wenn nicht unter Quellwassereinfluß.
Substrat: steinig über sandig bis organisch und Torfschlamm. Wassertemperatur folgt ganz streng der Lufttemperatur, ausgeprägter Tagesgang im Sommer: morgens dünne Eisdecke bis nachmittägliche Aufwärmung auf über 25°C.
Oft dystroph. Oligotroph, wenn keine Weideeinflüsse da sind. Sauerstoffhaushalt sehr unterschiedlich: keine Übersättigung, wenn nicht eutrophiert, niedrige Gehalte in dystrophem Wasser.

Charakteristische Arten:
Flora: Sumpf-Wasserstern *(Callitriche palustris)*, Wassermoose der Gattungen *Sphagnum* und *Drepanocladus*. Im Uferbereich Teich-Schachtelhalm *(Equisetum fluviatile)*, Fieberklee *(Menyanthes trifoliata)*, Fadenbinse *(Juncus filiformis)*, Scheuchzers Wollgras *(Eriophorum scheuchzeri)*, Schnabelsegge *(Carex rostrata)*, Stern-Steinbrech *(Saxifraga stellaris)*. Manche dieser Tümpel, z. B. in schlammigen Weiden gelegene, sind rot gefärbt (»Blutsee«)wegen der Massenentwicklung roter Geißeltierchen *(Euglena sanguinea, Haematococcus pluvialis)*.
Fauna: Alpenmolch, Ruderfußkrebse, Hüpferlinge, Zuckmückenlarven.

Nutzung: Keine, allenfalls Viehtränke in Alpweiden.

Ökologische Bedeutung: Beherbergen eine zum Teil hochspezialisierte Fauna, Laichgewässer für Amphibien, hohe landschaftsästhetische Bedeutung.

Gefährdung: Eutrophierung und Trittbelastung durch Tourismus und Weidewirtschaft, Beseitigung bei Skipistenplanierung.

Schutz und Pflege: Schutz vor Weidevieh, geänderte Wegeführung, keine Beseitigung erlauben, geschädigte Bereiche renaturieren.

Maar

Explosivkratersee

Kennzeichen: Rundes Gewässer in der Vulkaneifel, umgeben von Wall aus Vulkantuff; tief, steilufrig, allenfalls schmale Röhrichtzone.

Verbreitung/Vorkommen: Nur in der Vulkaneifel.

Standortmerkmale: Die Maare besitzen allenfalls kurze oberirdische Zuflüsse aus kleinen Einzugsgebieten. Sie sind zwischen 20 und 75 m tief, in Relation zur Oberfläche ist das Volumen sehr groß, das Epilimnion ist klein gegenüber dem Hypolimnion, die rechnerische Erneuerungszeit des Wassers liegt bei den großen Maaren bei 70 Jahren. Von den tiefen Maaren sind einige meromiktisch, d. h. das Tiefenwasser wird nicht in die Zirkulation einbezogen. Das Substrat ist mehr oder weniger tiefgründig und schlammig. Bezüglich der Trophie sind die Eifelmaare recht unterschiedlich. Das Weinfelder Maar kann man noch fast als oligotroph bezeichnen, während das Schalkenmehrer Maar eutroph ist; Ergebnis des natürlichen Alterungsprozesses, der freilich enorm beschleunigt wurde durch menschliche Einwirkungen. An diesen Eifelmaaren entdeckte übrigens der Limnologe August Thienemann 1910 das Phänomen der Temperatur- und Sauerstoff-Schichtung sowie der Zirkulation.

Oben: Das Schalkenmehrer Maar in der Vulkaneifel
Unten: Tausendblatt

Charakteristische Arten: Wasserpflanzen: In den oligo- bzw. mesotrophen Maaren (Weinfelder- und Pulvermaar) der Strandling *(Littorella uniflora)*, die Armleuchteralge *Nitella flexilis* und das Wechselblütige Tausendblatt *(Myriophyllum alterniflorum)*. In den eutrophen Maaren das Ährige Tausendblatt *(Myriophyllum spicatum)* in Massenbeständen, Krau-

Unten rechts: Beispiele für die Verbreitung von Maaren in der Eifel

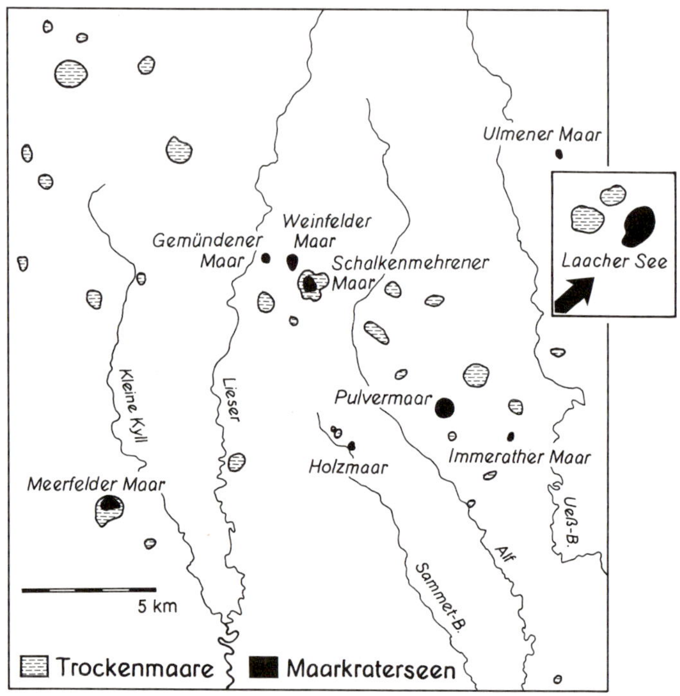

ses Laichkraut *(Potamogeton crispus)* und das Zwerg-Laichkraut *(Potamogeton pusillus)*. Außerordentlich artenreich ist der Laacher See mit 17 verschiedenen Wasserpflanzen-Arten (Ufersaum mit schönem Teichrosen-Bestand). Fauna: Als Besonderheit gibt es im Laacher See den Muschelkrebs *Cytherissa lacustris*, ein sehr eutrophierungsempfindliches Relikt aus der Eiszeit, und die Zuckmücken-Gattung *Tanytarsus*, Leitorganismen für den oligotrophen See-Typus. Von den insgesamt 18 vorkommenden Fischarten sind nur noch 3 ursprünglich (Hecht, Barsch, Plötze), alle anderen Fischpopulationen sind nicht heimisch oder zumindest sehr stark durch Besatz und Hege verfälscht.

Nutzung: Erholung, Tourismus, Angelsport.

Ökologische Bedeutung: Einmalige Bildungen der Natur in Mitteleuropa, aquatische Lebensräume mit teilweise sehr spezifischen Organismen in einer ansonsten ausgesprochen gewässerarmen Landschaft. Von hohem ökologischem, landschaftsgeschichtlichem und landschaftlichem Wert.

Gefährdung: Seit etwa 1950 allgemeine Eutrophierung infolge der Intensivierung der Landwirtschaft; Tourismusbetrieb, intensive Erschließung, Naherholungsdruck, Abwassereinträge. Besonders großes Problem: intensive Fischerei mit Besatz und massiver Fütterung. Eingesetzte Graskarpfen aus Asien schädigen und zerstören Wasserpflanzen- und Röhrichtbestände.

Schutz und Pflege: Abstellen der Abwassereinleitungen, Bau von Ringleitungen, Tiefenwasserableitung in den meromiktischen Seen, Zwangsbelüftung, konsequenter Schutz, Extensivierung der Einzugsgebiete, Badeverbote, Schließung von Camping-Plätzen, kein Fischbesatz und keine Fütterung, Tourismus-Lenkung.

Bei manchen Maaren kann man noch deutlich den Kraterrand sehen.

Bodden, Haff

Marinogenes Küstengewässer

Kennzeichen: Flache langgezogene, brakkige Küstengewässer, die durch Inseln, Nehrungen oder Haken vom offenen Meer abgetrennt sind, mit diesem jedoch in Verbindung stehen. Wasser oft getrübt wegen üppiger Algenentwicklung.

Verbreitung / Vorkommen: An der Ostseeküste Mecklenburg-Vorpommerns, besonders schön ausgebildet im Bereich Rügen, Darß und Zingst (Nationalpark Vorpommersche Boddenlandschaft).

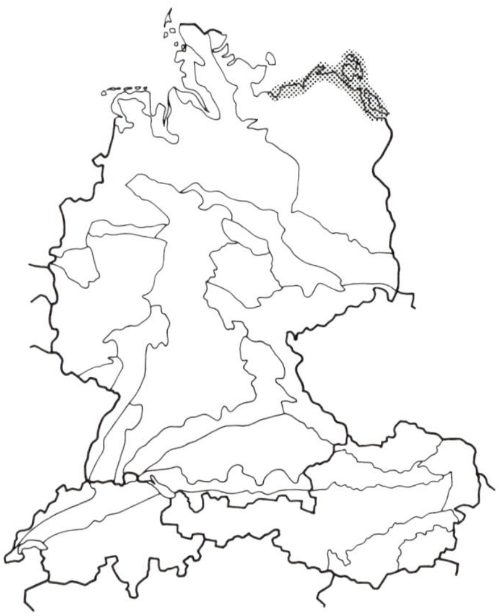

Standortmerkmale: Wasser brackig, allmähliche Aussüßung, Tendenz zur Vermoorung. Grund schlammig, eutroph, teilweise hohe Belastung. Die Bodden sind von einer starken Dynamik gekennzeichnet. Die Haken bzw. Nehrungen wachsen entlang der Ausgleichsküste ständig weiter bis hin zur Abriegelung. Beispiel Hiddensee: Der Neue Bessin auf der Insel Hiddensee ist seit 1960 um mindestens 500 m nach Süden gewachsen!

Charakteristische Arten: Ausgedehnte unterseeische Wiesen aus Armleuchteralgen oder Seegras *(Zostera)*, bei stärkerer Aussüßung Kamm-Laichkraut *(Potamogeton pectinatus)*. Im Uferbereich die Salzwiesenarten Salzaster *(Aster tripolium)* und Strand-Dreizack *(Triglochin maritimum)*.
Vögel: Kolonien von Fluß- und Brandseeschwalben; Uferschnepfe, Kampfläufer, Brachvogel, Kraniche (letztere zur Zugzeit in solchen Bereichen übernachtend).

Nutzung: Tourismus.

Ökologische Bedeutung: Sogar global gesehen hochwertigster Raum für die Avifauna als Brut- und Rastplatz (Komplex der Bodden mit Stränden, Salzwiesen und -weiden). Beispiel Bereich Westrügen / Hiddensee, Zingst mit Bodden: beobachtet wurden schon bis zu 2000 Uferschwalben, 20 000 Graugänse, 20 000 Bläßgänse, 10 000 Krickenten und 30 000 Kraniche!

Gefährdung: Höchste Alarmstufe für die Salzwiesen und -weiden: Die ehemals sehr ausgedehnten Flächen sind durch Umwandlung bereits auf 500 ha geschrumpft! Intensivierung landwirtschaftlicher Flächen, Umbruch von Grünland, starke Nährstoffbelastung der Bodden.

Schutz und Pflege: Nationalpark »Vorpommersche Boddenlandschaft« ist eingerichtet, jedoch konsequente Umsetzung der Schutzbestimmungen erforderlich. Erhalt und Ausdehnung der Salzweiden durch extensive Schaf- und Rinderbeweidung, Steuerung des Tourismus, keine weitere wilde Zersiedlung der Landschaft.

Die Boddenlandschaften sind während der Zugzeit wichtige Rastplätze für Tausende von Kranichen.

Strandsee

Marinogener Akkumulationssee

Kennzeichen: Flaches, oft leicht bräunliches, eher kleines Gewässer in unmittelbarer Nähe der Meeresküste.

Verbreitung / Vorkommen: Ostseeküste Schleswig-Holsteins und Mecklenburg-Vorpommerns.

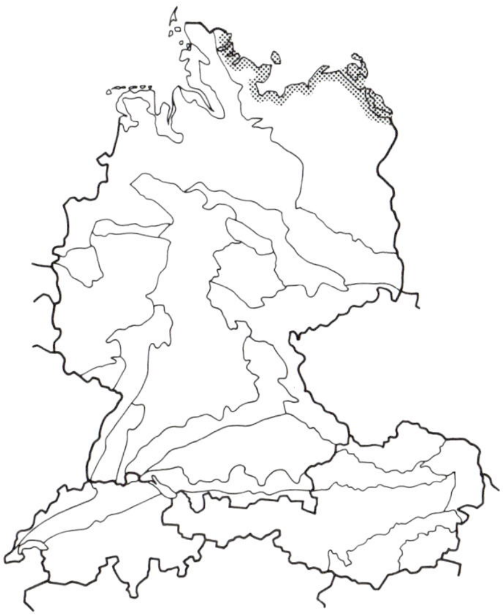

Standortmerkmale: Oberirdischer Zu- und Abfluß, bei Sturmfluten kann Meerwasser einbrechen, so daß der Prozeß der Aussüßung von neuem beginnt, das Wasser ist also mehr oder weniger brackig. Polymiktisch, keine stabile Schichtung möglich.
Substrat ist nährstoffreicher Schlamm, das Wasser eutroph bis polytroph, hohe Gehalte an Nitrat, Ammonium / Ammoniak (Fischgift) und Phosphat, natürlich auch an Chlorid durch Salzwassereinfluß. Sauerstoffhaushalt sehr wechselhaft, hohe Übersättigungen bis zu starken Defiziten; Schwefelwasserstoffbildungen, pH-Wert ebenfalls stark schwankend, Wasser kann bis zur Toxizität alkalisch werden.

Charakteristische Arten: Sehr hohe Blaualgenproduktion wegen der schlechten Lichtverhältnisse. Kaum höhere Wasserpflanzen, teilweise ausgedehnte Schilf- sowie Meerstrandsimsen-, Flechtbinsen- und Rohrkolben-Röhrichte. Im Schlamm verschiedene Egelarten, Schlammschnecken und Röhrenwürmer, also Organismen, die mit der Belastung und den schlechten Sauerstoffverhältnissen noch zurecht kommen. Die Strandseen sind oft völlig mit Weißfischen übervölkert.

Auch Kampfläufer halten sich gerne am ruhigen Strandsee auf.

Nutzung: Freizeit, Erholung, Tourismus, mancherorts intensive Fischereiwirtschaft mit Düngung und Fütterung, die Seen müssen zum Abfischen leergepumpt werden.

Ökologische Bedeutung: Besondere Bildungen der Natur mit einer noch erkennbaren natürlichen Dynamik. Als fischreiche Gewässer bedeutende Vogellebensräume, fast alle mitteleuropäischen Wasservogelarten vorkommend. Bedeutende Limikolen- und Wandervogelrastplätze.

Gefährdung: Intensive fischereiliche Nutzung, Erholung, Tourismus, Eutrophierung aus der Landwirtschaft, fäkale Belastung.

Schutz und Pflege: Vorfluter-Entlastung durch Sanierungen und Extensivierungen im Einzugsgebiet, Schaffung von Puffern, weniger intensive fischereiliche Nutzung, Lenkung der Erholungsuchenden.

Tümpel

Astatisches Kleingewässer

Kennzeichen: Kleines, flaches, in natürlicher Hohlform liegendes, im Umriß sehr unterschiedlich geformtes Gewässer.

Verbreitung/Vorkommen: Tief-, Hügel- und Bergland, in allen Regionen Deutschlands, Österreichs und der Schweiz.

Standortmerkmale: Die Umgebungseinflüsse sind generell sehr stark, beständig ist nur die Unbeständigkeit. Ohne ständigen Zufluß, von Grundwasser und/oder von Regen- und Schmelzwasser gespeist, starke Wasserstandsschwankungen, permanent wasserführend oder regelmäßig bzw. immer wieder austrocknend, geringes Volumen, geringe Tiefe. Das Substrat ist sehr unterschiedlich und kann mineralischer oder organischer (z. B. Fallaub) Herkunft sein. Alle Gewässerparameter schwanken stark. Die Temperatur der Wasseroberfläche geht parallel zur Lufttemperatur (Der Jahreszyklus eines Sees spielt sich hier im Laufe eines Tages ab). Das tiefere Wasser kann deutlich kühler sein, etwa wenn auf dem Tümpel eine dicke Wasserlinsen-Decke schwimmt, welche die Strahlung abhält. Der Sauerstoffhaushalt ist labil, Übersättigung bis Defizit innerhalb kurzer Zeit.
Je nach Lage, Alter und Umgebungseinflüssen sind Tümpel oligo- bis polytroph.

Charakteristische Arten: Charakteristisch für die meisten Tümpel sind Wasserpflanzen, die auch Landformen ausbilden können oder Trockenphasen auf andere Art und Weise (z. B. als Samen) gut überstehen können, z. B. der Haarblättrige Hahnenfuß *(Ranunculus trichophyllus)*, das Schwimmende Laichkraut *(Potamogeton natans)* oder der Wasserknöterich *(Polygonum amphibium)*. Auf Mineralboden neu entstandene Tümpel sind häufig von der Armleuchteralge *Chara vulgaris*, einer Pionierpflanze, ausgekleidet. Typische Arten der eutrophen Tümpel sind die Lemnaceen: Kleine Wasserlinse *(Lemna minor)*, Bucklige Wasserlinse *(Lemna gibba)* und Vielwurzlige Wasserlinse *(Lemna polyrhiza)*. Im Uferbereich stehen häufig Igelkolben *(Sparganium erectum* und *S. emersum)*, Froschlöffel *(Alisma plantago-aquatica)*, Helmkraut *(Scutellaria galericulata)* oder das Sumpfblutauge *(Potentilla palustris)*. Auf offenen Böden z. B. Zweizahn-Arten *(Bidens sp.)* oder Persischer Knöterich *(Polygonum persicaria)*. Mitunter große Artenvielfalt.
Tümpel können bis zu 600 verschiedene Tierarten beherbergen. Am stärksten vertreten sind die Mollusken, die Krebse *(Crustaceen)* und die Zweiflügler *(Dipteren)*. Ganz charakteristisch für die Waldtümpel ist der Kiemenfüßler *Siphonophanes grubei*. In temporären Tümpeln müssen sich die Tiere der Trok-

Oben: Laubfrösche rufen gerne von hoher Warte aus.
Rechts: Ungestörte Waldtümpel sind Lebensräume der Extraklasse. Darum sollten sie von der forstlichen Nutzung generell ausgenommen werden.

kenphase anpassen. Sie tun dies als Zysten, Larven, Eier oder erwachsene Tiere. Schnecken ziehen sich geradezu sprichwörtlich in ihr Haus zurück und verschließen es mit einem Schleimdeckel, dem sogenannten Diaphragma. Laichgewässer verschiedener Amphibien wie Molche, Frösche und Kröten. Häufige Libellenarten sind die Glänzende Binsenjungfer *(Lestes dryas)* und die Südliche Binsenjungfer *(Lestes barbarus)*, beides Arten, bei denen die Larvalentwicklung im Wasser rasch abgeschlossen wird.

Nutzung: Tränke, Angeln. Oft keine Nutzung mehr.

Ökologische Bedeutung: Große ökologische und landschaftliche Bedeutung, wenn die Gewässer nicht genutzt werden. Lebensraum für spezialisierte Arten, in temporären Tümpeln keine Konkurrenz und kein Fraßdruck durch Fische, Wasserkäfer oder Großlibellenlarven. Bedeutend auch als Suhle und Tränke. Hoher pädagogischer und ästhetischer Wert.

Gefährdung: Sehr stark, überall massiver Rückgang durch Verlandung, Auffüllung mit Schutt, Müll, Aushub. Verunreinigung, Schadstoffeintrag bis zur biologischen Wertlosigkeit. Es gibt nur noch wenig intakte Tümpel!

Schutz und Pflege: Bestand unbedingt erhalten, Wiederherstellung, Renaturierung durch behutsame Ausbaggerung, gegebenenfalls auch Neuschaffung für spontane Besiedlung. Puffer schaffen.

Oben: Eutrophe Tümpel sind bis in den Herbst hinein von dichten Wasserlinsenteppichen überzogen.
Rechts: Die meisten Wiesentümpel wurden verfüllt oder entwässert, obwohl der Flächengewinn für den Landwirt gering ist. Um so größer ist der Verlust für die Natur.

Dünentümpel

Marinogener Tümpel

Kennzeichen: In seichten Bodenvertiefungen zwischen Küstendünen, flach.

Verbreitung/Vorkommen: Ostfriesische und nordfriesische Inseln.

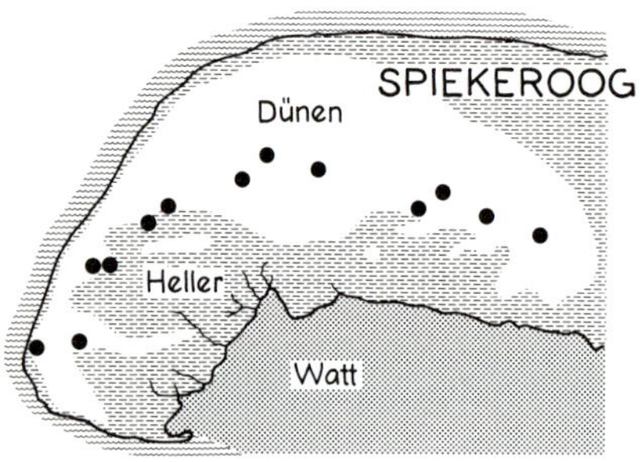

Standortmerkmale: Erhalten über den Grundwasserstrom Süßwasser vom Inselkern, nur temporär wasserführend, gelegentlicher Einfluß von Salzwasser bei Sturmfluten oder bei Versiegen süßen Grundwasserstroms, polymiktisch. Meist nährstoffreich, da Einfluß durch Weidetiere vorhanden. Im alten Dünengelände niedrige pH-Werte wegen Entkalkung des Bodens.

Charakteristische Arten:
Fauna: Fast nur häufige und weit verbreitete Arten, nur kleine Arten, insbesondere Filtrierer und Detritusfresser, kaum Räuber. Hüpferlinge *(Copepoden)*, Muschelkrebse *(Ostracoden)* und Wasserflöhe *(Cladoceren)*, die zur Parthenogenese (Jungfrauengeburt) befähigt sind, um die kurze limnische Phase optimal ausnutzen zu können (z. B. *Daphnia pulex)*.
Im Uferbereich Moorbirke, Borstgras und andere säuretolerante Pflanzenarten, jedoch keine spezifischen.

Nutzung: Viehtränke, früher auch zur Eisgewinnung und als Feuerlöschteich. Die Dünentümpel sind nur aufgrund dieser Nutzbarkeit erhalten geblieben.

Ökologische Bedeutung: Lebensraum für Süßwasserorganismen in salziger Umgebung, Trink- und Badestelle für Vögel.

Gefährdung: Verlandung wegen Nichtnutzung, Auffüllung mit Schutt oder Müll, Absenkung des Grundwasserspiegels, Versandung, Überbauung. Schon viele Dünentümpel wurden so vernichtet.

Schutz und Pflege: Erhalt des Bestandes, Wiederherstellung. Gelegentlich ausräumen.

Die Dynamik von Wind und Wellen macht Dünentümpel zu schnell vergänglichen Feuchtgebieten.

Quelltümpel

Limnokrene

Kennzeichen: Rundes oder unregelmäßig geformtes, relativ tiefes, in der Fläche kleines, kaltes, klares Gewässer, bei starken Quellaustritten Substrat in Bewegung (halbkugelförmige Wölbungen), meist in ebener Lage, bei gewisser Tiefe blaue Färbung des Wassers.

Verbreitung/Vorkommen: Flußauen, Sander/Niederterrassenschotter, seltener im Bereich von Schichtquellen.

Standortmerkmale: Kaltstenotherm, also winterwarm und sommerkalt. Reine Grundwasserspeisung, schneller Wasseraustausch im Tümpel.

Substrat: Sand, auch lockere Kalkmudde, im Wald Fallaub. Relativ sauerstoffarm (Untersättigung), phosphorarm, häufig heute jedoch stickstoffreich, geringe Produktivität wegen Phosphor-Armut und geringer Temperatur. Oft kalziumhydrogenkarbonatreich, Ausfällung von Kalziumkarbonat, das sich an den Pflanzen als Kruste ablagert.

Charakteristische Arten: Die noch intakten Quelltümpel sind artenarm, weil die besonderen Bedingungen eine Spezialisierung erfordern.
Flora: die Armleuchteralge *Chara hispida*, Wasserehrenpreis *(Veronica anagallis-aquatica, submers)*, Wasserminze *(Mentha aquatica, submers)* und das Ausläufertreibende Straußgras *(Agrostis stolonifera, submers)*.
Fische: Groppe, Bachforelle; Libellen: Fledermaus-Azurjungfer *(Coenagrion pulchellum)*.

Nutzung: Angelsport (auf eingesetzte Bachforellen).

Ökologische Bedeutung: Sehr hoch, da seltener Lebensraum für Spezialisten.

Gefährdung: Sehr groß durch Trinkwasserentnahme im Einzugsgebiet, Grundwasserabsenkung bei Bauvorhaben, Aufstau und Verbauung mit anschließender intensiverer Nutzung. Direkte Verunreinigungen.

Schutz und Pflege: Strenger Schutz der verbliebenen Quelltümpel mit dem Einzugsgebiet, Pufferzonen ausweisen, keinerlei Nutzung zulassen, Sanierung geschädigter Quellen, Entfernen von Verbauungen, Fassungen usw.

Oben: Azurjungfer
Rechts: Ein derartiger Komplex von Quelltümpeln, wie die sogenannten »Heidgauer Quellseen« am Rande des Wurzacher Rieds, ist ein sehr seltenes Naturphänomen.

Salzlacke, Zicksee

(von ung. *szik* = Salz, Soda)
Sodatümpel

Kennzeichen: Flache, nicht sehr große Gewässer in abflußloser Wanne, keine regelmäßige Gestalt. Im Sommer randlich Sodaschnee auf den abgetrockneten Salzböden. »Schwarze Lacken« huminstoffreich, »Weiße Lacken« mit hoher Salzkonzentration, schwebstoffreich, trübe. Sonderform »Stinkersee« mit hohem Schwefelwasserstoffgehalt (Geruch nach faulen Eiern als Kennzeichen!).

Verbreitung/Vorkommen: Seewinkel im Burgenland.

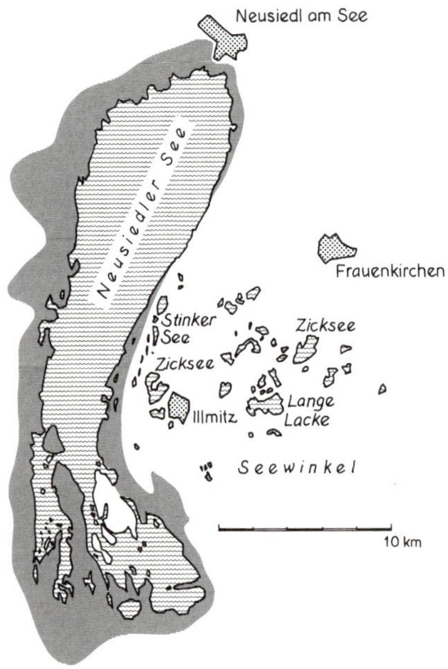

Standortmerkmale: Speisung durch Regenwasser oder Quellen, permanent oder periodisch wasserführend.
Substrat: strukturlose Alkaliböden. »Salz-eutroph«, Salzkonzentration 5–20 mg/l Wasser, Salz besteht aus Natrium-Karbonat (=Soda), Natrium-Sulfat (=Glaubersalz) und Magnesium-Sulfat (=Bittersalz), Salz wird wohl aus tieferen Schichten herausgelöst. pH-Wert liegt bei 9, die Salzlacken sind also ausgesprochen alkalische Gewässer.

Ausgetrocknete Salzlacke mit Salzausblühungen

Charakteristische Arten: Oft deutliche Zonierung der Vegetation in Abhängigkeit vom Wasserstand und Salzeinfluß, Blattsukkulenz ist die häufigste Art der Anpassung. Dabei werden die Salze in einer verdünnten Lösung in den voluminösen Zellen gespeichert. Salzangepaßte Arten *(halophile* oder *halophytische)* sind Salzkresse *(Lepidium crassifolium)*, Ungarische Salzmelde *(Suaeda pannonica)*, Zickgras *(Puccinellia peisonis)* sowie einige Arten, die sich auch an der Nordsee- und Ostsee-Küste finden, Strandbinse *(Bolboschoenus maritimus)*, Salzsimse *(Juncus gerardii)*, Strandwegerich *(Plantago maritima)*. Auch in der Umgebung hochinteressante Salzflora. Großer Fischreichtum, reichhaltige Vogelwelt.

Rechts: Neben dem Purpurreiher und dem Silberreiher lebt hier der seltene Löffler.
Unten: Salzlacke im Burgenland

Nutzung: Keine, früher Gewinnung von Waschsoda.

Ökologische Bedeutung: Einmalige Bildungen der Natur in Mitteleuropa, Lebensraum für halophytische Organismen im Binnenland, Biotop für einige Arten an der Westgrenze ihres Areals, Vogelrastplatz.

Gefährdung: Trockenlegung, Aufschüttung, Eutrophierung und Stoffeinträge aus der immer intensiver werdenden Nutzung der nächsten Umgebung (Äcker, Weinberge). Von den ehemals mehr als hundert Lacken sind schon sehr viele verschwunden.

Schutz und Pflege: Strenger rechtlicher Schutz aller Lacken, Stabilisierung des Wasserhaushalts (gegen Trockenlegung), Schaffung von Puffern, extensivere Nutzung der Umgebung, Besucherlenkung.

Heideweiher

Tümpel oder Flachsee in Deflationswanne

Kennzeichen: Eher kleines, flaches (bis etwa 1 m tief), klares oder schwach bräunliches Gewässer in Sandgebiet, in seichter Geländemulde liegend, wenig aquatische und helophytische Biomasse.

Verbreitung/Vorkommen: Nordwestdeutsche Geest.

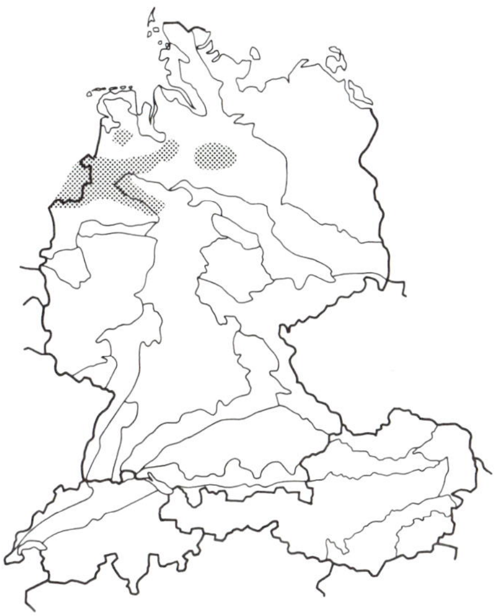

Standortmerkmale: Nur Regenwasserspeisung, im typischen Fall ohne oberirdischen Zu und Abfluß, stark schwankender Wasserspiegel, mehr oder weniger regelmäßig austrocknend. Wichtig, damit akkumulierte organische Substanz wieder ausgeblasen werden kann. Dies ist eine Art Selbstreinigung, wodurch Arten, die im Detritus ersticken würden, dauerhaft dieser Biotop besiedeln können.
Substrat Sand oder auch Torf über einer wasserstauenden Schicht. Wasser klar oder schwach dystroph, stickstoff- und phosphorarm (zumindest ursprünglich), kalkarm, schwach sauer, heute allerdings vielfach eutrophiert. Pleio- bis polymiktisch.

Charakteristische Arten: Alle typischen Arten der Heideweiher sind oligotraphent, kommen also mit wenigen Nährstoffen aus und reagieren sehr empfindlich auf Eutrophierung. Sehr wichtig: Es gibt eine ganze Reihe von Arten, die ihren Verbreitungsschwerpunkt ganz deutlich oder sogar ausschließlich in diesem Gewässertypus haben: Wasserlobelie *(Lobelia dortmanna)*, Vielstenglige Sumpfsimse *(Eleocharis multicaulis)*, Reinweißer Hahnenfuß *(Ranunculus ololeucos)*, Flutende Tauchsimse *(Isolepis fluitans)*, Strandling *(Littorella uniflora)*, Sumpf-Johanniskraut *(Hypericum elodes)*, Pillenfarn *(Pilularia globulifera)*. Bei Torfuntergrund oder in versauernden Heideweihern *Sphagnum cuspidatum* und andere Bleichmoosarten. Angrenzend oft interessante bodensaure Pflanzengemeinschaften, z. B. mit Wollgräsern *(Eriophorum)*.
Fauna: Verschiedene spezialisierte Kiemenfüße *(Phyllopoda)*.

Nutzung: Freizeitaktivitäten wie Baden, Angeln usw.

Ökologische Bedeutung: Sehr spezieller Gewässertypus, letzte Lebensräume für hochspezialisierte oligotraphente Organismen, viele seltene atlantische Florenelemente. Gewässer in Sandgruben besitzen gewisse Ähnlichkeiten mit den Heideweihern, stellen jedoch letztlich keinen Ersatzbiotop dar.

Gefährdung: Eutrophierung durch Einleitungen, Fütterung der eingesetzten Fische, Kalkung, Wasservögel, Schlammakkumulation, Badebetrieb, Sportfischerei, Tritt, Versauerung, danach oft Verlandung mit Torfmoosen. Aufforstung der unmittelbaren Umgebung, dadurch keine Ausblasung mehr möglich.

Schutz und Pflege: Restaurierung: Entfernen des Schlammes und der eutraphenten Vegetation, gegebenenfalls Wiederherstellen und Neuschaffung, keine Einleitungen, Heraushalten aller belastenden Aktivitäten, freistellen, damit Wind wieder eingreifen kann.

Links: Sumpf-Johanniskraut
Unten: Unscheinbar blühender Strandling

Moorsee und Moortümpel

Dystropher Flachsee, dystropher Tümpel

Kennzeichen: In Moor gelegen, dunkelbraunes Wasser, flach (wegen der dunklen Farbe nicht erkennbar, Name deshalb oft Blindsee), Schwingrasen im Verlandungsbereich, keine geometrische Form (wichtiger Unterschied zu Torfstich).

Verbreitung / Vorkommen: In Moorgebieten.

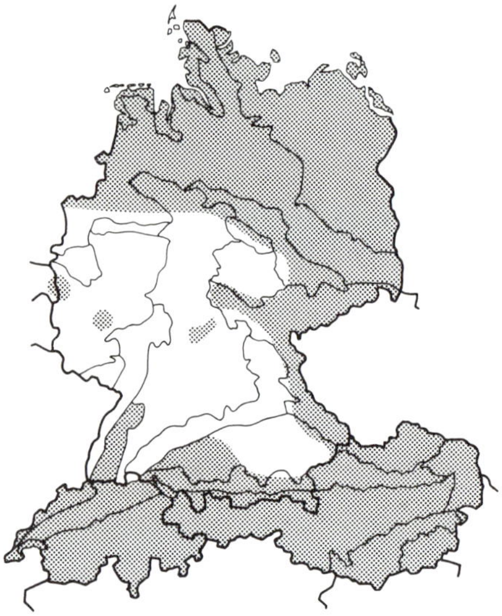

Standortmerkmale: Oft ohne natürlichen oberirdischen Zu- und Abfluß, Wasserspiegel wenig schwankend wegen der puffernden Wirkung des Moores. Substrat: Torfschlamm, Torfmudde, manchmal steht auch mineralisches Material an.
Hohe Temperaturschwankungen an der Oberfläche im Tag / Nacht-Rhythmus und jahreszeitlich, sauerstoffarm wegen starker Zehrung durch Abbau der organischen Substanz, dystroph, organotroph, huminsäurereich, sehr weiches bis weiches Wasser.
Verschiedene Typen, je nach Lage in der Landschaft und Nutzung: oligotroph-kalkarm, oligotroph-kalkreich, eutroph-kalkreich.

Oben: Auf offenen Torfflächen am Rande von Moortümpeln stellt sich gerne der Sonnentau ein. Seinen Nährstoffbedarf deckt er, indem er mit seinen klebrigen Blattdrüsen Insekten fängt.
Mitte: Zur Paarungs- und Laichzeit färben sich die Männchen des Moorfroschs eigentümlich blau.
Links: Die Seekanne hebt ihre Blüten weit über den Wasserspiegel.

Die freie Wasserfläche von Moorseen wird von Schwingrasen erobert.

Charakteristische Arten: Moorseen und -tümpel sind meist arm an Wasserpflanzen und -tieren. Recht typisch sind verschiedene im Wasser schwebende Wasserschlauch-Arten.
Oligotroph-kalkarm: die Moose *Drepanocladus fluitans, Sphagnum cuspidatum* und andere Sphagnen, Kleiner Wasserschlauch *(Utricularia minor)*, Rasige Haarsimse *(Trichophorum cespitosum)*, Blumenbinse *(Scheuchzeria palustris)*, Torf-Segge *(Carex limosa)*.
Oligotroph-kalkreich: Wassernabel *(Hydrocotyle vulgaris)*, Kleine Seerose *(Nymphaea candida)*. Im Uferbereich Schneidried *(Cladium mariscus)*, Herzblatt *(Parnassia palustris)*u. v. a.
Eutroph-kalkreich: Fieberklee *(Menyanthes trifoliata)*, Dreifurchige Wasserlinse *(Lemna trisulca)*. Am Ufer Sumpf-Calla *(Calla palustris)*, Sumpffarn *(Thelypteris palustris)*, Straußblütiger Gilbweiderich *(Lysimachia thyrsiflora)*. Häufig ist der Rückenschwimmer (als sehr unspezifische Tierart), die Kleine Moosjungfer *(Leucorrhinia dubia)* und die Wasserspinne *(Argyroneta aquatica)*.

Nutzung: Erholungsbetrieb, stellenweise Angelsport, Fischerei.

Ökologische Bedeutung: Seltener Lebensraum für Spezialisten, z. B. für die »fleischfressenden« Wasserschlauch-Arten. Hoher landschaftsästhetischer Reiz durch die unergründlich scheinenden »Mooraugen«.

Gefährdung: Wasserregulierung, Entwässerung, Zufuhr belasteten Wassers, fischereiliche Nutzung verbunden mit Düngung, Kalkung, Fütterung, Trittbelastung im Uferbereich.

Schutz und Pflege: Keine Einleitungen, keine Nutzung, strenger Schutz vor Trittbelastungen, Schutz der Umgebung. Besucherlenkung. Schaffung von Pufferflächen.

Altgewässer

Fluvigener Flachsee

Kennzeichen: Längliches bis langes, schmales, oft gewundenes, flaches Gewässer mit steilen Ufern, oft mit schmalem Röhrichtgürtel, aber üppiger Wasser- und Schwimmblattvegetation.

Verbreitung/Vorkommen: Bach- und Flußtäler in (meist ehemaligen) Gabelungs- und Mäanderstrecken.

Standortmerkmale: Vom Wasserhaushalt her sehr unterschiedlich, möglich sind permanente, natürliche, aber auch künstliche Anschlüsse an das Fließwasser, Speisung durch Seitenbach oder über Limnokrenen aus dem Grundwasser. Möglich ist auch völlige Isolierung und damit reine Regenwasserspeisung. Entsprechend unterschiedlich sind die Wasserstandsschwankungen ausgeprägt.

Rechts: Charakteristisch für viele Altgewässer ist ihr üppiger Bewuchs mit Wasser- und Uferpflanzen.
Unten: Zungenhahnenfuß

Substrat: überwiegend weich, schlammig, organisch, tiefgründig. In der Regel eutroph mit labilem Temperatur- und Sauerstoffhaushalt, pleio- bis polymiktisch. Schwimmblattdecke kann den Wasserkörper völlig von der Atmosphäre isolieren.

Charakteristische Arten: Häufig der größte Teil der Wasserfläche mit Pflanzen bedeckt, ganz überwiegend nährstoffliebende (eutraphente) Pflanzen, hoher Artenreichtum.
Wasserpflanzen: Ähriges Tausendblatt *(Myriophyllum spicatum)*, Hornblatt *(Ceratophyllum demersum)*, verschiedene Laichkräuter *(Potamogeton sp.)*, Tannenwedel *(Hippuris vulgaris)*, Wasserlinsen *(Lemna sp.)*, Gelbe Teichrose *(Nuphar lutea)* u. v. a.
Uferbereich: Hochwüchsige Röhrichte mit Flechtbinse *(Schoenoplectus lacustris)*, Schilf *(Phragmites australis)*, Wasserschwaden *(Glyceria maxima)*, Wasser- und Flußampfer *(Rumex aquaticus* und *R. hydrolapathum)*, Großseggen *(Carex elata, C. riparia)*, Wasserschierling *(Cicuta virosa)*, Zungen-Hahnenfuß *(Ranunculus lingua)*, Scheinzypergras-Segge *(Carex pseudocyperus)*. Einzelexemplare (manchmal wundervolle Solitäre) oder Bestände von Silberweide *(Salix alba,* nur in den Stromauen), Bruchweide- und Rötelweide *(Salix fragilis, S.x rubens)*, Schwarzerle *(Alnus glutinosa)*, Grauerle *(Alnus incana)* sowie Strauchweidengebüsche, also Relikte der natürlichen Auen.
Auch die faunistische Artenvielfalt kann sehr hoch sein. In der oberen Wasserschicht, auf dem Wasser und auf den Schwimmblättern tummeln sich Käfer, Wanzen, Wasserskorpion, Spinnen. Ein Spezialist scheint der Schwimmkäfer *Hydroporus dorsalis* zu sein. Hoher Amphibienreichtum, fast immer der Grünfrosch. Oft sehr hohe Arten- und Individuenzahlen bei den Libellen (häufig: Kleine Azurjungfer). Typische Fische sind Brachsen als Krautlaicher und Giebel. Außerdem Wasserfledermaus.

Nutzung: Angelsport, Fischerei, Freizeitbetrieb.

Ökologische Bedeutung: Oft hoher Artenreichtum, Rückzugsgebiet, Keimzelle zur Wiederbesiedlung der Flüsse nach Hochwasser, Fischlaich- und Fischbrutplätze, exzellentes Nahrungsangebot für Wasser- und Watvögel, Trittsteinbiotop.

Gefährdung: Grundwasserabsenkung, Kiesabbau, Eu- bis Polytrophierung mangels Puffer, Angelsport und Fischerei, Erholungsbetrieb, Müll- und Schuttablagerung, Überhandnehmen von Neophyten im Uferbereich.

Schutz und Pflege: Problem ist, daß Altarme bei uns heute kaum noch entstehen, weil die meisten Flüsse begradigt und befestigt sind, allenfalls noch künstlich im Zusammenhang mit Straßen- oder Kanalbauten. Das bedeutet: Bestand unbedingt halten! Puffer schaffen, randliche Belastungen wegnehmen, keine intensivere Nutzung, gegebenenfalls häufiger durchströmen lassen, »Entlandung« kann sinnvoll sein.

Oben links: Eine typische Art der Altwässer: der Giebel.
Oben rechts: Die Wasserfledermaus, die gerne über Altwässern Insekten jagt, ist sehr selten geworden.
Mitte: Seit die Graureiher nicht mehr bejagt werden dürfen, sind sie auch in den Altwässern wieder häufiger zu beobachten.
Oben: Tannenwedel
Links: In Altwässern und Flußaltarmen wird das stete Werden und Vergehen der Natur besonders deutlich.

Dorfteich oder -weiher, Hofteich, Hofweiher, (viele lokale Eigennamen)

Anthropogener Tümpel

Kennzeichen: Kleines, flaches, rundliches bis eckiges Gewässer in ländlichen Siedlungen oder im Bereich von Einzelhöfen, mit oder ohne Damm, mehr oder weniger stark verbaut und gestaltet. Oft üppig entwickelte Wasserpflanzenflora.

Verbreitung / Vorkommen: Ehemals ganz Mitteleuropa, heute nur noch ganz vereinzelt.

Standortmerkmale: Oft kein oberirdischer Zu- und Abfluß, ursprünglich nur von Regen- und Straßenabwasser oder aber von diffusem Oberflächenabfluß gespeist (manchmal von Brunnenüberlauf), heute auch über Wasserleitung. Beim traditionellen Weiher starke Wasserspiegelschwankungen, aber in der Regel permanent wasserführend. Kann meist bis zum Grund durchfrieren. Substrat: weicher, auch tiefer organischer Schlamm, z. T. nach Schwefelwasserstoff riechend, weil sauerstofffrei. Eu- bis polytroph, Temperatur parallel zur Lufttemperatur, starke Tag / Nacht- und jahreszeitliche Schwankungen bei Temperatur und Sauerstoff-Gehalt, insgesamt labiler Stoffhaushalt, meist trübe.

Links unten: Spitzschlammschnecke
Unten: Das Quaken der Frösche gehörte früher zum Dorf.

Charakteristische Arten: Je nach Nutzungsintensität und Erhaltungszustand fädige Algen, Wasserlinsendecken *(Lemna sp.)*, Schwimmendes Laichkraut *(Potamogeton natans)*, Wasserknöterich *(Polygonum amphibium)*, Weiße Seerose *(Nymphaea alba)* und Gelbe Teichrose *(Nuphar lutea)* oft als Schmuckpflanzen. Am Ufer, wenn nicht zu stark zertreten, Froschlöffel *(Alisma plantago-aquatica)*, Gelbe Schwertlilie *(Iris pseudacorus)*, Aufrechter Igelkolben *(Sparganium erectum)*.
Karpfen, Goldfisch, Karausche, Stockente, Höckerschwan, Große Schlammschnecke, Egel, Mückenlarven, Wasserläufer, Taumelkäfer, Rückenschwimmer, Plattbauch *(Libellula depressa)*. Je nach Zustand des Gewässers kann das Arteninventar sehr unterschiedlich sein.

Oben und rechte Seite: Je nach Nutzung und lokalhistorischer Bedeutung haben Dorfweiher ganz unterschiedliches Aussehen. Mal sind sie üppig mit Pflanzen bestanden, und dort wo vielleicht noch – wie in diesem Museumsdorf (oben) – Gänse weiden, von höherer Vegetation fast frei.

Plattbauch (Weibchen)

Nutzung: Heute in der Regel keine mehr, vielleicht hier und dort noch als Feuerlöschteich, ansonsten zur Ortsbildverschönerung.

Ökologische Bedeutung: Heute oft einzig verbliebener Lebensraum für aquatische Organismen im Siedlungsbereich. Schwalben können Lehm für Nestbau holen. Vogeltränke. Hohe kulturhistorische Bedeutung.

Gefährdung: Auffüllung, Beseitigung: Abertausende Dorfweiher sind schon verschwunden.
Versiegelung, z. B. Betonierung des Grundes, Verbauung der Ufer; Entsorgung von altem Brot unter dem Deckmantel der Fisch- und Entenfütterung. Overdesign im Zusammenhang mit »Dorfverschönerung« bzw. Dorfentwicklung: zu starke, oft auch städtische Gestaltung mit Fertigbeton-Elementen, Wasserspiel usw.

Schutz und Pflege: Unbedingter Erhalt des Bestandes, Wiederherstellung, auch Neuschaffung. Uferbereiche unbefestigt lassen, möglichst wenig pflegen, nach Bedarf entschlammen, nicht mit Fischen besetzen.

Fischteich, Fischweiher

Teich (Fischweiher)

Fischweiher in der Oberlausitz mit Fütterungsbooten

Kennzeichen: Künstlich entstandene, sehr unterschiedlich große (kleiner 1 ha bis mehrere 100 ha), flache bis sehr flache, meist noch fischereilich benutzte Gewässer.
a) In weitgehend ebener Lage, sehr flach, durchgehend fast gleiche Wassertiefe, von allen Seiten mit Damm umgeben, im Umriß mehr oder weniger eckig. Steile, jedoch niedrige Ufer. Oft ausgedehnte Teichverbände.
b) In Mittelgebirgen und kuppigen Landschaften, in Mulden- oder Tallage, mit Stirndamm und ausgeprägter Stauwurzel, Wassertiefe zum Damm zunehmend (dort bis zu mehreren Metern), im Umriß länglich. Oft in Weiher- bzw. Teichketten.

Verbreitung / Vorkommen:

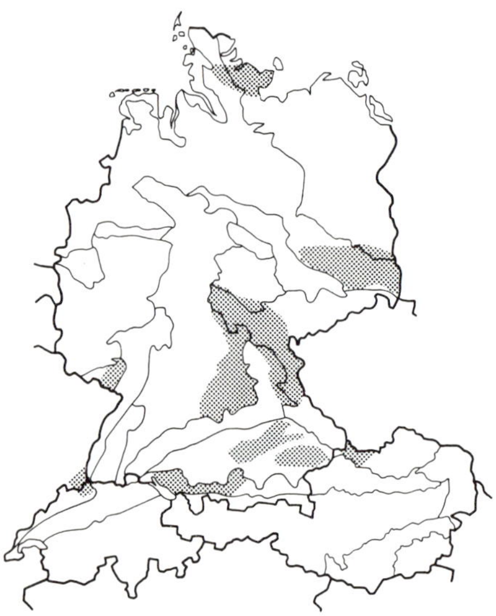

Standortmerkmale: Alle Fischweiher sind periodisch bzw. episodisch wasserführend, weil sie in mehr oder weniger langen Abständen abgelassen werden (Ausnahme: völlig aufgelassene Weiher). Alle besitzen einen Abfluß in Form eines Grundablasses. »Himmelsteiche« werden nur von Regenwasser und etwas diffusem Oberflächenabfluß gespeist, sie besitzen also keinen Zufluß. Die meisten Teichverbände werden durch teilweise hochkomplizierte Graben- und Dammsysteme mit Bachwasser versorgt. Nach der Bespannung wird das Fließwasser um die Teiche geleitet, damit sich das Teichwasser erwärmen kann (Lage im Nebenschluß). Die Gewässer in den Weiherketten liegen dagegen häufig im Hauptschluß, das Wasser wird also ständig erneuert, sofern der Zufluß im Sommer nicht versiegt. Über den Mönch, eine Ablaßvorrichtung, wird kaltes Tiefenwasser abgezogen. Manche Weiher werden von kaltem Quellwasser gespeist. In die Teichböden sind fischgrätenartig angeordnete Gräben gezogen, damit das Wasser beim Ablassen besser abläuft. Trotz der Möglichkeit der Wasserstandsregulierung ist der Wasserspiegel immer gewissen Schwankungen ausgesetzt.
Je nach Landschaft, Art und Intensität der Bewirtschaftung und Gewässertypus sind Teichböden sehr unterschiedlich: Sandboden nahezu ohne organische Auflage, Torf- bis Tonmudde, tiefgründiger Faulschlamm. Ebenso differenziert sind die wasserchemischen und physikalischen Eigenschaften; distroph / oligotroph (z. B. nicht mehr genutzte Weiher im sauren Buntsandstein) über mesotroph, eutroph (dies kommt am häufigsten vor) bis polytroph. In den tieferen Weihern kann sich im Sommer eine labile Temperatur- und Sauerstoffschichtung einstellen, wobei die Sauerstoffgehalte im »tieferen« Wasser gegen Null gehen können. Ansonsten sind die Gewässer pleiomiktisch. Sie unterliegen einem deutlichen Tag / Nacht-Zyklus: Sauerstoff-Übersättigung am Tage und -defizit in der Nacht (nicht bei oligotrophen Weihern). Die pH-Werte bewegen sich im Bereich von sauer bis schwach alkalisch, bis deutlich alkalisch in schlecht gepufferten Gewässern, wenn bei der Assimilationstätigkeit der Pflanzen Hydroxyl-Ionen freigesetzt werden.

Charakteristische Arten: Keine allgemeingültigen Aussagen möglich, da die Gewässer zu unterschiedlich sind. Intensiv genutzte Teiche frei von Wasserpflanzen und insgesamt biologisch sehr verarmt. Bei traditioneller Bewirtschaftung mit hoher Ablaßfrequenz sind Arten im Vorteil, die sich an das Trockenfallen am besten anpassen können. Artenvielfalt kann sehr hoch sein. Relativ häufige und damit typische Weiher- oder Teichpflanzen sind die Zerbrechliche Armleuchteralge *(Chara globularis)*, Spiegelndes Laichkraut *(Potamogeton lucens)*, Stumpfblättriges Laichkraut *(Potamogeton obtusifolius)*, Zwerg-Laichkraut *(Potamogeton pusillus)*, Schwimmendes Laichkraut *(Potamogeton fluitans)*, Kleine und Dreifurchige Wasserlinse *(Lemna minor und L. trisulca)*, Wasserknöterich *(Polygonum amphibium)*, in wärmeren Gegenden als Relikt für eine Halbkulturpflanze die Wassernuß *(Trapa natans)*.

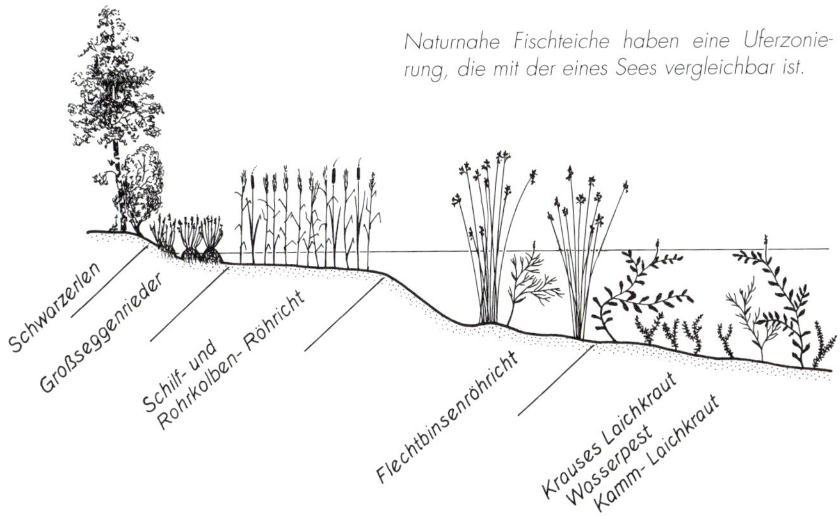

Naturnahe Fischteiche haben eine Uferzonierung, die mit der eines Sees vergleichbar ist.

In den großen Weihergebieten wurden die Fischotter über Jahrhunderte hinweg als Konkurrenten der Fischer gnadenlos verfolgt. Heute ist es vor allem die Lebensraumzerstörung, welche dieser Tierart den Garaus macht.

Im Uferbereich verschiedene Röhrichte (Schilf, Flechtbinse, Rohrglanzgras, Rohrkolben, Wasserschwaden), Großseggen (Steife Segge, Sumpfsegge, Schlanksegge, Schwarzschopfsegge), Froschlöffel *(Alisma plantago-aquatica)*, Teich-Schachtelhalm *(Equisetum fluviatile)*, Gelbe Schwertlilie *(Iris pseudacorus)*.
Hochinteressant und mit vielen mittlerweile sehr seltenen Arten ausgestattet ist die Teichbodenflora der im Sommer trockenliegenden Weiher: Schlammling *(Limosella aquatica)*, Nadelbinse *(Eleocharis acicularis)*, verschiedene Tännel-Arten *(Elatine sp.)* Eiförmige Sumpfbinse *(Eleocharis ovata)*, Braunes Zypergras *(Cyperus fuscus)*, Zypergras-Segge *(Carex bohemica)* und viele andere.
Fauna: wenig spezifisch, jedoch bei nicht zu intensiver Bewirtschaftung sehr reichhaltig. Hauptwirtschaftsfische Karpfen, Schleie, Hecht, Zander. Verschiedene Amphibien: Erdkröte, Grasfrosch, Grünfrösche, Bergmolch, Teichmolch. Reptilien: Ringelnatter. Libellen: Gemeine Binsenjungfer *(Lestes sponsa)*, Weidenjungfer *(Lestes viridis)*, Große Königslibelle *(Anax imperator)*, Große Pechlibelle *(Ischnura elegans)*. Wasservögel: Teichhuhn, Bläßhuhn, Zwergtaucher, verschiedene Entenvögel, Graureiher. In großen Teichgebieten sehr große Vogelpopulationen.

Nutzung: Fischereiwirtschaft in Laich-, Streck- (für ein- bis zweijährige Fische) und Abwachsteichen, Angelsport, Freizeitaktivitäten.

Ökologische Bedeutung: Je nach Intensität der Bewirtschaftung und Größe der Gewässer sehr unterschiedlich. Häufigster Gewässertypus.
Beispiel Oberlausitz: Sehr große Fischotterpopulation, Vorkommen von Weißstorch (bis 100 Paare), Schwarzhalstaucher, Fischadler, Seeadler, Kranich, Kormoran in teilweise spektakulären Mengen. Wenn Bewirtschaftung nicht zu intensiv: Exzellente Lebensräume für aquatische und amphibische Organismen (Hydrophyten, Helophyten, Amphibien, Libellen, Vögel), insbesondere wenn eine räumliche Vielfalt vorhanden ist. Landschaftsprägende Elemente, kulturhistorisch bedeutsam.

Schwimmendes Laichkraut (oben) und Wasserknöterich (Mitte) sind in der Lage, Landformen auszubilden, wenn der Weiher trockenliegt. Unten: Wenn der Fischweiher abgelassen wird, werden die riesigen Bulte der Steifsegge sichtbar.

Gefährdung: Aufgabe der traditionellen, eher extensiven Teichwirtschaft mit mäßiger Düngung und Fütterung, Winterung und Sömmerung und einem Fischbestand von 200 – 500 Karpfen pro Hektar. Intensivierung heißt Aufstockung des Bestands auf 1000 – 2000 Karpfen pro Hektar (Massentierhaltung!), Düngung mit organischem (Mist, Jauche) und mineralischem Dünger (Superphosphat), Fütterung mit Futterautomaten oder Fütterungsbooten, Kalkung des Teichbodens mit hohen Gaben von Branntkalk, routinemäßige Beseitigung der aufkommenden Röhrichtpflanzen und Großseggen. Ein weiteres Problem ist die Sportfischerei, bei der ebenfalls von den traditionellen Ablaßzyklen abgegangen wird. Dies führt zu mächtigen Schlammakkumulationen und zu einer Verschlechterung des Stoffhaushalts.
Badebetrieb, Trittbelastung, Unruhe.

Schutz und Pflege: Sukzessive Umsetzung einer traditionellen, wenig intensiven Fischereiwirtschaft bei einer größeren Anzahl von Weihern und Teichen. Behutsames Abfischen, damit Vorfluter nicht belastet wird, manche Gewässer sich selbst überlassen. Freizeitbetrieb besser steuern und konzentrieren an weniger empfindlichen Gewässern.

Fischzuchtanlage
Teich

Fischzuchtanlagen werden nach ökonomischen Gesichtspunkten angelegt und bewirtschaftet.

Kennzeichen: Meist kleine, flache, gruppenweise angeordnete Teiche, im Umriß oft rechteckig, mit steilen Ufern, in Tallage oder an flachen Hängen.

Verbreitung/Vorkommen: Keine spezifische Verbreitung, meist jedoch in Bach- und Flußtälern und an Quellhorizonten.

Standortmerkmale: Meist in Bereichen stark schüttender Quellen oder im Nebenschluß von Bächen. Hoher Durchfluß von kaltem, sauerstoffreichem Wasser; Teiche werden in regelmäßigen Abständen trockengelegt.
Substrat: Kies, Sand oder Lehm, auch Beton. Durch Kalkung des Bodens, Fütterung und den Fischkot wird das Wasser eutrophiert. Evtl. Belüftung, keine Schichtung. Wassererwärmung in den Teichen.

Damit sich die Fischzuchtanlage rentiert, muß eine bestimmte Besatzungsdichte gewährleistet sein.

Charakteristische Arten: Bachforelle, Regenbogenforelle in hoher Individuenzahl (Massentierhaltung). Becken werden pflanzenfrei gehalten.

Nutzung: Fischzucht, Fischmast.

Ökologische Bedeutung: Nahrungsquelle für Graureiher, Kormoran und andere fischverzehrende Raubvögel, sofern keine Netze gespannt sind.

Gefährdung: Keine. Es geht jedoch von den Anlagen eine Gefährdung aus: Fassung von stark schüttenden und nährstoffarmen Quellen. Auslaufendes Wasser ist belastet mit Nährstoffen, fäulnisfähiger Substanz (zu deren Abbau Sauerstoff benötigt wird), Pestiziden und Pharmazeutika von der Parasiten- und Krankheitsbekämpfung. Der Bach unterhalb der Anlage wird erwärmt – der Bach wird künstlich gealtert –, die Gewässergüte verschlechtert sich, die Gewässerfauna wird stark verschoben.

Schutz und Pflege: Naturnahe Gestaltung, extensivere Bewirtschaftung.

Tränkekuhle, Weidekuhle

Anthropogener Tümpel, Pseudosoll

Kennzeichen: Durch Aushub entstandene oder durch Aushub vertiefte, in einer seichten Geländedelle liegende, flache Gewässer in Dauerweide, Ufer mit starken Trittspuren.

Verbreitung/Vorkommen: Nordwestdeutsche Geest und Marsch, in anderen Landschaften eher vereinzelt.

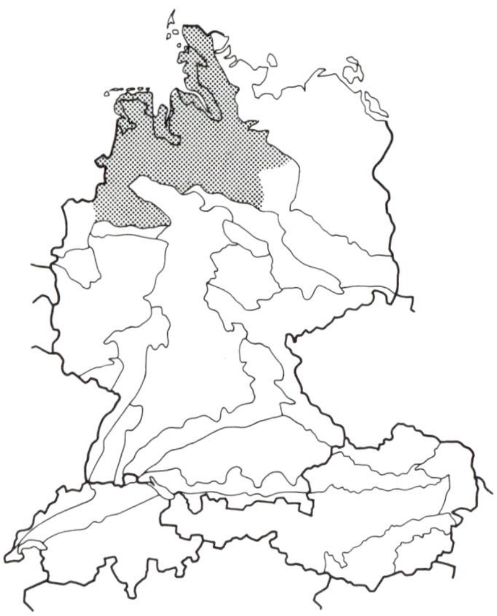

Standortmerkmale: Ohne oberirdischen Zu- und meist auch Abfluß, gespeist mit Regenwasser und diffusem Oberflächenabfluß, stark schwankender Wasserspiegel, auch austrocknend, im Winter durchfrierend bis zum Grund.
Substrat: Schwerer, undurchlässiger Tonboden, schlammig, Schwefelwasserstoffbildung, Bodeneinschwemmung von den randlichen offenen Trittflächen.
Eu- bis polytroph, Fäkalieneinschwemmung, völlig labiler Temperatur- und Sauerstoffhaushalt, oft trübe.

Nur noch in traditionellen Weidegebieten gibt es Tränkekuhlen. »Trittschäden« gehören hier dazu.

Charakteristische Arten: Bei häufiger Benutzung oft nur noch im Zentrum des Gewässers Pflanzenbestände vorhanden, hohe Verlandungsgeschwindigkeit, überwiegend eutraphente und beweidungstolerante Arten. Wasser- und Sumpfpflanzen: Hornblatt *(Ceratophyllum demersum)*, Teichfaden *(Zannichellia palustris)*, Schwimmendes Laichkraut *(Potamogeton natans)*, Aufrechter Igelkolben *(Sparganium erectum)*, Froschlöffel *(Alisma plantago-aquatica)*, Rohrkolben *(Typha latifolia* und *T. angustifolia)*, Wasserschwaden *(Glyceria maxima)*, Knäuelbinse *(Juncus conglomeratus)*. In Küstennähe Strandsimse *(Bolboschoenus maritimus)*. In frisch ausgehobenen Kuhlen Rasen der Armleuchteralge *Chara vulgaris*.
Fauna: z. B. Gelbrandkäfer, Wasserskorpion, Grünfrösche, Teichmolch. An Fischen allenfalls Dreistachliger Stichling, Karausche.

Nutzung: Viehtränke.

Ökologische Bedeutung: Amphibien-Lebensraum, Laichplatz, Kinderstube, Überwinterung im weichen Schlamm, Nahrungsquelle für Storch, Graureiher, Rotschenkel und andere Vögel.

Tränkekuhlen sind mitunter Laichplatz für Amphibien wie die Erdkröte.

Gefährdung: Auffüllung, Entwässerung, mangelnde Pflege, Verlandung. Dieser Lebensraumtyp ist stark rückläufig, die verbliebenen sind zunehmend isoliert und dadurch in ihrem landschaftlichen und ökologischen Wert beeinträchtigt.

Schutz und Pflege: Bestand unbedingt erhalten, Wiederherstellung, Neuschaffung, Nutzung beibehalten, aber Nährstoffeinträge verringern durch Abzäunung, Pufferbereiche schaffen, evtl. behutsam entschlammen.

Fething

Kleinteich

Kennzeichen: Kleines, höchstens wenige Meter tiefes Tränkwasserreservoir mit geringem Durchmesser und einer Umwallung, im Umriß rund, oben trichterförmige, rasenbesetzte Böschung, nach unten Verengung mit senkrechten, meist holzverkleideten Wänden.

Verbreitung/Vorkommen: Auf den Warften der nordfriesischen Halligen – das sind die unbedeichten Inseln im Wattenmeer – und der Altmarsch.

Auf der Hallig Hooge gehört der Fething zum Landschaftsinventar.

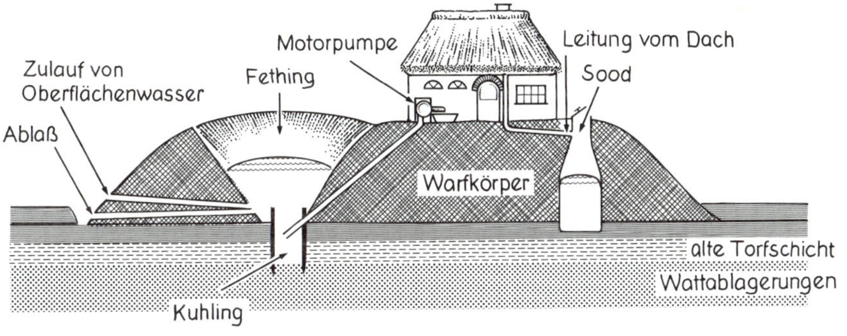

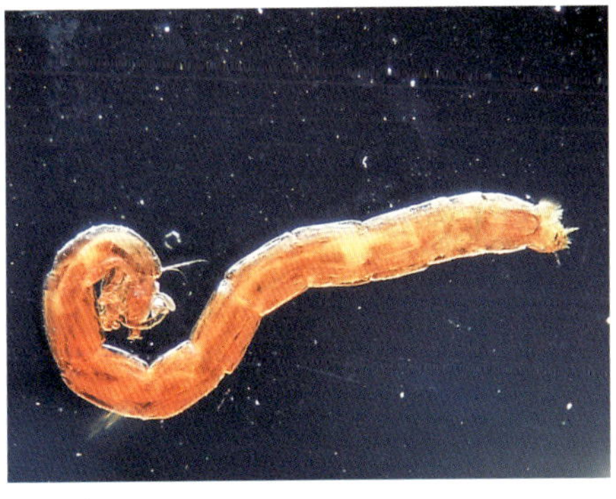

Mückenlarve. Die Fething-Fauna ist so gut wie nicht untersucht. Es finden sich in diesen künstlichen Gewässern nur wenig Tiere.

Standortmerkmale: Sammlung und Einleitung des Regenwassers vom Dach des Hauses. Als Tränkwasser wird es in den Stall gepumpt, d.h. der Wasserspiegel schwankt stark, oft leicht brackig. Läuft der Fething bei einer Sturmflut mit Salzwasser voll, so muß er über eine eigens dafür vorgesehene Rohrleitung völlig abgelassen werden. Bei niedriger werdendem Wasserspiegel wird das Wasser immer salziger.

Charakteristische Arten: Meist frei von höheren Wasserpflanzen, am ehesten noch das Schwimmende Laichkraut *(Potamogeton natans)*. Über die Fauna ist nichts Näheres bekannt, vermutlich Mückenlarven, Wasserflöhe, Hüpferlinge.

Nutzung: Wasserreservoir.

Ökologische Bedeutung: Kleiner Süß- bzw. Brackwasserlebensraum in salziger Umgebung, hauptsächlich kulturhistorische Bedeutung. Schon der römische Schriftsteller Plinius der Ältere berichtete 47 n. Chr. von diesen »Gruben, in denen das Wasser gesammelt wird«.

Gefährdung: Beseitigung und Vernachlässigung nach dem Verlegen von Wasserleitungen.

Schutz und Pflege: Erhaltung als kulturhistorische Elemente.

Hochwasserrückhaltebecken mit Dauerstau

Periodisch überstauter Teich

Kennzeichen: Meist langgestrecktes, durch einen Stirndamm aufgestautes Gewässer in Tallage, Wasserspiegel weit unter der Dammkrone, Größe sehr unterschiedlich, gut sichtbar ist das Hochwasserentlastungsbauwerk und das Betriebsgebäude. Manchmal ist im Zulauf ein kleineres Becken (»Vorbekken«) vorgeschaltet.

Verbreitung / Vorkommen:

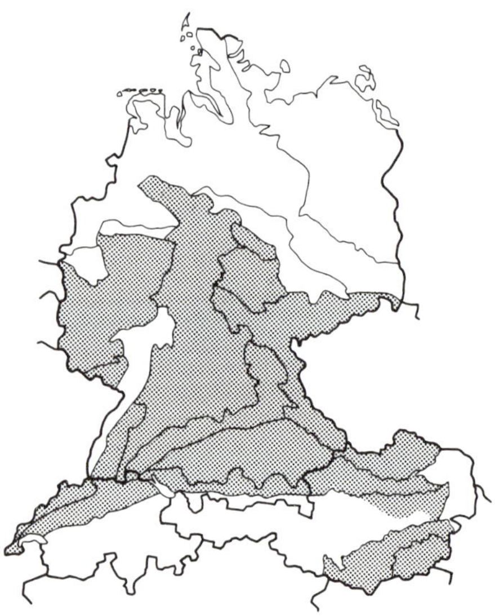

Standortmerkmale: Viele Ähnlichkeiten mit Flachseen und Fischweihern. Immer mit oberirdischem Zu- und Abfluß, Abfluß allerdings durch Damm und Grundablaß vom Stillgewässer getrennt. Wassertiefe zum Damm hin zunehmend. Je nach Wasserhaushalt des Einzugsgebiets und der Kapazität des Fließgewässers unterhalb des Dammes unterschiedlich starke und häufige Wasserspiegelschwankungen durch Hochwassereinstau.
Substrat: Abhängig vom Geschiebehaushalt des zulaufenden Gewässers und auch davon, ob ein Vorbecken, welches als Puffer dient, eingeschaltet ist. Häufig schlammig bis sandig, tiefgründig, das Becken ist Sedimentfalle. Manche Becken sind fast völlig verlandet.
Trophie hängt vom zulaufenden Wasser ab, Wassererwärmung, Schichtung meist labil, oft Sauerstoffdefizit im tieferen Wasser, Phytoplanktonproduktion bis hin zur »Algenblüte«. Vorbecken immer sehr viel eutropher als Hauptbecken, dort wird insbesondere Phosphor zurückgehalten.

Charakteristische Arten: Große Ähnlichkeit mit Flachsee oder Fischweiher, oft auch viele Gestaltungselemente (Bepflanzungen). Im Vorbecken üppige Röhrichte aus Rohrkolben, Wasserschwaden, Rohrglanzgras oder Schilf, häufig auch Brennesselfluren in trockenfallenden Bereichen.
Mindestens im Vorbecken hohe Algenproduktion, oft jeweils nur von einer einzigen Art verursacht. Das Zooplankton z. B. repräsentiert durch Wasserflöhe *(Cladoceren)* und Ruderfüßler *(Copepoden)* kann sich dann gut entwickeln, wenn wenig planktonfressende Fische, also Nahrungskonkurrenten der Zooplankter, im Becken sind. An größeren Gewässern interessante Avifauna: z. B. Reiherente, Zwergtaucher und Sumpfrohrsänger als Brutvögel, Flußuferläufer, Grünschenkel, Fischadler und Bekassine als Durchzügler und Nahrungsgast. Die Fischfauna ist weitgehend durch Besatz geprägt, häufig sind allgemein Rotfedern und Rotaugen.

Nutzung: Wasserbewirtschaftung, Hochwasserschutz, daneben aber auch Naherholung, Tourismus, Sportfischerei.

Ökologische Bedeutung: Größere Bekken besitzen hohen Wert für die Wasservögel, und zwar als Brutplatz, für Durchzügler und Überwinterer. An 24 Becken Bayerns und Baden-Württembergs konnten 75 Wasservogelarten mit teilweise hohen Individuenzahlen beobachtet werden! Auch für Amphibien haben die Becken eine gewisse Bedeutung. Die Dämme sind – wenn nicht humusiert und grasdominiert – wertvolle Nahrungsbiotope für Blütenbesucher, etwa eine ganze Reihe von Wildbienen.

Gefährdung: Eutrophierung über den Zulauf, insbesondere im Hochwasserfall, starke Schlammbildung, Übernutzung durch Fremdenverkehr und Naherholung.

Bei Flurbereinigungen werden oft kleine Wasserrückhaltebecken angelegt. Sofern keine Pestizide oder Düngemittel eingetragen werden, kann sich im Dauerstau eine interessante Flora und Fauna ansiedeln.

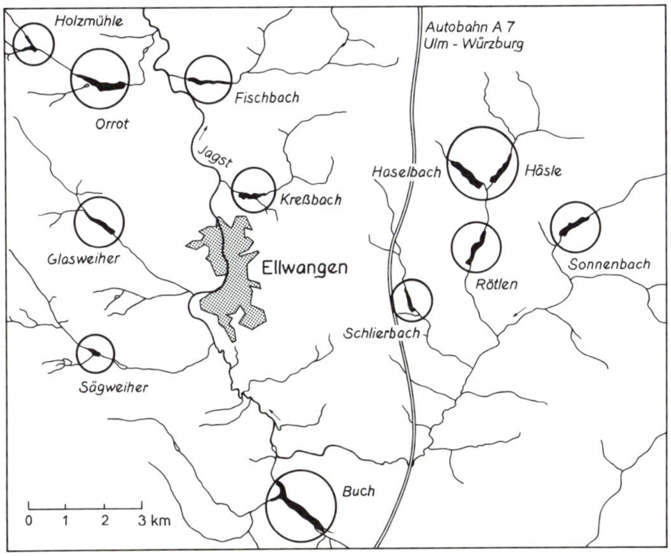

Von den Hochwasserrückehaltebecken gehen auch Gefährdungen aus: Der Geschiebehaushalt des Fließwassers wird nachhaltig gestört, der Dauerstau ist eine für viele Organismen nicht überwindbare Unterbrechung des Fließwasser-Kontinuums (Fische!). Die Lebensgemeinschaften werden durch einen Einstau völlig verändert.

Schutz und Pflege: Betriebssteuerung optimieren nach ökologischen Gesichtspunkten: So selten wie möglich, so kurz wie möglich und so niedrig wie möglich einstauen. Durchlässigkeit verbessern, wenn möglich (etwa bei geringen Dammhöhen), Umlaufgerinne bauen. Damm, Becken und Ufer vielfältig gestalten (aber kein Pseudo-Öko-Design!), um die Lebensraumvielfalt zu erhöhen. Umgebung nicht intensiv nutzen, Besucherlenkung.

Oben rechts: Größere Wasserrückhaltebecken entwickeln sich mitunter zu wichtigen Wasservogelrastplätzen. Eine typische Vertreterin ist die Reiherente.
Oben: Breitblättriger Rohrkolben
Rechts: Durch entsprechende Gestaltung versucht man heute, die Hochwasserrückhaltebecken besser in die Landschaft einzupassen.

Karte oben links: Beispiele für Hochwasserrückhaltebecken im Bereich der Ostalb

Flußstausee

Anthropogener Stausee

Kennzeichen: Langes, oft über mehrere Kilometer sich ziehendes, von einem Wehr aufgestautes Gewässer, meist in Verbindung mit einem Flußkraftwerk (im Hauptschluß) oder einem Ausleitungskraftwerk (im Nebenschluß), auf Binnenschiffahrtsstraßen auch mit Schleusen. Ufer zumindest im Wehr-/Schleusenbereich mit Beton und Spundwänden verbaut.

Verbreitung/Vorkommen: An fast allen größeren und kleineren Flüssen.

Insbesondere die aus den Alpen gespeisten Flüsse wurden zu einer Kette von Stauseen umgebaut. Hier die Lechstaustufe 23 südlich von Augsburg.

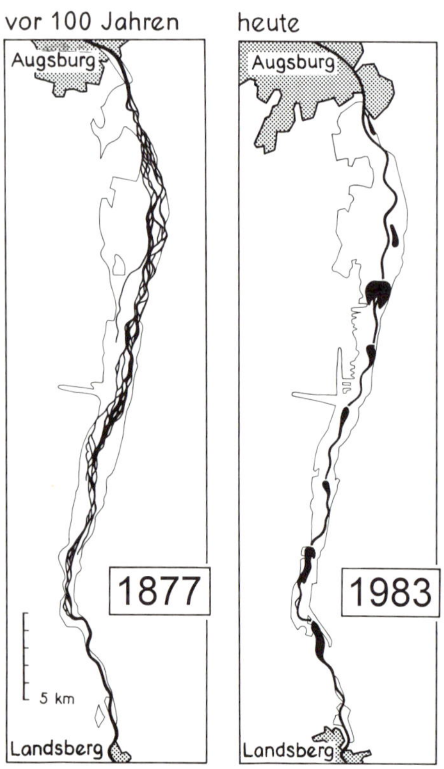

Innerhalb von knapp 100 Jahren wurde der Lech zwischen Landsberg und Augsburg von einem Wildfluß zu einer Stauseekette umfunktioniert.

Standortmerkmale: Flußstauseen sind Zwitter aus Fließ- und Stillgewässer, Wasser schwach strömend bis fast stagnierend, das Flußwasser geht über Absturz oder durch eine Turbine. Stauwasserspiegel oft weit über dem umliegenden Gelände, wegen Abdichtung keine Beziehung zum Grundwasser der Aue. Bei Schwallbetrieb des Kraftwerks sehr starke und kurzfristige Wasserspiegelschwankungen.
Hohe Sedimentation, Verlandung, Schlammbildung. Flußstau ist Geschiebefalle, am Rhein deshalb künstliche Geschiebezugabe unterhalb der Staustufe Iffezheim.
Häufig eutroph, Sauerstoff-Defizit im tieferen Wasser, Schwefelwasserstoffbildung, Rücklösung von Nährstoffen aus Sediment.

Charakteristische Arten: Es siedeln sich stagnophile, also für Fließgewässer atypische Organismen an. Bei eutrophen Verhältnissen hohe Phytoplanktonproduktion. Im Uferbereich Gelbe Teichrose *(Nuphar lutea)*, z. T. Massenvermehrung eutraphenter Arten, z. B. vom Ährigen Tausendblatt *(Myriophyllum spicatum)*.
Typische Wasservögel: Tafelente, Reiherente.

Nutzung: Energieerzeugung, Wasserhaltung für Binnenschiffahrt, Wasseraufbereitung durch Sedimentation und Abbauvorgänge (z. B. bei den Ruhrstauseen in Nordrhein-Westfalen). Erholung, Wassersport, Tourismus.

Ökologische Bedeutung: Reinigung des Wassers durch Sedimentation. Große Flußstauseen sind bedeutende Lebensräume für Wasservögel als Mauserplatz für Durchzugs- und Überwinterungsgäste. Beispiel Innstauseen in Bayern/Österreich: Beobachtet wurden schon bis zu 13 000 Tafelenten, 20 000 Reiherenten, 4 000 Schellenten, 13 000 Kampfläufer. In Baden-Württemberg sind die Flußstauseen an Rhein und Donau ne-

Flußstauseen sind ebenso wie große Rückhaltebecken oft Rast- und Überwinterungsplatz verschiedener Entenarten. Im Gegensatz zu natürlichen Seen frieren sie auch in kalten Wintern selten vollständig zu.

ben dem Bodensee die wichtigsten Lebensräume für Wat- und Wasservögel. Stauseen vernichten jedoch andere Primär-Lebensräume (z. B. Auwälder). Die Bedeutung ist daher kein Argument für weitere Anlagen.

Gefährdung: Akkumulation von belasteten Schlämmen, die als Sondermüll beseitigt werden müssen.
Von den Flußstauseen gehen Gefährdungen aus: Der Wasserhaushalt der Auen wird nachhaltig sehr negativ beeinflußt, die Aue ist abgekoppelt. Das Wehr ist eine unüberwindbare Barriere für Fließwasserorganismen. Viele Tiere kommen in den Kraftwerksturbinen um.

Schutz und Pflege: Gestaltende Elemente einbringen (allerdings nur sehr beschränkt in schiffbaren Flüssen möglich), breite Stauwurzel schaffen, Belüftung. Müssen evtl. ausgeräumt werden zur Erhaltung der Nutzungsfunktion.

Talsperre

Anthropogener Rinnensee

Kennzeichen: Bis zu mehrere hundert Hektar großes, langgezogenes, auch stark verzweigtes Gewässer in Tallage, aufgestaut mit Steinschüttdamm, Erddamm (ältere Talsperren) oder Beton-Staumauer, überwiegend steile Ufer. Manchmal Vorsperre mit konstantem Wasserspiegel im Zulauf vorgeschaltet.

Verbreitung / Vorkommen:

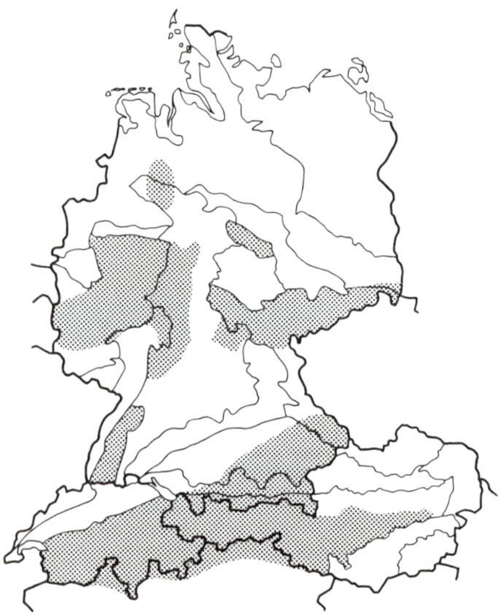

Standortmerkmale: Sehr großes Wasservolumen im Verhältnis zur zufließenden Wassermenge, Wassertiefe nimmt von der Stauwurzel zur Staumauer sehr stark zu, in der Regel häufig hohe Wasserspiegelschwankungen. Wasserabgabe ist gesteuert, dosiert, im Grundablaß wird meist Tiefenwasser abgezogen, d. h. das Hypolimnion wird entfernt. Im Vorbecken schlammiges Sediment, in der Talsperre sehr unterschiedlich, Mächtigkeit an der Stauwurzel und an der Staumauer am größten.
Je nach Einzugsgebiet und Nutzung der Sperre ist der Gütezustand verschieden: In Trinkwassertalsperre oligo- bis mesotroph, im Energiewasserspeicher eher eutroph. In Vorsperren können bis zu 90 Prozent des Phosphors zurückgehalten werden. Die Güte verbessert sich von der Stauwurzel zum Damm kontinuierlich. Talsperren haben seeähnliche Eigenschaften bezüglich Stagnation, Zirkulation, Sauerstoffhaushalt usw.

In den Alpen sind zahlreiche Gletscherseen zu großen Talsperren aufgestaut worden. Dieser schwerwiegende Eingriff in den Naturhaushalt verändert die Hochgebirgswelt nachhaltig.

Charakteristische Arten: Kaum Ausbildung einer Uferzonation wegen der Wasserstandsschwankungen, oft völlig kahle Uferpartien. An Pflanzen fast nur Phytoplankton, auf den entblößten Ufern können sich Ruderalfluren entwickeln mit Persischem Knöterich (*Polygonum persicaria*), Spießmelde (*Atriplex hastata*), Wasserkresse (*Rorippa amphibia*) u. a. Häufige Fische sind Brasse und Plötze (eingesetzt), an Vögeln finden sich verschiedene Entenarten, Haubentaucher, Höckerschwan.

Nutzung: Meist Mehrfachnutzung: Trinkwasserspeicher, Energieerzeugung, Hochwasserschutz, Speicher für Binnenschiffahrt, Speicher für Bewässerung landwirtschaftlicher Flächen, Zuschußwasserbereitstellung zur Niedrigwasseraufhöhung in Fließgewässern, Kühlwasser für Kraftwerke, Erholung, Tourismus, Wassersport, Sportfischerei.

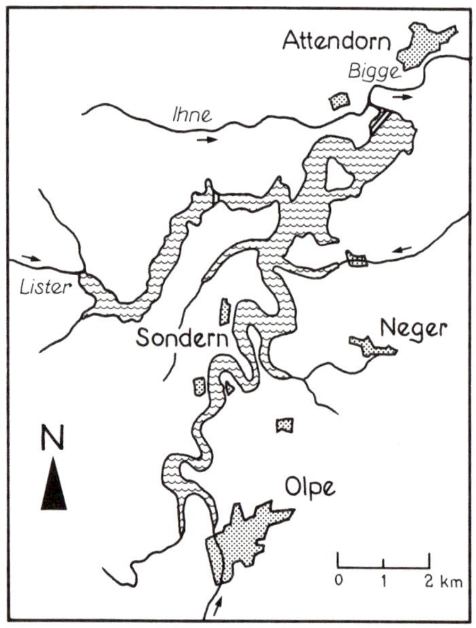

Bigge-Talsperre im Sauerland

Ökologische Bedeutung: Nur einige wenige Talsperren haben eine gewisse Bedeutung für Wasservögel erlangt, z. B. die Möhnetalsperre in Nordrhein-Westfalen. Die meisten Sperren liegen abseits der Vogelfluglinien.

Gefährdung: Nährstoffeinträge aus Siedlung und Landwirtschaft. Gefährdung durch Talsperren: Unterbrechung des Fließwasser-Kontinuums, Barriere, Veränderung des Stoffhaushalts, wegfallende Auendynamik im Unterwasser.

Schutz und Pflege: Nährstoffeinträge minimieren, Pflichtabgabe an Unterwasser mit Hochwasserdynamik, Lenkung des Freizeit-Betriebs, keine weiteren Talabriegelungen.

Rechts: Entwickeln sich in Talsperrenbereichen naturnahe Ufer, siedeln sich dort auch Haubentaucher an.
Unten: Eine der ersten Talsperren in Deutschland: die Schwarzenbach-Talsperre im Nordschwarzwald.

Klärteich

Teich

Kennzeichen: Meist Gruppe von mehreren flachen, im Umriß rechteckigen, kleinen Gewässern in Siedlungsnähe. Auffallend üppiges Pflanzenwachstum. Oft eingezäunt.

Verbreitung / Vorkommen: Sehr unspezifisch.

Standortmerkmale: Oft schubweise Beschickung mit mehr oder weniger vorgeklärtem Abwasser, das die Teichanlage nach vorgegebenem Weg durchläuft, Ablauf mündet in natürliches Fließgewässer.
Substrat: organischer, sauerstofffreier bis -armer, hocheutropher Schlamm, Wasser eu- bis polytroph, manchmal belüftet, völlig unausgeglichener Stoffhaushalt.

Charakteristische Arten: Flora und Fauna überwiegend bestimmt von Allerweltsarten, nicht sehr reichhaltig, eutraphent.
Dichte Algenpopulationen, Wasserlinsen *(Lemna sp.)*, Rohrkolben-, Flechtbinsen- und Wasserschwaden-Röhrichte, Zweizahn-Arten *(Bidens sp.)*, Wasserdarm *(Myosoton aquaticum)*.
Typische Schlammbodenbewohner Rädertierchen (Rotatorien), Schlammröhrenwürmer *(Tubificiden)* und Wenigborster *(Oligochaeten)*.
Die unteren Teiche einer Kette können für Amphibien sehr interessant sein. Entenvögel, Watvögel.

Nutzung: Abwasserreinigung und -aufbereitung, Puffer für Vorfluter, Fischzucht.

Ökologische Bedeutung: Lebensraum für wenig anspruchsvolle aquatische Organismen, oft einzige Gewässerbiotope weit und breit, z. B. im Siedlungsbereich. Uferflora ist Nahrungsquelle für Blütenbesucher, kann Trittsteinbiotop sein. In Einzelfällen sehr hochwertig für Wat- und Wasservögel, Beispiel Klärteiche einer Zuckerfabrik in Waghäusel / Baden-Württemberg: unter der sehr artenreichen Avifauna Purpurreiher (10 Brutpaare), Flußregenpfeifer (15 Brutpaare), von internationalem Rang!

Gefährdung: Hygienische Probleme: Krankheitsbefall von Vögeln (Botulismus), zu intensive Fischzucht.

Schutz und Pflege: Großzügig Flächen bereitstellen, differenzierte Nutzung und Beschickung, keine intensive Pflege, umgebende Brachflächen miteinbeziehen.

Klärteiche werden sinnvollerweise den technischen Kläranlagen nachgeschaltet.

Klärteiche können sich zu hochinteressanten Lebensräumen entwickeln, wenn nicht zuviele Schadstoffe eingetragen werden.

Selbst in Klärbecken von technischen Kläranlagen kann man öfters Stockenten beobachten. Sie sind »Allerweltsbewohner« unserer Seen, Teiche, Tümpel und anderen Stillgewässer.

Parkteich

Teich

Kennzeichen: Eher kleines, flaches Gewässer mit unregelmäßiger, geschwungener oder auch streng geometrischer Form, Ufer oft befestigt mit Holzpfählen, Holzgeflecht oder Rasengittersteinen, nicht selten mit Wasserspiel oder Wasserfontäne. Auffallend hohe Wasservogelbestände, auf dem Wasser schwimmende Futterreste, trübe, intensive Erschließung des Ufers mit Wegen und Ruheplätzen, gruppenweise Bepflanzung.

Oben: Viele Parkteiche entwickeln sich allmählich in Mitteleuropa zur Heimat exotischer Tierarten. So finden sich mitunter nordamerikanische Rotwangenschildkröten, die von unverantwortlichen Zeitgenossen ausgesetzt wurden.

Die Ansammlung von vielen Wasservögeln, wie hier am streng architektonisch angelegten Teich des Nymphenburger Schlosses in München, ist auf das Füttern durch Spaziergänger zurückzuführen.

Verbreitung/Vorkommen: In allen Städten, Kurorten und größeren Gemeinden.

Standortmerkmale: Oft nur sehr spärlicher oder gar kein Zufluß, kaum Wasserspiegelschwankungen, da durch Wasserregulierung keinerlei Hochwässern ausgesetzt. Geringer Wasseraustausch, im Winter ganz oder fast durchfrierend.
Substrat: eutropher Faulschlamm, schwefelwasserstoffhaltig, Schlamm muß immer wieder ausgeräumt werden.
Eutroph bis polytroph (durch Zulauf, Fütterung, Vogelkot), sehr labiler Stoffhaushalt, große Tag/Nacht-Schwankungen bei Temperatur und Sauerstoff, leicht alkalisch, Sauerstoffeintrag durch Wasserspiel.

Charakteristische Arten: Es gibt in Parkteichen keine funktionierende Nahrungskette. Hohe Blaualgen-Dichte (z. B. der Gattung *Microcystis*), Krauses Laichkraut (*Potamogeton crispus*), Wasserlinsen (*Lemna sp.*), Hornblatt (*Ceratophyllum demersum*), Zier-Seerosen (*Nymphaea sp.*), im Uferbereich typisch Gelbe Schwertlilie (*Iris pseudacorus*), Panaschiertes Rohrglanzgras (*Phalaris arundinacea var. picta*), Baumweiden, Pappeln, Erlen. Beim Zooplankton vorwiegend Rädertierchen (*Rotatorien*), die von Karpfen und Goldfisch gefressen werden, deshalb keine ausreichende Regulation der Algen. An Vögeln Stockente, Teichralle, Bläßhuhn, Höckerschwan und Ziergeflügel, außerdem ausgesetzte Schmuckschildkröten.

Nutzung: Naherholung, beobachten, »Natur« erleben.

Ökologische Bedeutung: Nur sehr gering, aber wichtige Funktion für Stadtbewohner. Oft erste Kontaktstelle für Kinder und Jugendliche zum Element Stillgewässer.

Gefährdung: Übernutzung, extreme Eutrophierung durch Fütterung von Vögeln und Fischen, hygienische Probleme für Tiere.

Schutz und Pflege: Ruhezonen schaffen ohne Erschließung und Pflege, regelmäßige Entschlammung.

Es liegt ganz in der Hand der Landschaftsgärtner und Landschaftsplaner, wie sich Parkteiche entwickeln. Auch wenn sich wie hier gezüchtete Wasserpflanzenarten präsentieren, kann doch ein Stück Natur in den besiedelten Raum geholt werden.

Naturschutzweiher/-teich, »Feuchtbiotop«

Anthropogener Tümpel oder Teich

Kennzeichen: Kleines, flaches, recht junges Gewässer mit mehr oder minder regelmäßigem Umriß, nur durch Ausheben entstanden oder aber mit kleinem Damm aufgestaut, oft mit Insel. Flachufer, tiefe Stelle, damit das Gewässer nicht ganz durchfriert. Teilweise als Ausgleichsmaßnahme angelegt. Abart bei extremem Gestaltungsdrang und Schauen auf Öffentlichkeitswirkung: Alibi- oder Polittümpel.

Verbreitung/Vorkommen: Weit gestreut, jedoch meist in urban geprägten Gegenden.

Standortmerkmale: Oft ohne oberirdischen Zu- und Ablauf, Regenwasserspeisung und diffuser Oberflächenabfluß, schwankender Wasserspiegel, auch austrocknend.
Untergrund aus Lehmschicht (»Lehmschlag«), aber auch Beton oder Folie oder aber im Grundwasser liegend. Meso- bis eutroph, polymiktisch, starke Tag/Nacht-Amplitude bei Temperatur und Sauerstoffgehalt.

Charakteristische Arten: Meist sind einige Pflanzen- und Tierarten eingesetzt.
Typische Pflanzen: Gelbe Teichrose *(Nuphar lutea)*, Weiße Seerose *(Nymphaea alba)*, am Ufer Gelbe Schwertlilie *(Iris pseudacorus)*, Sumpfdotterblume *(Caltha palustris)*, Igelkolben *(Sparganium sp.)*, Flatterbinse *(Juncus effusus)*, Fröschlöffel *(Alisma plantago-aquatica)*, verschiedene Röhrichtarten (Schilf, Rohrkolben, Rohrglanzgras).
Es kann sich eine große Vielfalt an Wassertieren einstellen: Insekten, Spinnen, Krebse usw. Fische werden meist nicht eingesetzt, werden also allenfalls durch Wasservögel eingebracht. Amphibien: je nach regionalem Vorkommen Grünfrösche, Grasfrosch, Erdkröte, Teichmolch, Bergmolch, sogar Geburtshelferkröte und andere. Von den Libellen fast immer die Hufeisen-Azurjungfer *(Coenagrion puella)*.

Ganz oben: Sumpfdotterblume. Sie können bis zu 70 Jahre alt werden!
Mitte links: Gelbe Teichrose
Mitte rechts: Gelbrandkäfer gehören zu den schnellen Besiedlern von Naturschutzweihern.
Ganz Links: Durch gezielten Schutz und Neuanlage von Feuchtbiotopen können manche Arten – wie der Laubfrosch – vielleicht aus den Roten Listen herausgeholt werden.
Links: Stockentenweibchen in einem gänzlich mit Wasserlinsen bedeckten Naturschutzweiher.

»Naturschutzweiher« werden oft als Ausgleich für Eingriffe an anderer Stelle angelegt.

Nutzung: Naturbeobachtung, Biotopvernetzung.

Ökologische Bedeutung: Ersatz- und Refugial-Lebensraum für Amphibien und Libellen, insbesondere in ausgeräumten Landschaften. Für den Wert des Gewässers sind die Größe und die Umgebungsfaktoren entscheidend. Die Bedeutung der Naturschutzweiher wird oftmals etwas überschätzt. Als Beitrag zur Umwelterziehung für erste Naturstudien jedoch sehr wertvoll.

Gefährdung: Externe Einflüsse wie Eutrophierung, Tritt, aber auch zu intensive Pflege und Einbringen von fremden Floren- und Faunen-Elementen.

Schutz und Pflege: Erhaltung, keine oder nur mäßige Anpflanzungen, nur heimische Arten, allenfalls behutsame Pflege, die Natur sich selbst entwickeln lassen.

Folienteich oder -tümpel

Tümpel

Kennzeichen: Kleines, flaches, noch junges, rundlich bis unregelmäßig geformtes Gewässer auf Privatgrundstücken oder in öffentlichen Anlagen, oft auffällige Pflanzenartenvielfalt, bepflanzt nach Katalog.

Verbreitung/Vorkommen: Überall, besonders in städtischen, aber auch urban geprägten ländlichen Neubausiedlungen.

Standortmerkmale: Entweder nur gespeist von Regenwasser und diffusem Oberflächenwasser, dann erhebliche Wasserstandsschwankungen, oder aber Wasserspiegel stabilisiert durch Zufuhr von Dachabwasser und/oder Leitungswasser, kein offener, permanenter Zu- und Abfluß.
Substrat: eingebrachtes Material über der Folie, meist Kies oder Sand, aber auch ohne Substrat, Ufer aus Kies, Wasser meso- bis eutroph.

Oben: Typischer Folientümpel – mittlerweile zu Tausenden in Vor- und Hintergärten zu finden.
Links: Ist die Umgebung von Siedlungsbereichen noch einigermaßen intakt, stellen sich unter Umständen Amphibien – wie die Erdkröten – von selbst ein. Keinesfalls dürfen sie der Natur entnommen und in die Folientümpel eingesetzt werden.

Der Plattbauch (männlich) findet von allen Libellen am schnellsten und sichersten die Folientümpel.

Charakteristische Arten: Meist viele attraktive Pflanzen aus der Staudengärtnerei, eingebracht im Container: Seerose *(Nymphaea x Rosennymphe)*, Hechtkraut *(Pontederia cordata)*, Schwanenblume *(Butomus umbellatus)*, Pfeilkraut *(Sagittaria sagittifolia)*, Tannenwedel *(Hippuris vulgaris)*, Wasserhyazinthe *(Eichhornia crassipes)*, Kalmus *(Acorus calamus)*, Hängesegge *(Carex pendula)*.
Fische: Goldfisch.

Nutzung: »Natur«beobachtung, Belebung des Gartens. Imagepflege im Zuge der Ökowelle.

Ökologische Bedeutung: Lebensraum für einige aquatische Organismen, pädagogischer Wert.

Gefährdung: Exzessives Öko-Design, Zu-Tode-Päppeln. Gefahr durch Folientümpel: Einbringen von erwachsenen Amphibien, die entweder zu Tode kommen oder abwandern (Fangen und Einsetzen von Amphibienarten ist streng verboten!).

Schutz und Pflege: Moderate Pflege.

Mergelkuhle

Anthropogener Tümpel, Pseudosoll

Kennzeichen: Kleines, etwa viereckiges, flaches Gewässer auf Kuppen oder in Hanglage, eine Seite flach zum besseren Materialabtransport.

Verbreitung/Vorkommen: In der norddeutschen Jungmoränenlandschaft an Stellen, wo kalkhaltiger Geschiebemergel ansteht.

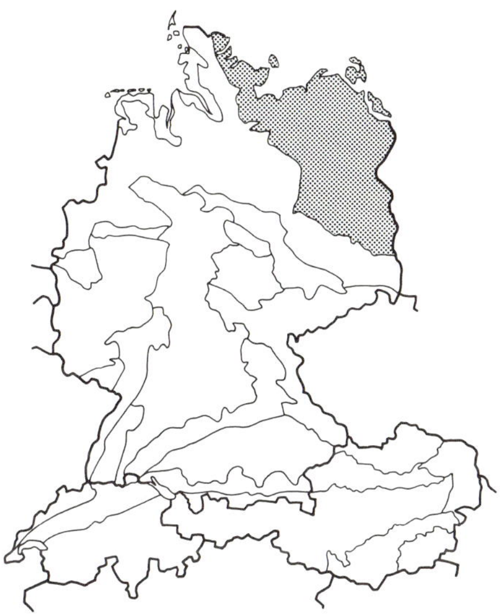

Oben: Abgrabungen von Sand, Kies, Ton und Mergel bieten Spezialisten einen wichtigen Lebensraum, weil sie unbewachsene Flächen vorfinden.
Links: Viele Abbaustätten sind letzte Zufluchtstätten für Wechselkröten und andere gefährdete Amphibienarten.

Standortmerkmale: Praktisch ohne Einzugsgebiet, nur Regenwasserspeisung, stark schwankender Wasserspiegel, auch austrocknend.
Substrat: früher mineralisch, heute schlammig, Wasser eutroph bis polytroph, Temperatur und Sauerstoff-Gehalt stark schwankend.

Charakteristische Arten: Schwimmendes Laichkraut *(Potamogeton natans)*, Stumpfblättriges Laichkraut *(Potamogeton obtusifolius*, nur in tieferen Kuhlen), Kanadische Wasserpest *(Elodea canadensis)*. Verschiedene Amphibien, Wasserflöhe, Hüpferlinge usw.

Die Kanadische Wasserpest bildet oft Massenbestände.

Nutzung: Keine traditionelle Nutzung mehr (Mergelgewinnung), allenfalls noch Viehtränke oder Fischteich.

Ökologische Bedeutung: Oft einzige aquatische Lebensräume in ausgeräumter Agrarlandschaft, gewisse spezielle Bedeutung für Amphibien. Die Kuhlen tragen starke individuelle Züge, ästhetischer Wert.

Gefährdung: Auffüllung, Trockenlegung, Polytrophierung.

Schutz und Pflege: Unbedingter Erhalt des Bestandes, Wiederherstellung, durch Ausräumung offenhalten.

Torfstich

Anthropogener Tümpel oder dystopher Flachsee

Kennzeichen: Sehr kleines bis größeres, meist rechteckiges, dunkelbraunes Gewässer mit steilen Ufern, flach (Handtorfstich) oder wenige Meter tief (Maschinentorfstich).

Verbreitung/Vorkommen: In manchen Moorgebieten gehäuft, jedoch insgesamt nicht häufig.

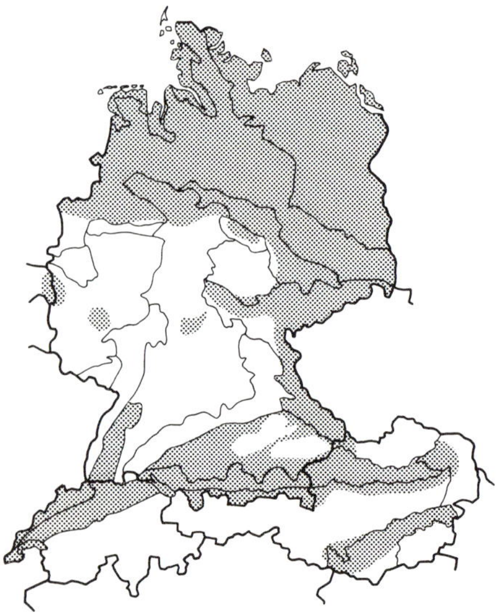

Standortmerkmale: Stagnierendes Moorwasser im Moorwasserspiegel, mit oder ohne Anschluß an mineralisches Bodenwasser, kein Zu- und Abfluß, geringe Wasserstandsschwankungen.
Substrat: Torfschlamm, Torfmudde, Wasser dystroph, braun, oligotroph-kalkarm (z. B. in Hochmooren) bis eutroph-kalkreich (in Kalkniedermooren), schlechter Lichthaushalt, geringer Sauerstoffgehalt, starke Temperaturschwankungen, pH sauer bis neutral.

Oben: Bäuerlicher Torfstich: Die Torfsoden sind oberhalb der Torfstichkante zum Trocknen aufgestapelt.
Mitte links: Krebsschere. Eine Wasserpflanze, die nur zur Vegetationszeit an die Wasseroberfläche aufsteigt.
Mitte rechts: Binsenjungfer
Unten: Sich selbst überlassene flache Torfstiche gehen allmählich in ein Großseggenried über.

Alter, kleinbäuerlicher Torfstich in einem teilentwässerten Hochmoor.

Charakteristische Arten:
Wasserpflanzen: Wasserfarn *(Riccia fluitans)*, Südlicher, Kleiner und Mittlerer Wasserschlauch *(Utricularia australis, minor* und *intermedia)*, Dreifurchige Wasserlinse *(Lemna trisulca)*, Schwimmendes Laichkraut *(Potamogeton natans)*, Krebsschere *(Stratiotes aloides)*, also in erster Linie schwebende und schwimmende Pflanzen. Im Uferbereich keine spezifische Flora, nicht selten Ufersegge *(Carex riparia)* und andere Großseggen.
Fische: Moderlieschen, Bitterling, der seine Eier mit Hilfe einer Legröhre in der Teichmuschel ablegt, die Teichmuschel brütet die Eier aus. Amphibien: Moorfrosch, Grünfrösche und andere. Vögel: z. B. Zwergdommel, Teichrohrsänger. Libellen: Speer-Azurjungfer *(Coenagrion hastulatum)*, Kleine Binsenjungfer *(Lestes virens)*.

Nutzung: Selten noch Torfabbau, heute entweder keine Nutzung oder Sportfischerei.

Ökologische Bedeutung: Kann sehr groß sein, wenn keine Eingriffe mehr stattfinden, insbesondere für verschiedene Libellenarten, aber auch für Amphibien, Fische, wasserschwebende Pflanzen (sogenannte *Pleustophyten)*.

Gefährdung: Auffüllung, Einleiten von eutrophem Wasser, Intensivierung im Zuge einer fischereilichen Nutzung mit Kalkung, Düngung und Fütterung.

Schutz und Pflege: Restaurierung durch Entfernung mineralischen Materials (z. B. Bauschutt), kein Angelsport, keine Fischereiwirtschaft, allenfalls sehr extensive Nutzung.

Baggersee

Anthropogener Flachsee

Kennzeichen: Kleinere oder größere, meist zu mehreren beieinanderliegende, im Umriß geometrische, überwiegend steilufrige, klare bläuliche bis grünliche Gewässer, umgeben von Rohböden. Alte Baggerseen sind eher unregelmäßig geformt, flachufrig, tümpelähnlich und kleiner als neue.

Verbreitung/Vorkommen: Sander/Niederterrassenschotter, Flußauen.

Standortmerkmale: Entstanden durch Naßbaggerung, reiner Grundwassersee, selten mit Zu- und Abfluß (die dann immer künstlich gezogen wurden), Kommunikation mit dem Grundwasserstrom, Wasserspiegel mit etwas Verzögerung mit dem Grundwasserspiegel schwankend. Alte Baggerseen können zum Grundwasser hin abgedichtet sein (wie eine »Badewanne«).
Substrat kiesig-sandig, bei alten abgedichteten Seen auch schlammig. Wasser nach der Baggerung oligotroph, auch etwas stickstoffreich, mit geringer Produktion, Kalkgehalt unterschiedlich. Sauerstoff- und Temperatur-Haushalt wie bei einem natürlichen See. Viele Baggerseen sind rasch gealtert, d. h. eutrophiert durch menschliche Einwirkungen.

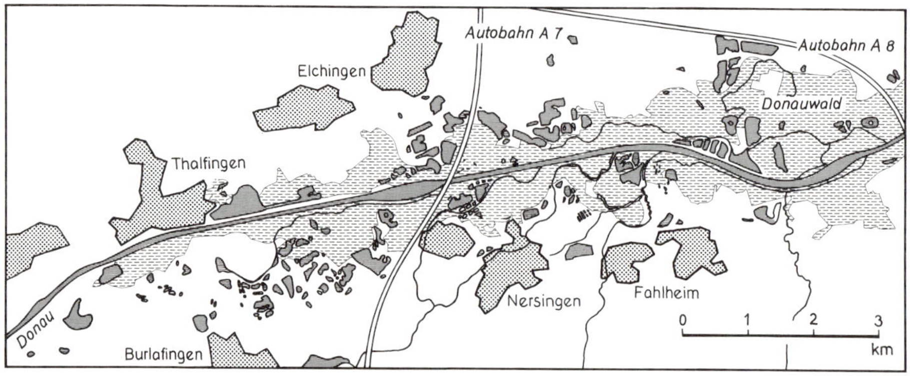

Ganz oben: Beispiele für Baggerseen im Bereich des Donauabschnitts der Schwäbischen Alb

Oben: Naßbaggerungen sind heute Großbaustellen. Für gefährdete Tier- und Pflanzenarten sind sie während dieser Zeit nicht nutzbar.
Links: Die Tatsache, daß sich Kiesgruben mitunter zu wertvollen Ersatzlebensräumen entwikkeln, rechtfertigt nicht generell den Kiesabbau, weil damit auch schwerwiegende Eingriffe in den Grundwasserhaushalt vorgenommen werden.
Rechte Seite oben: Die Flußseeschwalbe hat oft nur noch in Baggerseegebieten eine Chance.
Rechts: Die Kreuzkröte besiedelt fast nur noch Sekundärlebensräume wie Kiesgruben.

Charakteristische Arten: Junge Baggerseen sind sehr artenarm, typisch die Armleuchteralgen *Nitellopsis obtusa, Chara hispida* und andere, Tannenwedel *(Hippuris vulgaris)*, Nadelbinse *(Eleocharis acicularis)* und Pillenfarn *(Pilularia globulifera)* im flacheren Wasser, die beiden letzteren auch in den saureren Baggerseen der Geest. In der Umgebung viele einjährige Pflanzen wie z. B. das Kleine Tausendgüldenkraut *(Centaurium pulchellum)*. Häufige Amphibien sind Kreuzkröte und Bergmolch, häufige Libellen Plattbauch *(Libellula depressa)* und Kleine Pechlibelle *(Ischnura pumilio)*. Fischfauna fast ausschließlich durch Besatz bestimmt: zu Beginn Bach- und Regenbogenforelle, später Hecht und Karpfen und schließlich Zander im eutrophen Baggersee. Typische Vögel sind (bei nicht bewachsenen Baggerseen) Flußregenpfeifer und Uferschwalbe.

Rechts: Ältere Baggerseen sind in einen wichtigen Lebensraum eingebunden.

Nutzung: Freizeit, Wassersport, Baden, Angelsport.

Ökologische Bedeutung: Bei geringen Störeinflüssen oft exzellente Lebensräume für Wasserpflanzen, insbesondere die empfindlichen Armleuchteralgen, Amphibien, Libellen und Vögel, insbesondere auch die Uferschwalbe an den steilen Wänden. Die Kreuzkröte kommt großräumig nur noch in Kiesgruben mit Wasser vor! In mancher Beziehung – nicht pauschal – Ersatzlebensräume für natürliche Flußauen. Es fehlt jedoch deren Dynamik.

Gefährdung: Eutrophierung durch Landwirtschaft (auch über das Medium Grundwasser), Fütterung, Bade- und Freizeitbetrieb, oft völlige Vereinnahmung durch Erholungssuchende, Tritt, Lärm. Ein Baggersee ist ein Grundwasserfenster, eine Kontaminierung ist deshalb leicht möglich.

Schutz und Pflege: Einen Teil der Baggerseen nur für Naturschutzzwecke verwenden, alle Nutzungen fernhalten, keine Begrünungen vornehmen, Steilwände erhalten, blanke Kiesbänke lassen. Generell straffere Lenkung des Freizeit- und Angelbetriebs.

Braunkohlensee

Tagebau-Restgewässer, Anthropogener See

Hinter der stillen Idylle dieses Braunkohlensees verbirgt sich ein extrem saures und lebensfeindliches Gewässer.

Kennzeichen: Bis viele Quadratkilometer großes, meist tiefes, aber auch flaches, weitgehend steilufriges Gewässer von unregelmäßiger oder regelmäßiger Gestalt, Wasser etwas bräunlich. Vegetationsfreie Flächen im Uferbereich und im Umland, bei älteren, rekultivierten ist die planende Hand deutlich sichtbar.

Verbreitung / Vorkommen: Braunkohlen-Tagebaugebiete.

Standortmerkmale: Grundwassersee, manchmal auch mit künstlichem Zu- und Abfluß, Verhalten wie ein natürlicher See mit Schichtung, Zirkulation usw.
Substrat: anstehendes Material, im Lausitzer Gebiet insbesondere im Uferbereich lockerer Eisenhydroxid-Schlamm, Wasser oligo- bis mesotroph, im Rheinland und im Leipziger Raum sauer bis schwach sauer, in der Lausitz sind die jungen Braunkohlenseen extrem sauer (bis pH 2,9; das ist saurer als Essig!), die mehrere Jahrzehnte alten sauer. Durch Gipsauslösung im anstehenden Gestein sind alle Tagebauseen stark kalzium- und schwefelhaltig und extrem hart.

Charakteristische Arten: In den Essig-Seen der Lausitz kann in den ersten Jahren nur die äußerst anpassungsfähige Zwiebelbinse *(Juncus bulbosus)* existieren, und zwar auf dem Grund bzw. im Eisenhydroxid-Schlamm als Rasen, auf der Wasseroberfläche schwimmend und am trockenfallenden Ufer in terrestrischer Form, daran schließt sich die Flatterbinse *(Juncus effusus)* an, zunächst als Rasen und dann in horstiger Wuchsform. Mit der »Reifung« des Gewässers kommen nach und nach Bleichmoose (z. B. *Sphagnum cuspidatum)*, Kleiner und Ockergelber Wasserschlauch *(Utricularia minor* und *ochroleuca)*, das Knöterich-Laichkraut *(Potamogeton polygonifolius)*, der Kleine Igelkolben *(Sparganium minimum)* und als Röhrichtpflanzen am Ufer Rohrkolben *(Typha latifolia*, als Pionier), Flechtbinse *(Schoenoplectus lacustris)*, Sumpfbinse *(Eleocharis palustris)* und Schilf *(Phragmites australis)*.
In den rheinischen Seen geht die Besiedlung schneller. Als Pioniere treten Armleuchteralgen auf (z. B. *Chara contraria)* und wiederum Rohrkolben. In älteren Gewässern gibt es dann z. B. Massenbestände vom Ährigen Tausendblatt *(Myriophyllum spicatum)*. Typischer Fisch, wenn nicht besetzt wird: Gründling. Typische Amphibie: Wechselkröte. Typische Libellen: Becher-Azurjungfer *(Enallagma cyathigerum)* und Torf-Mosaikjungfer *(Aeshna juncea)*.

Nutzung: Erholung, Freizeit, Sportfischerei, Wassersport, Abwasserbeseitigung.

Ökologische Bedeutung: Zumindest über einige bis viele Jahre hinweg können Flora und Fauna ungestörte Sukzessionen durchlaufen, vom lebensfeindlichen »Rohgewässer« bis zu einer gewissen Reife. Auftreten einiger seltener Arten (säureverträglich, oligotraphent). Gewisse Bedeutung für Durchzügler und Überwinterer bei den Vögeln. Einige der Gewässer wurden von vornherein als Naturschutzgebiete geplant.

Gefährdung: Allenfalls Eutrophierung und Übernutzung, es entstehen fortwährend neue Braunkohlenseen. Gefährdung geht vom Braunkohlenabbau aus. In der Lausitz z. B. wurden zahllose natürliche, oligotrophe Heide- und Moorgewässer vernichtet. Von einem Ersatz kann nicht die Rede sein!

Schutz und Pflege: Einzelne Gewässer und größere Gewässerabschnitte völlig sich selbst überlassen.

Radspur, Wagenspur

Temporäres Kleinstgewässer

Kennzeichen: Mehr oder weniger tiefe, wassergefüllte Rinne (bis etwa 0,5 m) in bindigem Boden, über wasserstauendem Horizont oder in hoch anstehendem Grundwasser, weitgehend vegetationsfrei, oft trübe, Risse in austrocknendem Boden, meist im Wald gelegen. Große Ähnlichkeit mit Kleinsttümpeln, die nach Überschwemmungen entstehen.

Verbreitung/Vorkommen: Überall, wo Wege noch nicht befestigt sind und die Bodenverhältnisse bei Verdichtung den Wasserstau zulassen.

Standortmerkmale: Ohne Zu- und Abfluß, meist nur zusammengelaufenes Regenwasser, Wasserspiegel stark schwankend, austrocknend. Oft sehr feinkörniges Substrat, leicht in Suspension gehend, Rohboden, oligo- bis mesotroph.

Charakteristische Arten: Krötenbinse *(Juncus bufonius)*, Quirlige Knorpelmiere *(Illecebrum verticillatum* in saurem Sandboden), Armleuchteralgen, Sumpfquendel *(Peplis portula)*, Kleines Tausendgüldenkraut *(Centaurium pulchellum)*. Wasserläufer, Mückenlarven, Gelbbauchunke, Bergmolch, Fadenmolch.

Links oben: Wasserläufer
Links unten: Gelbbauchunken

Ökologische Bedeutung: Aquatischer Kleinstlebensraum von nicht zu unterschätzender Bedeutung, oft weit und breit einziger Feuchtbiotop. Einer der wenigen noch völlig spontan entstehenden Lebensräume. Vogelbad, Vogeltränke, Lehm für Schwalben zum Nestbau.

Gefährdung: Befestigung der Flur- und Waldwege, Planierung, falsch verstandener Ordnungssinn.

Schutz und Pflege: Keine Pflege erforderlich, Entstehungsbedingungen garantieren, Wald- und Feldwege naturnah belassen, nicht schottern und asphaltieren.

Wassergefüllte Baumhöhle

Phytotelme

Kennzeichen: Schwach bräunliches Wasser in abgesägten oder abgebrochenen Baum- und Aststümpfen und in Totholz (liegengebliebene bzw. vergessene Baumstämme nach Holzverkauf), Gewässer ohne Bodenkontakt.

Verbreitung / Vorkommen: In naturnahen Wäldern, in Nieder- und Mittelwäldern, an alten Wegen und Waldrändern, in Parks; gehäuft auf Buchen und Hainbuchen.

Standortmerkmale: Das »Gewässer« besteht aus Regenwasser und Stammablauf, angereichert mit verschiedenem Feinmaterial (z. B. Pollen, Algen, Flechtenbruchstücken) und Stäuben.
Substrat aus verrottetem Holz und allochthonem organischem Material.
Oft etwas bräunlich, eher schwach sauer bis sauer, sauerstoffarm, da nicht dem Wind ausgesetzt und keine grünen Pflanzen (Primärproduzenten) vorhanden, eutroph durch Auswaschung von Blättern und Stoffeintrag über Stammablauf, ohne Stammablauf weniger nährstoffreich, insgesamt jedoch geringe Biomasseproduktion, Belastung aus Stammablauf mit Schwermetallen und organischen Substanzen möglich, die in der rauhen Baumrinde akkumuliert werden. Im Gewässer manchmal, etwa nach starken Niederschlägen, Eiweißschaum von zerschlagenen Bakterien zu sehen.

Charakteristische Arten: Hierüber gibt es keine Untersuchungen. Wahrscheinlich nur Detritusfresser, also heterotrophe Organismen. Zuckmücken- und andere Mückenlarven, Fadenwürmer.

Ökologische Bedeutung: Aquatischer Kleinstlebensraum über der Erdoberfläche, Vogeltränke, Badeplatz.

Gefährdung: Forstwirtschaft, wenn Totholz bzw. kranke Bäume nicht geduldet werden, Baumpflege.

Schutz und Pflege: Totholz belassen, auch Altholz und kranke Bäume stehenlassen, Entstehungsbedingungen erhalten.

Ausgefaulte Baumhöhlen füllen sich oft mit Wasser und spielen in der Landschaft eine größere Rolle als sich das mancher so denkt. Denn in solchen »Mini-Feuchtbiotopen« leben viele Insektenlarven.

Gefährdung der Seen, Teiche, Tümpel und der anderen Stillgewässer

Eingriffe in den Wasserhaushalt

Intensive Nutzung

Stillgewässer auf der Roten Liste

Stillgewässer auf der Roten Liste

Seen, Weiher, Teiche und Tümpel stellen keine unveränderlichen Landschaftsbestandteile dar. Gletscher, Bergstürze, Hochwasser und Biber ließen und lassen sie teilweise auch heute noch immer wieder neu entstehen. Andererseits unterliegen sie einer Alterung, indem sie verlanden oder austrocknen. Unter natürlichen Bedingungen geschieht dies in meist langen Zeiträumen.
Nun haben wir Menschen schon von jeher die Stillgewässer bzw. deren Lebensgemeinschaften im Rahmen unserer jeweiligen Möglichkeiten genutzt. Zusätzlich entstanden und verschwanden durch sich ändernde Bedürfnisse immer wieder neue Stillgewässer. Dadurch war eine ständige Dynamik des Kommens und Gehens gewährleistet.

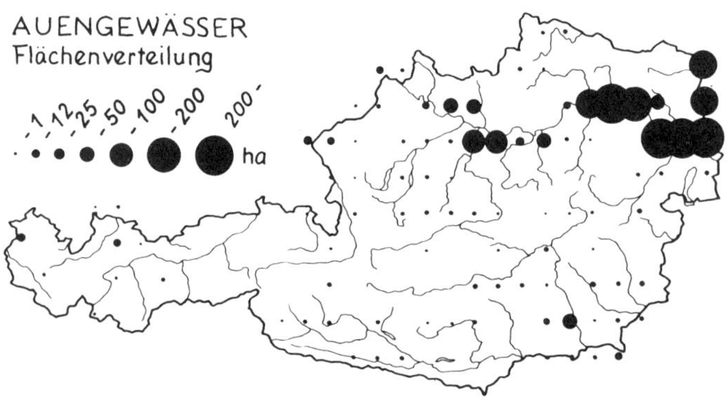

Unter den Einflüssen der industriellen Welt stieg die Tendenz zu Übernutzung und Mißbrauch der Stillgewässer jedoch sprunghaft an. Die intensive Nutzung der Umwelt wurde zur Gefährdung der Stillgewässer. Dabei liegt eine Gefährdung von Seen, Teichen und Tümpeln immer dann vor, wenn die Eingriffe des Menschen zu einer schädigenden, oft irreversiblen Belastung des ökologischen Gleichgewichts und damit zu einer vorschnellen Alterung oder sogar Zerstörung der Lebensräume und Lebensgemeinschaften führten. Nicht immer ist dies offensichtlich. Deshalb ist eine Erfassung der Gewässer und eine Bewertung ihres ökologischen Zustands unerläßlich. Nur so können mit Blick auf ihre Geschichte und ihre Individualität Gefährdungen erkannt werden.
Besonders stark gefährdet sind Auengewässer wie Altwässer und Auentümpel. 1989 gab es z. B. in Österreich noch 1469 Auengewässer mit einer Fläche von rund 2040 ha. Ein Zehntel des ursprünglichen Bestandes ist bereits zerstört. Nur noch ein Drittel wurde als naturnah eingestuft, zwei Drittel waren beeinträchtigt, wobei besonders gravierend ist, daß diese ärmlichen Reste der ehemals urwüchsigsten Landschaftsräume Europas durch Eindämmung der Fließgewässer ohne jegliche natürliche Dynamik waren. Die verbliebenen Auengewässer konzentrieren sich darüber hinaus auf einige große Flüsse wie Donau und March. Die kleineren Flüsse waren nämlich viel leichter zu zähmen. Neben dem Verlust der natürlichen Auendynamik waren vor allem Verfüllungen mit Müll, Austrocknung nach Grundwasserabsenkung, künstliche Abtrennung vom Fließgewässer und Straßenbau in der Aue für die Verluste verantwortlich.
Neben großen Stillgewässern sind auch kleine bedroht. So mußte im nordwestdeutschen Tiefland für das Meßtischblatt Metelen, ein Gebiet von 11 x 11 km Größe, ein Rückgang der Kleingewässer (Tümpel, Teiche, kleine Weiher) innerhalb von nur 23 Jahren (1963–1986) von über 40 Prozent festgestellt werden.
Auch von Menschenhand geschaffene Stillgewässer wie Teiche sind gefährdet, denn ihre Zahl und ihr Zustand hängen sehr stark von der wirtschaftlichen Entwicklung der Fischerei ab. Von rund 10 000 Teichen im Regierungsbezirk Mittelfranken waren 1988 nur noch etwa 10 Prozent für den Arten- und Biotopschutz von größerer Bedeutung. Der Rest war schon zu sehr durch intensive Fischwirtschaft und Nährstoffbelastung geschädigt. In der Tschechoslowakei bestanden 1980 noch Teiche mit einer Gesamtfläche von rund 52 500 ha. Das mag manchem als sehr viel erscheinen, doch waren es im 16. Jahrhundert, zur Blütezeit der spätmittelalterlichen Teichwirtschaft, rund 180 000 ha! Schon Karl der Große war ein großer Förderer der Teichwirtschaft.
32 Prozent der Pflanzenarten der alten Bundesländer Deutschlands gelten als verschollen oder gefährdet. Besonders bedroht sind die Arten der Gewässer (Still- und Fließgewässer). So stehen die Pflanzenarten der oligotrophen Gewässer mit rund 80 Prozent gefährdeten Arten an der Spitze der Liste, dicht gefolgt von den Arten der Schlammbodenvegetation (Teiche, Ufer etc.) mit 64 Prozent. Die Arten eutropher Gewässer sind immerhin noch zu 33 Prozent gefährdet.
Doch nicht nur einzelne Pflanzenarten sind gefährdet. Die Pflanzengesellschaften der Gewässer sind teilweise noch viel stärker bedroht. So waren in Vorarlberg (Österreich) 1986 von 52 Pflanzengesellschaften der Stillgewässer 30 gefährdet (58 Prozent). Bei einer durchschnittlichen Gefährdung aller dortigen Pflanzengesellschaften von 34 Prozent sind somit diese Pflanzengesellschaften besonders stark bedroht.

Die Gefährdung hat viele Ursachen

An erster Stelle steht die Veränderung des Wasserregimes (Entwässerung / Wasserspiegelsenkung, auch Anhebung des Wasserspiegels), dann folgt die rasante Eutrophierung und darauf die Verfüllung von Kleingewässern. Doch die Liste ist noch länger: Entkrautung der Gewässer, starker Badebetrieb, Wellenschlag der Motorboote, Aufhören gelegentlicher Bodenverwundungen, Gewässerverunreinigung und -versauerung, Abgrabungen, Uferverbau und Uferüberbauung usw.

Folgen der Gefährdung

Die Folgen der Gefährdung sind neben dem vollständigen Verlust dieser Biotope auch die zunehmende Schrumpfung. Verlust und Schrumpfung von Lebensräumen führen zu zunehmender Verinselung der übriggebliebenen Biotope und damit zu zunehmender Isolation der in ihnen beheimateten Lebensgemeinschaften. Rückgang der Populationsgrößen und Aussterben sind die Folge.

Waren früher die Eingriffe wegen ihres begrenzten Ausmaßes von den Gewässern z. B. aufgrund ihres Selbstreinigungsvermögens im Falle von übermäßigen Nährstoffeinträgen noch auszugleichen, so ist dies bei den industriellen Ausmaßen der heutigen Belastungen kaum mehr möglich.

Eutrophierung – Überdüngung der Gewässer

Nach mehreren Jahren verbrachte Jan Schröder mit seiner Familie wieder einmal den Sommerurlaub auf dem Land bei den Eltern. Die Stimmung war hervorragend, denn es herrschte hochsommerliches Badewetter. Klar, daß die Kinder hellauf begeistert waren, als er den Vorschlag machte, doch zum Baden an einen wunderschönen Natursee zu gehen, an dem er in seiner Jugendzeit im Sommer jede freie Minute verbracht hatte. Als sie den malerisch in einer hügeligen Landschaft liegenden See von weitem erblickten, fiel dem Städter auf, daß im Gegensatz zu früher nur wenige Badende zu sehen waren. Gut, daß wir so früh dran sind, freute er sich, dann werden wir schon weniger gestört. Doch welche Enttäuschung war es, als sie ausgerüstet mit Picknickkorb und Liegedecke ans Ufer kamen und auf dem Wasser dicke Algenschwaden entdeckten. Das Wasser glich einer trüben, braungrünen Suppe. Früher konnte man bis weit in den See hinein den Grund sehen, seufzte er. Jetzt waren die Pfosten des Stegs schon nach 30 Zentimetern nicht mehr zu sehen. Der Gürtel aus Teich- und Seerosen, deren Blüten dem See immer ein besonders malerisches Aussehen verliehen hatten, war fast vollständig verschwunden. Die Luft roch leicht modrig. Und nachdem die Kinder nicht weit vom Ufer sogar tote Fische treiben sahen, war die Badelust endgültig dahin.

Was war hier geschehen? Ein Schild, das sie etwas weiter am Ufer entdeckten, klärte sie auf: Wegen starker Eutrophierung und bakterieller Verseuchung Baden bis auf weiteres verboten.

Wenn ein See übersättigt ist

Unter der Eutrophierung von Stillgewässern verstehen wir das verstärkte Wachstum von Wasserpflanzen und Algen durch gesteigerte Zufuhr von Pflanzennährstoffen aus dem Einzugsgebiet. In der Regel stellt in aquatischen Systemen Phosphor, in geringerem Ausmaß bei Übersättigung mit Phosphor auch Stickstoff den Minimumfaktor für das Pflanzenwachstum dar.

Die Nährstoffzufuhr in ein Stillgewässer ist an sich ein Naturprozeß, da sie meist an landschaftlichen Tiefpunkten liegen, wo sie über Zuflüsse und das Grundwasser ständig eine Zufuhr von gelösten Pflanzennährstoffen und Sedimenten erhalten. Sie wirken gleichsam als »Nährstoff-Falle«. Aus einem in seiner Jugend noch nährstoffarmen (oligotrophen) Gewässer entsteht so nach und nach über verschiedene Übergangsstadien ein nährstoffreiches (eutrophes) Gewässer. Durch den Eintrag von abgeschwemmten Bodenteilchen und Pflanzenresten sowie durch die Sedimentation von im Gewässer selbst gebildeter, abgestorbener organischer Substanz verringert sich sowohl die Tiefe als auch die Wasserfläche eines Stillgewässers ständig, es verlandet. Am Ende des Verlandungsprozesses entsteht aus einem nährstoffreichen See schließlich ein Niedermoor. Die Verlandung ist somit das natürliche Schicksal aller stehenden Gewässer.

In fruchtbaren Landschaften mit relativ starker natürlicher Nährstoffzufuhr erfolgt die Verlandung schneller als in Landschaften mit nährstoffarmen Böden. Da die Stillgewässer nicht alle auf einmal entstanden sind und unterschiedlich schnell altern, können von Natur aus alle Altersstufen, also sowohl oligotrophe als auch mesotrophe und eutrophe Stillgewässer in einer Landschaft vorkommen.

Bei der unnatürlichen Eutrophierung handelt es sich jedoch um einen von der Industriegesellschaft im wesentlichen seit dem

II. Weltkrieg beschleunigten Prozeß. Dadurch kann der Ernährungszustand (Trophie) eines Stillgewässers innerhalb weniger Jahre und Jahrzehnte um mehrere Stufen angehoben werden, was sonst Jahrhunderte oder Jahrtausende dauern würde. Teilweise werden durch die Eutrophierung Nährstoffkonzentrationen und Trophiestufen erreicht, die von Natur aus in den jeweiligen Gewässern nicht erreicht werden könnten (polytrophes Gewässer).

Woher kommen die Nährstoffe?

Hauptursachen der vor allem in den letzten Jahrzehnten bedrohliche Ausmaße annehmenden Eutrophierung sind die immer dichtere Besiedlung Mitteleuropas, der gesteigerte Verbrauch von Phosphatwaschmitteln sowie die immer intensivere landwirtschaftliche Nutzung der Einzugsgebiete mit einer immensen Steigerung der Düngung.

Die Einträge können über Fließgewässer, Drainagen, unterirdische Zuflüsse und Sickerwässer in die Seen und Teiche gelangen. Punktförmige Quellen des Nährstoffeintrags sind dabei (heute meist gereinigte) Siedlungsabwässer aus Kläranlagen, ungereinigte Abwässer wie z. B. Regenüberläufe aus Mischwasserkanalisationen und Oberflächenentwässerungen aus überbauten, versiegelten Flächen. Daneben können bei Seen ohne oberirdischen Zufluß und mit nur kleinen Einzugsgebieten benachbarte Campingplätze ohne geregelte Abwasserbeseitigung, der Badebetrieb (Fäkalien), die übermäßige Fütterung von Fischen und Wassergeflügel, die Freiwassermast von Enten, der Eintrag von Fallaub sowie aus der Atmosphäre durch Staub und Niederschläge eine Rolle spielen. Diffuse Quellen sind vor allem in ländlichen Gebieten Auswaschungen aus landwirtschaftlichen Nutzflächen.

Gewässer dürfen nicht isoliert betrachtet werden. Weil die Natur auch im Kleinen keine Grenzen kennt, besteht durch intensive landwirtschaftliche Nutzung die Gefahr des Nährstoffeintrags in angrenzende Stillgewässer. In den Schutz von Seen, Teichen, Tümpeln und anderen Stillgewässern muß deshalb auch immer die Umgebung einbezogen werden.

Weitreichende Veränderungen im Ökosystem

Der übermäßige Eintrag von Pflanzennährstoffen führt zu schwerwiegenden Veränderungen des natürlichen ökologischen Zustands und damit zu erheblichen Veränderungen der Stillgewässer-Ökosysteme. Aus oligotrophen entstehen in relativ kurzer Zeit mesotrophe, aus mesotrophen eutrophe und aus eutrophen bei sehr starker Nährstoffzufuhr sogar polytrophe Gewässer.

Die Entwicklung ist dabei zunächst gekennzeichnet durch eine zunehmende »Verkrautung« der Gewässer. Die Pflanzen der Unterwasserwiesen aus Armleuchteralgen, Moosen, Brachsenkräutern oder Lobelien verschwinden, nährstoffbedürftigere Laichkräuter, Schwimmblatt- und Röhrichtpflanzen wachsen immer dichter. Dies mag zunächst nicht besonders bedrohlich sein. Doch können selbst bei relativ geringen Nährstoffschüben schon langsamwüchsige, besonders lichtbedürftige Arten bzw. solche, die an geringe Nährstoffversorgung angepaßt sind, von schnellerwüchsigen Arten verdrängt werden. Die Selbstreinigungsleistung der Gewässer steigt durch höhere Pflanzenoberfläche zwar zunächst an, denn an der Pflanzenoberfläche lebende Zooplankton-Organismen filtrieren organische Substanz aus dem Freiwasser und fressen sie auf.

Nimmt der Nährstoffeintrag jedoch weiter zu, so kann es zu Massenvermehrungen mikroskopisch kleiner, kurzlebiger Algen, des Phytoplanktons, und von größerwüchsigen Fadenalgen kommen, die als Wasserverfärbungen sowie als »Wasserblüten« sichtbar sind. Oft werden im Laufe einer Vegetationsperiode je nach ihren Ansprüchen an die Umweltverhältnisse unterschiedliche Algenarten dominant, so daß sich dann verschiedenfarbige Wasserblüten ablösen. Bestimmte Blaualgen verursachen eine blaugrüne Färbung des Wassers, andere sogar eine Rotfärbung (z. B. *Oscillatoria rubescens*; Burgunderblutalge). Die Algen steigen aufgrund ihrer eigenen Sauerstoffproduktion oft als sogenannte Watten an die Gewässeroberfläche (»sie rahmen auf«) und werden dann vom Wind an das Ufer getrieben, wo sie unter starker Geruchsentwicklung verfaulen und z. B. die empfindliche Ufervegetation (Strandrasen des Bodensees) zerstören können. Bei Badenden treten dann oft Reizun-

gen und Entzündungen der Haut (Dermatiden) auf, so daß derartige überdüngte Gewässer nicht mehr als Badegewässer genutzt werden können.
Bei starkem, konzentriertem Nährstoffeintrag entwickelt sich das Phytoplankton so reichlich, daß sich das Wasser trübt und in der Folge die Sichttiefe des Gewässers stark abnimmt. Durch Lichtmangel verschlechtern sich die Lebensbedingungen der untergetaucht wachsenden Wasserpflanzen. Schließlich sterben sie ab, und das Gewässer wird völlig frei von höheren Wasserpflanzen. Da das Phytoplankton nur relativ kurzlebig ist, sinkt ständig abgestorbene Biomasse, die von Bakterien unter Sauerstoffverbrauch (»Zehrung«) abgebaut wird, in das Tiefenwasser und auf den Gewässergrund. Insbesondere bei tiefen, geschichteten Seen kann es dabei zu Sauerstoffmangel im Tiefenwasser, beginnend über Grund, kommen. Einem biogenen Sauerstoffüberschuß in der noch lichtdurchfluteten Wachstumszone steht dann eine zunehmende Sauerstoffarmut in der dunklen Abbauzone gegenüber. Schließlich kann das Wasser sogar völlig sauerstofffrei werden. In eutrophen und polytrophen Gewässern bilden sich dann im Tiefenwasser und in den Sedimenten (Faulschlämme) durch anaerobe Fäulnisprozesse sogar giftige Abbaustoffe wie Methan, Ammoniak und Schwefelwasserstoff. Dadurch stirbt schließlich auch die Bodenfauna ab. Aufgrund des Sauerstoffmangels und der Freisetzung von Giftstoffen sterben die Fische. Das Gewässer »kippt um«. Dies ist besonders im Spätsommer und Herbst zu beobachten, wenn das Phytoplankton abstirbt und unter Sauerstoffverbrauch bakteriell zersetzt wird.

Steigerung der Eutrophierung durch »interne« Düngung (Selbstdüngung)

Die Eutrophierung durch Zufuhr von Nährstoffen aus dem Einzugsgebiet (allochthone Nährstoffzufuhr) kann durch interne Düngung (autochthone Nährstoffzufuhr) bei eutrophen und polytrophen Stillgewässern noch verstärkt werden. Dabei werden die im abgelagerten Schlamm gebundenen Nährstoffe bei Sauerstoffarmut des Tiefenwassers unter reduzierenden Verhältnissen chemisch remobilisiert und gelangen mit Wasserströmungen in die Aufbauzone, wo sie wieder für den Aufbau von Algenbiomasse zur Verfügung stehen. In geschichteten Seen erfolgt dieser Nährstofftransport bei der herbstlichen und frühjährlichen Zirkulation.
Eine besonders schnelle und starke interne Düngung erfahren ungeschichtete Flachseen in windexponierter Lage, da sie ständig durchwirbelt werden. Der Abbau erfolgt außerdem sehr schnell,

Selbst Quellteiche werden von Eutrophierung nicht verschont.

da durch die Verwirbelung immer genügend Sauerstoff und genügend hohe Wassertemperaturen für die Mineralisation der organischen Substanzen vorhanden sind. Meist ist dabei die Sauerstoffsättigung bis zum Grund sehr hoch, so daß wenig Nährstoffe im Grund festgelegt werden. Stillgewässer mit periodischer Zirkulation nehmen eine Mittelstellung ein.

Folgen der Eutrophierung für die Natur

Da in den vergangenen Jahrzehnten viele Stillgewässer durch Eutrophierung künstlich vorschnell gealtert sind, geht der Anteil oligotropher und mesotropher Stillgewässer immer stärker zurück. Je nährstoffärmer ein Stillgewässer, desto empfindlicher und folglich gefährdeter ist es. Bei gleicher Trophie hängt der Gefährdungsgrad von den besonderen morphologischen und hydrologischen Gegebenheiten ab. So sind flache Gewässer wegen den starkeren Auswirkungen interner Düngung empfindlicher als tiefe. Oligo- bis mesotrophe »Himmelsteiche« ohne Zufluß mit kleinem Einzugsgebiet sind besonders gefährdet.
Durch die Verschlechterung der Lebensbedingungen in bestimmten Gewässerteilen (Sauerstoffarmut in der Tiefenzone, Schilfsterben im Röhrichtgürtel) und durch die gesteigerte Verlandung schwindet der Lebensraum vieler Arten. Da sie sich in der kurzen Zeit der Eutrophierung nicht anpassen können, ist vielen Arten keine Fortpflanzung mehr möglich. Sie sterben aus. Insbesondere gefährdete Lebensgemeinschaften verarmen. Endstation der schnellen bzw. sogar stoßweisen Eutrophierung ist die vollständige biologische Verödung eines Gewässers.

Beispiel Fischbiozönosen

Durch die Eutrophierung oligotropher Salmoniden(Forellen)seen steigen zunächst zwar die Fangerträge an, da das Nahrungsangebot ansteigt. So lagen die mittleren jährlichen Erträge der Felchen im eutrophierten Bodensee um 50 Prozent höher als im früheren, noch oligotrophen Zustand. Mit weiter steigender Eutrophierung ändert sich dann jedoch allmählich die Artenzusammensetzung der Fische, so daß letztendlich die Fischfauna sogar in ehemaligen Salmonidengewässern von *Cypriniden* (Karpfenfische) beherrscht werden kann.
Ein Beispiel für die Folgen der Eutrophierung auf Fischbestände stellt auch der Chiemsee dar. Durch Eutrophierung des oligo- bis mesotrophen Gewässers zu einem eutrophen verbesserte sich die Nahrungsgrundlage der Fische nachhaltig.

Berufsfischererträge am Chiemsee (80,1 km²) nach KEIZ 1979 in Zott 1987 in kg/ha:

	1930	1940	1950	1960	1970	1980
Gesamtertrag	1,6	3,8	3,8	4,8	11,4	19,2
Renken	0,5	1,3	1,8	2,5	6,3	15,1

Beim Übergang vom eutrophen zum polytrophen Zustand nehmen dagegen die Fischerträge wieder drastisch ab, wie das Beispiel des Dümmers zeigte.

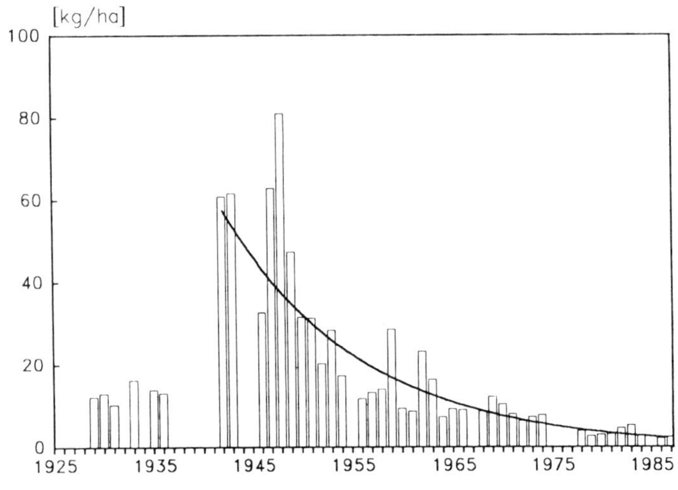

Fischereierträge 1929–1987 (aus: Ludwig 1992)

Folgen für die Nutzbarkeit durch den Menschen

Bei starker Eutrophierung von Stillgewässern leidet auch ihre Nutzbarkeit. Dies führt zu empfindlichen Beschränkungen wie z. B. des Badens, des Wassersports, der Trinkwassernutzung, der Fischerei (Rückgang empfindlicher, fischereilich wertvoller Fischarten, Dominanz weniger wertvoller Fische, Fischsterben) u. a.

Was bestimmt die Gefährdung durch Eutrophierung?

Viele Faktoren beeinflussen die Gefährdungsneigung von Stillgewässern durch die Eutrophierung. Besonders gefährdet sind Gewässer mit
- geringer Gewässertiefe,
- flachen Ufern,
- starker Uferentwicklung (zahlreiche Buchten),
- kleinem Hypolimnion,
- Nährstoff-Rücklösung durch anaerobes Hypolimnion,
- großem Einzugsgebiet,
- stark besiedeltem Einzugsgebiet,
- unzureichender Abwasserbehandlung im Einzugsgebiet,
- intensiv landwirtschaftlich genutztem Einzugsgebiet.

Der Natur das Wasser abgegraben

Stillgewässer liegen nicht isoliert in der Landschaft, sondern stehen mit ihrer jeweiligen Umgebung über vielfältigste Beziehungen und Abhängigkeiten in Verbindung. Ganz besonders werden Seen, Teiche und andere Stillgewässer durch ihre Einzugsgebiete geprägt. Durch Veränderungen im Einzugsgebiet und in ihrer direkten Umgebung können Stillgewässer unmittelbar gefährdet werden.
Neben dem Nährstoffeintrag treffen vor allem Eingriffe in den Landschaftswasserhaushalt »in das Herz« von Stillgewässern. Vor allem durch Entwässerungen und übermäßige Grundwasserförderung und damit verbundene Wasserspiegelabsenkungen wird in das ökologische Gleichgewicht ganzer Landschaften, aber auch einzelner Gewässer eingegriffen.
Wie stark z. B. die Entwässerung der Landschaften um sich gegriffen hat, zeigen erschreckende Zahlen aus Österreich. Da-

nach wurden meist im Rahmen von Flurbereinigungen zwischen 1945 und 1986 über 185 000 ha Nutzflächen entwässert. Das entspricht einer Fläche von rund 250 000 Fußballplätzen. Davon waren vor allem natürlich entstandene Klein- und Kleinstgewässer wie Überschwemmungstümpel, Regenwassertümpel und Schmelzwassertümpel, aber auch angelegte Kleingewässer wie Mergelkuhlen in ihrer Existenz betroffen.
Infolge übermäßiger Trink- und Brauchwassergewinnung (z. B. in der Lüneburger Heide durch die Hansestadt Hamburg oder im Hessischen Ried durch die Stadt Frankfurt) kann es durch Grundwasserabsenkung zu regelrechtem Ausbluten von Feuchtgebieten kommen. Kleinere, vor allem ephemere und temporäre Stillgewässer verschwinden vollständig, größere werden z. B. durch Austrocknen der Flachwasserzonen und Wasserspiegelsenkung stark geschädigt. Direkt vom Grundwasser abhängige Stillgewässer wie Quelltümpel und Auentümpel (Gießen) sind dabei besonders gefährdet. Mit ihnen verschwinden Lebensraumspezialisten wie Wasserralle, Laubfrosch und Ringelnatter. Unsere Landschaften verarmen immer mehr.
Ein Beispiel für die Beeinträchtigung auch größerer Stillgewässer durch Veränderungen des Landschaftswasserhaushalts ist das Lechtegor, ein ehemals meso- bis schwach eutropher Flachsee im südlichen Emsland. Durch Entwässerungsmaßnahmen, die bei Flurbereinigungen im Einzugsgebiet über 10 Jahre hinweg durchgeführt wurden, senkte sich das Grundwasser in der Umgebung um 1,5–2 m ab, so daß Teile des Verlandungsgürtels (nasser Erlenbruchwald, Weidenbestände, Röhrichte, Schwimmblatt- und Unterwasserpflanzengürtel) trockenfielen. Nachdem der Vorfluter (Zufluß) ausgebaut worden war und verstärkt Abwässer aus kleinen Siedlungen sowie Dünger aus den landwirtschaftlichen Flächen eintrug, setzte eine starke Eutrophierung ein, die den See in ein polytrophes Gewässer mit 6–10 m mächtiger Faulschlammdecke umwandelte. Die freie Wassertiefe reduzierte sich von 20 auf 2–2,5 m.
Ein weiteres Beispiel für die negativen Veränderungen durch die Eindeichung eines Stillgewässers bietet der Dümmer, ein 14 Quadratkilometer großer Flachsee an einer Flußaufweitung der Hunte in einem großen norddeutschen Niederungsgebiet. Der Dümmer staute regelmäßig die Spätwinter- und Frühjahrshochwasser der Hunte ein und wirkte dadurch als großes natürliches Hochwasserrückhaltebecken. Dabei vergrößerte sich die Fläche des eutrophen Flachsees bis auf das 10fache. Für überwinternde und rastende Zugvögel sowie Röhricht- und Wiesenbrüter waren dies ideale Verhältnisse.
Um die Dümmerniederung und das Huntetal vor diesen Überflutungen zu schützen, die landwirtschaftlichen Nutzflächen im Frühjahr schneller trockenzulegen und gleichzeitig den Grundwasserspiegel für eine Intensivierung der Nutzung zu senken, wurde der Dümmer 1953 eingedeicht. Dies hatte weitreichende, ökologisch negative Folgen:

- Akkumulation der Sedimente im Dümmer durch Unterbindung des Austrags in die Umgebung bei Überflutung. Gleichzeitig immer stärkerer Eintrag aus dem intensivierten Einzugsgebiet über die Hunte.
- Eutrophierung mit zunehmender Trübung und Sauerstoffdefiziten; Umwandlung in einen polytrophen Flachsee.
- Absterben des Makrobenthos.
- Absterben der Unterwasserpflanzenbestände durch höhere Wasserstände.
- Schilfsterben mit Auflösung und Verinselung des Schilfröhrichts.
- Stärkere Wasserstandsschwankungen im Frühjahr mit größeren Verlusten bei den Röhrichtbrütern.

Der Dümmer ist nur ein Beispiel für die Vernichtung zahlreicher Feuchtgebiete und ihrer Lebewelt.

Art	*Bruten*	*Hauptursachen für den Rückgang*
Schwarzhalstaucher	bis 1940	damaliges Verschwinden der Lachmöwenkolonie
EINDEICHUNG 1953		
Rothalstaucher	bis 1955	allgemeine Arealschrumpfung (?)
Seggenrohrsänger	bis 1956	u.a. Rückgang nasser Großseggenriede, Verluste in den westlichen, exponierten Brutgebieten
(Alpenstrandläufer)	bis 1958	Verlust von Bruthabitaten, allgemeine Arealschrumpfung in Mitteleuropa
Spießente	bis 1968	allgemeine Arealschrumpfung
Zwergsumpfhuhn	bis 1968	Verlust von flachüberfluteten Uferbereichen ohne starke Wasserstandschwankungen am Dümmer
Blaukehlchen	bis 1972	u.a. Biotopveränderungen im Uferbereich des Dümmers, weitere Gründe unbekannt
Zwergdommel	bis 1972	allg. Arealschrumpfung in Mitteleuropa, lokale Biotopveränderungen
Drosselrohrsänger	bis 1979	allg. Arealschrumpfung in Mitteleuropa, lokale Biotopveränderungen
Rohrdommel	bis 1985	lokale Biotopveränderungen: Rückgang der durchfluteten, weiträumigen Schilfbestände
Bartmeise	bis 1985(?)	Arealschrumpfung (?)

Erlöschen einiger Brutvogelbestände der Verlandungszone am Dümmer

Entwässerung und Torfschwund haben diesem Baum den Wurzelraum entzogen.

Einfach zugeschüttet

Neben der Entwässerung ihres Einzugsgebietes wurden vor allem unzählige Klein- und Kleinstgewässer durch Verfüllung mit Bauschutt, Erd- und Straßenaushub verfüllt. Vor allem Regenwassertümpel sowie Überschwemmungstümpel waren einer intensiveren landwirtschaftlichen Nutzung oft im Weg. Der Rückgang von Pflanzenarten wie Gelbe Zypergie, Quirl-Tännel, Pillenfarn, Eiförmige Sumpfbinse und Fadenenzian ist zu einem großen Anteil auf diese Ursache zurückzuführen.
Im Zuge von Flurbereinigungen, aber auch bei »einzelbetrieblichen Meliorationen« wurden viele dieser Gewässer meist in trockenem Zustand ohne viel Aufhebens verfüllt. Manche Kiesgrubentümpel und kleinere Baggerseen wurden im Sinne einer »Heilung« dieser Landschaftswunden ebenfalls verfüllt. Torfstiche und Mergelkuhlen, da meist in entlegenen Ecken einer Landschaft liegend, dienten oft sogar als willkommene, kostenlose Müllkippe.

Veränderung der Landnutzung im Einzugsgebiet

Auch durch Nutzungsänderungen im Einzugsgebiet kann der Wasserhaushalt einer Landschaft und nicht zuletzt auch die Güte ihrer Gewässer beeinträchtigt werden.
Starke Überbauung durch Siedlungen und Straßen kann zu Veränderungen des Wasserhaushalts führen, indem keine ausreichende Grundwassererneuerung mehr stattfindet, weil ein Großteil des Niederschlags wegen der Versiegelung des Bodens nicht mehr versickern kann, sondern direkt in die Fließgewässer abgeleitet wird.
Daneben kann eine starke Zersiedlung der Einzugsgebiete sowie Zerschneidung mit Straßen z. B. traditionelle Wanderwege von Amphibien zwischen Winterlebensräumen, Laichgewässern und Sommerlebensräumen zerstören, so daß letztendlich die Populationen schrumpfen bzw. genetisch isoliert werden.
Beim Umbruch von Feuchtwiesen, insbesondere Auewiesen, zu Maisäckern nach vorausgegangener Entwässerung gingen ebenfalls sehr viele Kleingewässer (Wiesentümpel) verloren. Durch die stärkere Erosion auf Ackerflächen werden nachfolgend verstärkt Nährstoffe in Stillgewässer eingetragen. Auch die Intensivierung der Nutzung von Feuchtwiesen in Ufernähe führt zu stärkeren Nährstoffeinträgen und Veränderungen des Wasserregimes.
Der diffuse Eintrag von Nährstoffen aus landwirtschaftlichen Nutzflächen stellt einen immer größeren Anteil an der Belastung von Stillgewässern durch Pflanzennährstoffe dar. Aus Ackerflächen in Hanglagen werden leicht Bodenpartikel abgeschwemmt (Erosion). Besonders gefährdet sind Böden aus leicht abschwemmbarem Löß. Je intensiver die Nutzung (Mais), desto größer kann die Erosion sein. Auch bei intensiver Grünlandnutzung auf Hangflächen kann es z. B. zu Abschwemmungen von Güllestoffen kommen. Auch die Versickerung gelöster Nährstoffe durch flachgründige Böden oder durchlässige Bodenschichten (Kiesböden, An- und Niedermoorböden) kann enorme Ausmaße annehmen. Besonders leicht können Güllepartikel sowie gelöste Nährstoffe über Drainagen in die Gewässer gelangen, da die Bodenfilterung über diese oft nicht mehr richtig funktioniert.
Selbst durch Veränderung der Forstwirtschaft können schädliche Auswirkungen auf unsere Stillgewässer nicht ausgeschlossen werden. So ist zu befürchten, daß durch die großflächige Aufforstung mit dem »Brotbaum« der Forstwirtschaft, der Fichte, negative Veränderungen im Wasserregime einer Landschaft auftreten sowie Versauerungstendenzen in Landschaften mit saurem Gestein noch verstärkt werden.

Wenn Gewässer sauer werden

Nur wenige Stillgewässer wie Hochmoorseen und Heideweiher weisen von Natur aus saures Wasser auf. Die Versauerung ehemals basischer Stillgewässer stellt dagegen eine relativ neue Gefährdung dar.
Die Versauerung von Stillgewässern wird vor allem durch sauren Regen verursacht, der durch Schwefeldioxid, Stickoxide und saure Stäube aus Hausbrand, Industrie und Autoabgasen entsteht. Als Folge der Zufuhr saurer Depositionen sinkt der pH-Wert des Bodens, dadurch können giftige Aluminium-Ionen und je nach Einzugsgebiet andere Schwermetallionen aus dem Boden freigesetzt werden. Diese gelangen zusammen mit dem sauren Wasser in die Stillgewässer.
Dort können die eingetragenen Stoffe sowie das saure Wasser zu massiven Störungen, bei andauernder Zufuhr sogar zur völligen Verödung der Stillgewässer führen. So greift Wasser mit niedrigem pH die Kiemen von Fischen an und macht sie für Krankheiten sowie Krankheitserreger anfällig. Saures Wasser greift auch den Laich von Amphibien und Fischen an, so daß dieser leicht verpilzt und schließlich abstirbt. Freie Aluminium-Ionen sind ein Zellgift und schädigen beispielsweise die empfindliche Schleimhaut der Fische besonders stark.
Die Versauerung von Stillgewässern ist bislang in Mitteleuropa im Gegensatz z. B. zu Skandinavien und Nordamerika nur ein regionales Phänomen, da die meisten Landschaften bzw. Gewässer ein relativ gutes Pufferungsvermögen gegenüber sauren Niederschlägen aufweisen. Meist handelt es sich bei versauerten Stillgewässern um Seen und Talsperren in Landschaften mit bodenbedingtem geringem Pufferungsvermögen (z. B. Buntsandsteinschwarzwald, Grundgebirgslandschaften wie Hochschwarzwald, Bayerischer Wald, Harz, Erzgebirge u. a.). Dort sind allerdings schon deutliche Versauerungserscheinungen zu beobachten, so daß bei Talsperren für die Trinkwassergewinnung schon beträchtlicher Aufwand für die Aufbereitung des Wassers notwendig ist.
Als Beispiele für versauerte Stillgewässer seien die Arberseen im Bayerischen Wald, einem alten Granitgebirge, und der Pinnsee im eiszeitlich gebildeten Sandgebiet Schleswig-Holsteins genannt.
Besonders starke Versauerungserscheinungen können bei Tagebaurestseen entstehen, wenn durch oxidische Verwitterung anstehender Gesteine mit hohem Gehalt an sulfidischen Gesteinen Schwefelsäure entsteht, wie dies beispielsweise in der Lausitz der Fall ist. Diese Gewässer sind dann zwar oft kristallklar und geben ein fotogenes Panorama, doch tatsächlich sind sie nahezu tot.

So extreme Algenblüten sind glücklicherweise selten geworden.

Eintrag von Schadstoffen

Auf vielfältigsten Wegen können Schadstoffe in Stillgewässer gelangen. Neben dem Weg über die Zuflüsse ist die Gefahr von Schadstoffeinträgen bei ufernaher Führung von Straßen besonders groß. Einträge aus Straßen- und Reifenabrieb sowie bei Öl- und Giftunfällen können hier auftreten. So führt zum Beispiel eine Bundesstraße unmittelbar am Ufer des Überlinger Sees (einem Teil des Bodensees) entlang, in dem Trinkwasser für viele Millionen Menschen gewonnen wird. Am Chiemsee ist es sogar eine Autobahn. Auch die Führung von Ölpipelines z. B. am österreichischen und bayerischen Bodenseeufer (Genua – Ingolstadt) ist in dieser Hinsicht äußerst problematisch zu beurteilen.
Bislang sind allerdings nur kleinere Unfälle bekannt geworden. So wurden im Oberrheingebiet Bestände von Seekanne und Wassernuß durch Eintrag von Säuren, Ölen und Basen zerstört.
Schadstoffeinträge können auch durch gewässernahe Ausbringung von Pestiziden auf landwirtschaftlichen Nutzflächen und durch Verdriftung der Pestizidnebel in Gewässer entstehen. Dadurch werden u. U. Fische geschädigt, aber auch Insekten vernichtet. Letzteres kann z. B. bei Amphibien zu Nahrungsmangel führen.

Zuviel Salz ist ungesund

Der Eintrag salzhaltigen Wassers von mit Streusalz behandelten Straßen kann in Seen zur Auslösung einer sogenannten Meromixie führen, d. h. der Ausbildung eines in der Tiefe eines Sees ruhenden, von der Zirkulation ausgeschlossenen Wasserkörpers mit hoher Dichte (Monimolimnion). Durch die fehlende Zirkulation kommt es zu Sauerstofffreiheit in dieser »Sperrschicht«, was zum einen völlig lebensfeindliche Verhältnisse für die Profundalfauna verursacht, zum anderen eine Festlegung von Phosphor im Sediment verhindert. Dies beschleunigt die Eutrophierung oligotropher Gewässer, indem die Nährstoffe nur noch im Oberflächenwasser umgewälzt werden. Beispiele hierfür sind manche Eifelmaare.

Wenn den Seen der Rocksaum abgeschnitten wird

Die Uferzonen von Stillgewässern sind ökologisch besonders sensible Bereiche. Hier stoßen terrestrische und aquatische Lebensräume aneinander bzw. ineinander. Diese ökologischen Übergangsbereiche (Ökotone) sind besonders artenreich, da vielen Organismen zusagende Lebensbedingungen geboten werden. Je nach Ausformung können Ufer steil oder flach sein. Je flacher desto ausgeprägter ist die Uferzone. Vom Wind abgewandte Ufer weisen meist breitere Verlandungsgürtel auf als die dem Wind zugewandten.
In manchen Flachseen nimmt die Uferzone beträchtliche Teile an der Gesamtwasserfläche ein. Uferzonen sind besonders gefährdete Teilbereiche von Stillgewässern, da sie landseits das Gewässer von Belastungen abschirmen, andererseits aber vom Land her auch leicht betreten werden können. Gleichzeitig sind die Ufer oft intensiver Beanspruchung durch den Menschen ausgesetzt. Wegen ihrer Empfindlichkeit bzw. geringen Belastbarkeit haben Uferzonen ein besonders hohes Schutzbedürfnis.

Verbauung – größte Gefahr für Uferzonen

Flachufer sind besonders durch Verbauung gefährdet. So wurden viele Yachthäfen in die Verlandungsbereiche und Flachufer von Seen getrieben. Dadurch wurden neben der direkten Zerstörung der Verlandungsvegetation oft sekundäre Belastungen ausgelöst, wie z. B. die zunehmende Erosion benachbarter natürlicher Uferbereiche, indem die Strömungen an den harten Ufern abgeleitet werden. Die Zerstörung der Ufervegetation kann auch z. B. zu einem schlechten Wachstum von Fischen führen, für die Flachwasserzonen einen wichtigen Teil ihres Lebensraumes darstellen. Hechte benötigen z. B. zum Laichen Unterwasserpflanzen und vegetationsreiche Flachwasserbereiche als Unterstand und Versteckmöglichkeit.
Durch Verbauung von Ufergrundstücken für Siedlungszwecke wurde auch der Zugang zum Gewässer vielerorts unterbunden. Es wurden dadurch auch Rückzugsräume vieler amphibischer Organismen zerstört, so daß ihnen beispielsweise bei Hochwasser die natürlichen Fluchträume fehlen. Isolation der Populationen ist die Folge.
Ein krasses Beispiel für die Überbauung von Ufern findet sich in der Chiemseegemeinde Bernau, auf deren Gebiet die Autobahn München-Salzburg direkt am Ufer entlang geführt wurde. Von den 4400 m Seeufer dieser Gemeinde wurde gut die Hälfte im wesentlichen durch Stütz- und Befestigungsmauern der Autobahn überbaut.

Das Schilfsterben – ein großflächiges Problem

Das Schilfröhricht bildet an flachen Ufern meso- bis eutropher Seen weite Bereiche der Verlandungsvegetation. Im Übergang zwischen Wasser und Land nimmt es bedeutende ökologische Aufgaben wahr. Es ist die Zone stärksten Nährstoff- und Energieumsatzes, kurz es ist die biologische Kläranlage von Seen und Teichen. Daneben ist es wichtiger Lebensraum für viele Fische und Amphibien als Laich-, Aufwuchs-, Nahrungs- und Deckungsraum. Auch viele Vogelarten nutzen das Schilfröhricht als Brut-, Nahrungs- und Ruheraum. Und nicht zuletzt ist das Schilfröhricht eine wichtige Barriere gegen erosionsauslösende Strömungen und Winde.
An vielen Seen konnte seit den sechziger Jahren ein starker Rückgang des Schilfröhrichts beobachtet werden. So nahm der Bestand beispielsweise am Bodensee im Bereich von Friedrichshafen innerhalb von knapp 20 Jahren um rund die Hälfte ab. Gleichzeitig wurde eine verstärkte Erosion der Flachwasserzone beobachtet. Da es sich dabei um relativ junge Erscheinungen handelt, werden vor allem zivilisatorisch bedingte Ursachen diskutiert.
So dürfte die Eutrophierung des Bodensees, hervorgerufen durch einen in diesem Jahrhundert enorm gestiegenen Nährstoffeintrag, einen Hauptfaktor des Schilfsterbens darstellen. Die dabei geförderten Fadenalgen werden mit Wind und Wellen als flächenhafte Algenwatten an Land getrieben. Dort knicken sie

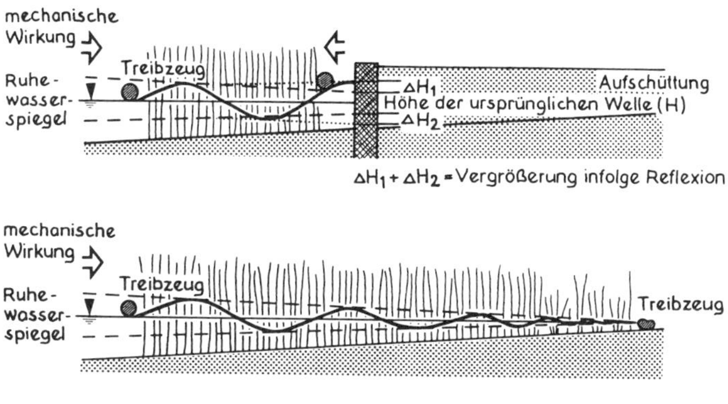

Veränderung des Wellenschlags durch Ufermauern

Schilfhalme um und schädigen einerseits durch ihre giftigen Abbauprodukte die Schilfrhizome, andererseits wird das Wachstum des Schilfs durch freiwerdende Nährstoffe zusätzlich angeregt, so daß die mechanische Stabilität zurückgeht. Fatale Wirkung zeigt dann auch die Übermotorisierung vieler Seen, die den Wellenschlag noch verstärkt. Neben Algenwatten können natürlich auch andere Treibgüter wie Müll und Holz Schilfbestände schädigen.
Eine weitere Ursache dürfte die an vielen Stellen bestehende starke Trittbelastung durch den Bade- und Freizeitbetrieb darstellen. Auch die Veränderung des Wasserregimes des Bodensees durch den Bau von Rückhaltebecken für die Energienutzung in den Alpen wird als Mitverursacher des Schilfsterbens diskutiert. Und nicht zuletzt wurden durch viele Hafenaus- und -neubauten mit Betonufern und Steinschüttungen die Strömungsverhältnisse so stark verändert, daß die Wellenenergie um so stärker auf naturnahe, nicht verbaute Schilfufer gelenkt wird. Auch das leidige Abbrennen der Schilfbestände, beruhend auf einem zweifelhaften Sauberkeitsbedürfnis, kann die Schilfbestände zusätzlich schädigen.
Aufbauend auf umfangreichen Bestandserhebungen und Detailuntersuchungen wird nun versucht, mittels dem Schilfgürtel seewärts vorgelagerter Schwimmbalken, Buhnen, Sedimentationskassetten und Schutzdämme die Wellenenergie bzw. Treibgut und Sediment abzufangen. An bereits verödeten Uferabschnitten wurden etwa im Bereich des baden-württembergischen Bodenseeufers verschiedene Techniken der Schilfneupflanzung mit unterschiedlichem Erfolg erprobt.
Mittlerweile zeigt die verbesserte Abwasserbehandlung mit Phosphatelimination im Einzugsgebiet des Bodensees respektable Erfolge, so daß der Phosphorgehalt des Sees seit 1980 wieder eine stark fallende Tendenz aufweist und damit langfristig die eutrophierungsbedingten Ursachen in den Hintergrund gedrängt werden können. Ob und wann jedoch eine Verbesserung der Situation auf dem Freizeitsektor und bei den Hafenbauten erreicht werden kann, ist schwerlich abzusehen.

Zuviel Zeit für Freizeit

Die dem Menschen für Freizeit und Erholung verfügbare Zeit hat sich in den letzten Jahrzehnten in den industrialisierten Ländern zunehmend vergrößert. Immer dichter werdende Besiedlung und zunehmend als stressig empfundene Arbeit treibt immer mehr Menschen in die freie Natur, um wieder aufzutanken. Gerade Seen, Teiche und auch kleinere Tümpel sind dabei besonders beliebte Ziele. In Fremdenverkehrsprospekten spiegeln Bilder von Seen und Weihern den Inbegriff von Natur wider.
An warmen Sommertagen werden schöne »Naturseen« intensiv vom Massentourismus belagert. Tausende von Segel- und Motorbooten drängeln sich in den Sommermonaten auf unseren größeren Seen. Neoprenanzüge ermöglichen das Surfen und Bootfahren selbst in den Wintermonaten. An vielen abgelegenen Seen und Weihern suchen Angler und sonstige Individualisten mehr oder minder »stille« Erholung in »ursprünglicher« Natur. Tauchen ist zu allen Jahreszeiten möglich. Kurz gesagt, der Erholungs- und Freizeitdruck auf unsere Gewässer hat ein immenses Ausmaß angenommen.
Doch die Belastbarkeit unserer Seen gegenüber diesem Freizeitdruck ist gering. Besonders gefährdet sind störungsempfindliche Glieder der Stillgewässer-Ökosysteme. Da die Zahl der Stillgewässer gleichzeitig immer mehr abnimmt, kommt es zudem immer mehr zu Konzentrationen belastender Freizeitbetätigungen. So wird von den rund 200 Seen und Weihern über 1 ha Größe im baden-württembergischen Alpenvorland in über der Hälfte gebadet, in über 50 sogar stark. Auf jedem 6. See wird Boot gefahren oder gesurft, auf jedem 12. sehr stark. An jedem 7. See wird gezeltet, rund 100 werden befischt, mehr als 50 stark! Überregional ist der Bade- und Bootsbetrieb sowie das Surfen besonders belastend.

Sonnenbaden und Baden – für viele Feuchtgebiete gar nicht sonnig

Insbesondere bei ungeregeltem Baden kann es an empfindlichen Ufern zu Trittschäden in der Vegetation und am Ufer kom-

Weil großer Erholungsdruck empfindliche Schäden an den Stillgewässern hinterläßt, ist eine Lenkung des Freizeitbetriebs dringend erforderlich. Am besten ist es, Badeeinrichtungen an ausgesuchten Stellen zu konzentrieren, so daß die Natur in wertvollen Flachwasserzonen und Röhrichtbereichen genügend Überlebensräume findet.

men. Manche Vegetationstypen sind besonders trittempfindlich wie z. B. die Strandrasen des Bodensees mit so seltenen Arten wie Bodenseevergißmeinnicht und Strandling. Bei steilen Ufern kann es sogar zu Uferabbrüchen kommen, wodurch als Folgeerscheinung die Erosion ganzer Uferabschnitte eingeleitet werden kann.

Durch starken Badebetrieb in Schwimmblattzonen können empfindliche Schwimmblattpflanzen und Unterwasserpflanzen geschädigt werden. Schilfröhrichte werden vor allem durch Tritt geschädigt. Umgeknickte Schilfhalme bilden Eintrittspforten für Wasser in die Rhizome, so daß diese dann faulen. Ehemals geschlossene Bestände können sich dann zu Inseln auflösen.

Dazu ein Beispiel, das besonders deutlich den Erholungsdruck, dem viele Feuchtgebiete ausgesetzt sind, widerspiegelt. Von 70 km Uferlänge an 51 Seen und Weihern in Oberschwaben waren 1982 20 Prozent durch Tritt (vor allem Baden und Angeln) geschädigt. Von den 33 Prozent naturkundlich besonders wertvollen Uferabschnitten waren 10 Prozent besonders stark geschädigt. An einem dystrophen Hochmoorsee war durch wildes Baden sonnenhungriger Individualisten sogar 50 Prozent des Ufers geschädigt worden.

Nicht zuletzt kann durch übermäßigen Badebetrieb der Nährstoffeintrag in ein Stillgewässer verstärkt werden. Durch Hineinpinkeln etc. werden so im Schnitt ca. 0,1 g Phosphor pro Person und Tag eingetragen! Daneben besteht auch die Gefahr der bakteriologischen Verschmutzung von Stillgewässern.

Bootfahren und Surfen

Schnelle Motorboote tragen durch ihren Wellenschlag zur Schädigung von Unterwasserpflanzen wie Teichrose, Seerose, Nixenkraut und Seekanne bei. Auch am Schilfsterben haben sie Anteil, da durch den Wellenschlag vor allem Getreibsel in seewärtige Schilfbestände getrieben wird und dort zu mechanischen Schäden an den Schilfpflanzen führt. Auch das Auftreiben von Geschwemmsel und nährstoffreichem Getreibsel (z. B. Algenwatten) auf nährstoffarme Ufer wirkt durch Eutrophierung nachteilig. Nicht zu vergessen ist auch die Gefahr der Wasserverschmutzung durch auslaufende Motorenöle (CKW).

Schon auf weite Entfernung verlassen empfindliche Schwimmvögel bei Annäherung von Booten und Surfbrettern ihre Nester, Mauser- und Ruheplätze. Ankern in stillen Buchten führt sehr oft zum Verlassen der Brutplätze bei Röhrichtbrütern. Wenn im Hochsommer die Mauser der Vögel (Gefiederwechsel) gestört wird, werden die dann oft nicht flugfähigen Wasservögel in weniger gestörte Buchten abgedrängt. Hier kann es infolge der besonderen Entwicklung anaerober Krankheitserreger durch natür-

lich verendete Tiere wie Kleinsäuger, Wasservögel und Fliegenmaden in belasteten Schlammböden bei hohen Temperaturen zu Massensterben von Wasservögeln (Botulismus) kommen. Seltene Arten sind dann besonders bedroht.
Selbst überwinternde Vogelarten werden durch gesteigerten Freizeitbetrieb bis in den Winter hinein aufgescheut. So verbrauchen sie übermäßig schnell ihre lebenswichtigen Fettvorräte. Die Ausfallrate ist dann relativ hoch.

Schlittschuhfahren auf Teichen – des einen Freud, des andern Tod

Schlittschuhfahren kann insbesondere auf kleinen, flachen Gewässern bei langer Dauer auf die Lebensgemeinschaften nachteilig wirken. So werden durch die erhebliche Geräuschentwicklung, welche die Kufen auf dem Eis verursachen, am Gewässerboden überwinternde Fische und Amphibien so beunruhigt, daß sich ihr Herzschlag erhöht. Dies bedeutet aber einen erhöhten Verbrauch an Sauerstoff und Energie, wodurch sie geschwächt werden oder sogar verhungern. Ähnliche Auswirkungen können durch Tauchen im Winter hervorgerufen werden.
Um Wassersportarten ausüben zu können, werden am Ufer und in der Flachwasserzone oft Einrichtungen wie Stege, Häfen, Campingplätze usw. erstellt. Von diesen Folgeeinrichtungen geht ebenfalls ein hohes Belastungspotential aus. Durch Autoöle, Benzin und Abfälle wird das Wasser leicht verschmutzt, und es werden Nährstoffe eingetragen. An solchen Stellen massiert sich auch die Trittbelastung. So sind Eutrophierungserscheinungen an Verlandungszonen sowie Feuchtgebieten im Uferbereich in der Nähe dieser Einrichtungen oft besonders häufig zu beobachten.

Intensivierung der Teichwirtschaft

Die fischereiliche Nutzung von Stillgewässern stellt eine sehr alte Nutzungsform dar. Während die Berufsfischerei in den vergangenen Jahrzehnten eher rückläufig ist, fand die Sport- oder Hobbyfischerei immer mehr Zulauf. Gefährdungen von Stillgewässern durch Fischerei lassen sich demnach vor allem auf die Intensivierung der Teichwirtschaft und Berufsfischerei auf der einen Seite und Fehler in der fischereilichen Bewirtschaftung sowie auf »Massenprobleme« bei der Angelfischerei auf der anderen Seite zurückführen.
Seit etwa 1960 ist eine starke Intensivierung der Teichwirtschaft zu beobachten, die vor allem in Kombination vieler Einzelmaßnahmen zur Gefährdung der Tier- und Pflanzenwelt beiträgt. Waren früher Teiche wichtige Biotope für eine Vielzahl angepaßter Tier- und Pflanzenarten, so sind sie heute nahezu lebensfeindlich.
So vernichtet die Mahd von Unterwasserpflanzen, vor allem wenn sie mehrfach in der Vegetationsperiode durchgeführt wird, die Wasservegetation nachhaltig. In den siebziger Jahren wurden sogar Herbizide gegen Wasserpflanzen eingesetzt, die mittlerweile wieder verboten sind. Auch durch den Einsatz pflanzenfressender Fischarten wie Gras- und Silberkarpfen (vgl. Seensanierung) wurden empfindliche Wasserpflanzen ausgerottet.
Radikal wirkt die sogenannte maschinelle Totalentlandung, bei der abgelassene Teiche mit Großmaschinen »gereinigt« werden. Oft sind diesem Großreinemachen auch Verlandungsbereiche mit Röhrichten und Großseggen zum Opfer gefallen. In modernen Anlagen sind die Ufer darüber hinaus mit Beton verbaut, so daß sich keine Verlandungsvegetation ausbilden kann.
Einen besonders starken Eingriff stellt auch die häufige Kalkung der Gewässer bzw. des Gewässerbodens dar. Während der Amphibienlaichzeit im Frühjahr ist sie besonders gefährlich. Bei Weichwasserteichen verändert sich durch Kalkung der chemische Gewässerhaushalt grundlegend.
Die Intensivierung der Teichwirtschaft kommt auch im gestiegenen Fischbesatz zum Ausdruck. Wurden noch vor dem II. Weltkrieg im mittelfränkischen Teichgebiet westlich von Nürnberg 50–75 kg zweisömmerige Karpfen pro Hektar gehalten, so werden heute auf gleicher Fläche 250–300 kg, ja sogar bis 500 kg Fisch erzeugt. Dies ist nicht zuletzt aufgrund der starken Fütterung möglich, die wesentlich zur Eutrophierung der Gewässer beiträgt. Vor allem Kraftfuttermittel und fischmehlhaltige Futtermittel bringen Phosphor in die Gewässer. Durch den starken Besatz mit »gründelnden« Karpfen ist das Wasser ganzjährig getrübt, weshalb z. B. lichthungrige Laichkräuter nicht aufzuwachsen vermögen.
Im Gefolge der Intensivierung der Teichwirtschaft sind viele Tier- und Pflanzenarten zurückgegangen oder erloschen. So bieten in Mittelfranken über 90 Prozent der Teiche für Wasser- und Sumpfvögel keinen Lebensraum mehr (z. B. Krickente, Löffelente, Kleine Rohrdommel, Taucher, Rohrsänger). Fast die Hälfte aller ehemals nachgewiesenen Libellenarten sind zwischen 1970 und 1990 ausgestorben. Starke Bestandsabnahmen sind auch bei den Amphibien zu verzeichnen.

Aufgabe der traditionellen Teichwirtschaft

Neben der Intensivierung von Teichen ist auch die Nutzungsaufgabe (Brachfallen) verantwortlich für die Gefährdung mancher Arten. Besonders flache Teiche und Seen verlanden dann sehr schnell. Würden gleichzeitig auch wieder neue Teiche angelegt, wäre dieser Faktor nicht besonders erheblich. Doch leider geht auch die Zahl der Teichwirtschaften immer mehr zurück.

Angeln, eine immer beliebtere Freizeitgestaltung

Die Angelfischerei wird zu einer immer beliebteren Freizeitgestaltung. So gab es z. B. in den drei oberschwäbischen Landkreisen Bodenseekreis, Ravensburg und Sigmaringen 1989 rund 15000 bis 20000 Freizeitfischer. Dabei ist noch keine Sättigung zu erkennen, denn der Bedarf an Gewässern zur Ausübung der Angelfischerei ist anhaltend hoch! Nahezu alle rund 2000 kleineren und größeren Stillgewässer dieser Gegend werden befischt. Schätzungen zufolge soll davon rund ein Drittel sogar fischereilich stark genutzt werden. Entsprechend vielfältig sind die Beeinträchtigungen von Stillgewässern, die durch die Angelfischerei hervorgerufen werden können.

Arznei, die das Stillgewässer tötet

Durch starke Zufütterung und Verabreichung von Medikamenten wird die Eutrophierung und die Sauerstoffbelastung von Stillgewässern gefördert. So wurden in einem Eifelmaar bis zu 5 t Futterzusatz pro Jahr nachgewiesen. In einem oberschwäbischen Weiher wurden statt der erlaubten 2,5 t jährlich sogar mindestens 14 t Futter eingebracht.
Besonders nachteilig wirkt sich die Zufütterung und Medikamentierung in Fischzuchtanlagen mit Forellenintensivmast aus, die in Quellgebieten mit oligotrophem Wasser angelegt wurden, da hierdurch die Quellbäche von Beginn an belastet werden. An Grundwasserseen (Baggerseen) besteht bei Zufütterung auch die Gefahr der Verschmutzung des Grundwassers.

Fehlbesatz

Als Fehlbesatz wird das Einbringen von Fischarten bezeichnet, das nicht an den ökologischen und limnologischen Verhältnissen eines Gewässers ausgerichtet ist. Dies ist vor allem auf die oft noch mangelhaften biologisch-ökologischen Kenntnisse der Angler oder auf übertriebenes ökonomisches Denken zurückzuführen. Falscher Besatz mit begehrten Speisefischen kann zu Ungleichgewichten, d. h. Zurückdrängung von angestammten Arten führen.
Ein Beispiel hierfür ist die Regenbogenforelle, eine aus Nordamerika stammende, wegen ihres lachsfarbenen Fleisches beliebte Forellenart. Da sie im Gegensatz zu der in Mitteleuropa angestammten Bachforelle relativ unempfindlich gegenüber Nährstoffbelastungen ist und zudem noch einen höheren Zuwachs hat, wurde sie in fast alle Gewässer eingesetzt. Dort konkurriert sie mit den bedrängten Bachforellen um die Laichplätze und trägt so noch zusätzlich zur Gefährdung der einheimischen Arten bei.

Überbesatz

Besatzmaßnahmen von Gewässern werden in der Regel durchgeführt, um einen bestimmten Fischbestand aufzubauen oder die Zusammensetzung der Fischfauna bewußt zu lenken. Unter Überbesatz wird ein Besatz mit Fischen verstanden, der in keinem ausgewogenen Verhältnis zu den ökologischen Gegebenheiten in einem Stillgewässer steht. Dadurch können vielfältige negative Auswirkungen auf Stillgewässer und ihre Biozönosen ausgeübt werden.
So kann es bei Überbesatz mit Karpfen zum Verlust der Unterwasserpflanzenbestände kommen, indem diese zu stark beweidet werden. Überbesatz führt auch zur Zunahme von Parasiten und Krankheiten. Bei Überbesatz kann das natürliche Nahrungsangebot nicht ausreichen, was wiederum zu Kleinwüchsigkeit, der sogenannten Verbuttung, führen kann.
Überbesatz findet oft an von Angelvereinen gepachteten Gewässern wie Baggerseen statt, um möglichst allen Mitgliedern Fangmöglichkeiten zu bieten. Oftmals übersteigt dabei der Besatz (Gewicht) den Fangertrag bei weitem!
Besonders starker und unsinniger Überbesatz wird oft zum Zwecke des Wettfischens durchgeführt. Bei diesen perversen Großveranstaltungen, bei denen mit Geld- und Sachpreisen für die größten gefangenen Fische geworben wird, werden fangfrische Fische in einem meist relativ kleinen Gewässer wenige Tage oder Stunden vor dem beabsichtigten Angelwettbewerb eingesetzt, um möglichst vielen Angelgästen zu »Petri Heil« zu verhelfen, natürlich gegen saftige Eintrittspreise. Dies hat mit ökologisch nachhaltiger Nutzung der freilebenden Tierwelt nicht das geringste zu tun und ist ein zweifelhaftes Abenteuer. Viele Fischereivereine haben sich deshalb schon von dieser Art des Angelns distanziert.

Einsatz gebietsfremder Fischarten

Der Besatz mit in Mitteleuropa nicht heimischen Arten, wie den meist aus Fernost stammenden Arten Marmorkarpfen, Graskarpfen (Weißer Amur), Silberkarpfen, Zwergwels, Schwarzbarsch, Forellenbarsch, Sonnenbarsch und Zebrakärpfling, stellt eine Faunenverfälschung dar, da sich der Wiederfang oft schwierig gestaltet. Zudem wandern die Arten oft in die Gewässer des Einzugsgebietes ab. Wenn sie sich aufgrund zu niedriger Temperaturen in Mitteleuropa auch meist nicht vermehren können, so tragen sie doch zur Einschleppung vorher nicht verbreiteter Fischkrankheiten und Parasiten bei. Die Wasserpflanzenfresser unter ihnen vernichten die Bestände der für die Aufrechterhaltung der Gewässergüte besonders wichtigen submersen Makrophyten (nur Hahnenfuß und Wasserknöterich werden verschmäht). Die Zooplankton- und Großplanktonfresser unter ihnen sind Nahrungskonkurrent für heimische Jungfische.

Selektive Befischung

Selektive Befischung bestimmter, beliebter Speise- oder auch Trophäenfische (»Edelfische«) und fehlende Befischung von weniger edlen, als Futterfische geltenden Weißfischen (z. B. Rotfeder, Rotauge, Brachsen) kann zu schwerwiegenden Folgen für ein Gewässerökosystem führen. So kann sich dadurch das Nahrungsnetz so verändern, daß die Eutrophierung gefördert wird.

Niedergetrampelte Vegetation

Oftmals wird durch Aufsuchen von stillen Ufern die Vegetation der Flachwasserzone bzw. landseitiger Feuchtgebiete durch Tritt stark geschädigt. Durch manche Schilfgebiete ziehen sich regelrechte Labyrinthe von Trampelpfaden hin. Daneben finden manche Angler Fangplätze nur dann angenehm, wenn sie soweit freigeschnitten und befestigt werden, daß ein Steg, eine kleine Schutzhütte oder eine Grillstelle eingerichtet werden kann. Durch Reste von Bierkisten und Brotzeiten wird dann oft die Landschaft zusätzlich belastet. Nachteilig wirken Anglerstege an Flachwasserzonen vor allem dadurch, daß sie Verlandungsgürtel so zerschneiden, daß dadurch Badende erst Zugang zu empfindlichen Gewässerbereichen erlangen. Manchmal werden auch regelrechte Zugangsschneisen zu Anglerstegen durch den Röhrichtgürtel gemäht.

Konkurrenzdenken oder »Das Kormoran-Problem«

Der Kormoran, ein weltweit verbreiteter Wasservogel, ist reiner Fischfresser, der seine Beute durch Tauchen bis in große Tiefe fängt. Es liegt auf der Hand, daß dieser schwarze Vogel von den Fischern und Anglern nicht gerne an ihren Gewässern gesehen wird, obwohl bislang kein nachteiliger Einfluß auf die Fischerträge bewiesen werden konnte.

In der Vergangenheit wurde er wegen seiner Lebensweise so sehr verfolgt, daß er in den sechziger Jahren in Mitteleuropa sogar auf die Rote Liste der vom Aussterben bedrohten Vogelarten gesetzt werden mußte. Durch konsequenten Schutz seiner Brutgebiete an Nord- und Ostsee haben sich mittlerweile die Bestände soweit erholt, daß in den Durchzugs- und Überwinterungsgebieten in Süddeutschland wieder größere Trupps mit bis zu mehreren hundert Vögeln beobachtet werden können. Dadurch ist der alte Streit zwischen den Fischern auf der einen Seite, die eine »Regulation der überhöhten Bestände« durch Abschuß fordern, und dem Naturschutz, der hierzu überhaupt keine ökologisch begründete Notwendigkeit sieht, entbrannt. Wird doch die Größe der Bestände des Kormoran wie die aller Beutegreifer in erster Linie von der Verfügbarkeit an Nahrung reguliert. Diese ist jedoch durch die Eutrophierung und teilweise durch die »überreichlich gedeckten Tische« in den Fischteichen künstlich angehoben worden.

Vor allem in kanalisierten Gewässern und technisch ausgebauten Teichanlagen kann es dann schon vorkommen, daß der Kormoran einen Gewässerabschnitt oder einen Teich fast vollständig leerräumt. Dies kann vor allem in den Überwinterungsräumen vorkommen, da er gemeinschaftlich dann in kleinen Trupps jagt. Allerdings werden die Gewässer selten vollständig abgefischt, da vorher bei niedriger Dichte der Beutetiere die Energiebilanz der Jagd negativ wird.

Kormorane, auch Durchzügler und Überwinterer, sind Teil der Lebensgemeinschaften unserer Gewässerbiotope. Selbst manchmal an Fischen beobachtete Verletzungen, die dadurch entstehen, daß manche Fische sich dem scharfen Schnabel des Kormoran wieder entziehen können, sind kein Problem der Natur, sondern eher für Naturfreunde mit »Bambi-Syndrom«. Gönnen wir, die wir meist als Angelfischer kaum auf Höchsterträge angewiesen sind, auch den Kormoranen in ihren Überwinterungsgebieten ein Überleben. Und setzen wir alles daran, unsere Gewässer wieder strukturreicher zu machen, so daß unsere Fische wieder reichhaltige Versteckmöglichkeiten nutzen können. Da der Energieverbrauch überwinternder Kormorane vor allem durch störungsfreie Ruheplätze niedrig gehalten werden kann, ist der Schutz einiger Stillgewässer und Auenwaldbereiche vordringlich.

Störung empfindlicher Wasservögel

Regional besonders schädlich kann Angelsport bezüglich der Wasservogelfauna sein. So wurde an den Flußstauseen des Inns in Südbayern nachgewiesen, daß schon die Anwesenheit weniger Angler genügt, um den Bruterfolg von Röhrichtbrütern stark zu verringern.

Wasservogeljagd – Jagd mit großem Störpotential

Die Jagd von Wasserwild zählt zu den Jagdarten mit den größten Anforderungen an den Jäger. Meist wird sie durch Anstehen an Stillgewässern in den Abend- und Morgenstunden auf die aus- oder einstreichenden Enten ausgeübt. Dabei ist Schußfertigkeit und schnelle Auffassungsgabe in Verbindung mit hervorragender Artenkenntnis erforderlich. Daneben wird die Jagd auf Wasservögel auch bei großen winterlichen Treibjagden mit vielen Schützen betrieben.
Die negativen Auswirkungen auf die Wasservogelfauna sind im wesentlichen auf folgende Punkte zurückzuführen:
- Häufige und vor allem spätwinterliche Wasservogeljagden führen zu starken Störungen rastender und überwinternder Vogelarten, die dann unnötigerweise ihre Energiereserven aufbrauchen.
- Leider bleiben wegen fehlender Artenkenntnis bzw. schwierigen Witterungsbedingungen immer wieder auch gefährdete Wasservogelarten auf der Strecke.
- Durch die häufige Jagd auf Enten in ausgedehnten Flachwasserzonen werden über die Schrotkörner relativ große Mengen an Blei in die Stillgewässer eingetragen. Beim Gründeln können Enten die Bleischrote aufnehmen und in ihren Muskelmägen verdauen. Dies führt häufig zu Lähmungen und Tod durch Bleivergiftungen. Da sich kranke Schwimmvögel in der Vegetation verkriechen und oft von Beutegreifern wie dem Fuchs aufgenommen werden, ist diese Gefährdung kaum bekannt. Verschärft wird dieses Problem auch dadurch, daß viele Jäger heute nur noch wenig Praxis haben (»Sonntagsjäger«), weshalb oft viele Fehlschüsse mit entsprechend hohem Schroteintrag vorkommen.
- Oftmals wird versucht, Wasservögel an Stillgewässer zu locken, indem sie mit ins Wasser geworfenen Speiseresten und Druschgetreideresten »angekirrt« werden. Dies trägt vor allem bei kleineren Weihern und Tümpeln zur Eutrophierung und bakteriellen Verschmutzung bei. Damit werden unersetzliche Kleinlebensräume für immer vernichtet.

Leider werden Kormorane in verschiedenen Regionen Europas auch heute noch gnadenlos als »Konkurrenten der Fischer« verfolgt.

Die Aktion

Schutz und Erhaltung von Seen, Teichen, Tümpeln und anderen Stillgewässern

Sanierung von Seen

Schutzgebietstypen

Ansatzpunkte

Konkrete Maßnahmen

Praktische Ratschläge

Helfen Schutzgebiete?

Stillgewässer und die sie umgebenden Landschaften sind durch Übernutzungen und Belastungen mit Schadstoffen bedroht und brauchen effektiven Schutz und Hilfe. Nur wenn es uns gelingt, die Zerstörungen und Belastungen aufzuhalten, ja wieder zurückzuschrauben, werden auch zukünftige Generationen noch die Regenerationsoasen genießen können. Durch den Schutz unserer Stillgewässer erhalten wir unsere und unserer Mitwelt Lebensgrundlagen.
Es wurden vielfältige Formen des Schutzes und der Entwicklung und Pflege von Stillgewässern entwickelt, durch die jeweils bestimmte Zielsetzungen erreicht werden sollen. Dabei ist zu unterscheiden zwischen verschiedenen Schutzkategorien internationaler und nationaler Naturschutzgesetze, verschiedenen Entwicklungs- und Sanierungsprogrammen sowie dem vorausschauenden Management durch umsichtige Raumordnung und Landschaftsplanung und eine ökologisch konsequente Politik.

Schutzgebietstypen

Durch die gesetzliche bzw. per Verordnung dargestellte Erklärung zu einem Schutzgebiet sollen ökologisch hochwertige Stillgewässer bzw. Stillgewässerlandschaften vor übermäßiger Belastung und Zerstörung gesichert werden. Insbesondere noch oligo- und mesotrophe Stillgewässer sind vorrangig zu schützen. So sollen Nähr- und Schadstoffeinträge abgehalten, Störungen durch Lärm und »Sicht« vermieden und eine ökologisch nachteilige Entwicklung der Landschaftsnutzungen z. B. durch Bau von Siedlungen und Verkehrswegen verhindert werden. Hierzu müssen in Gesetzen und Schutzverordnungen Regelungen getroffen werden, die manchmal auch zu Einschränkungen individueller »Freiheiten« führen können.
Bei den Schutzgebieten können internationale und nationale Schutzgebietskategorien sowie solche, die auf Länder- und Gemeindeebene greifen, unterschieden werden. Generell sollten Schutzgebiete so großräumig wie möglich sein, um schädliche Einwirkungen möglichst weit von Stillgewässern fern zu halten. Die Abgrenzung sollte auf ökologische Zusammenhänge wie Eintragswege von Nährstoffen oder Intensität der Nutzung des Einzugsgebietes Rücksicht nehmen. Darüber hinaus sollten großräumig vernetzte Stillgewässer-Schutzgebiete angestrebt werden, die möglichst ein weites Spektrum an Lebensräumen umfassen. Für die Vogelwelt bedeutet dies z. B. den Schutz von Wasserflächen für Wasservögel, von Flachwasserzonen und Schlammflächen für Watvögel, Röhrichte für Reiher, Rallen und Rohrsänger und Feuchtwiesen für Wat- und Wiesenvögel.

Internationale Übereinkommen zum Schutz von Stillgewässern und Feuchtgebieten

Da die ökologische Bedeutung von größeren Stillgewässern bzw. Feuchtgebieten oft weit über staatliche Grenzen hinausgeht, wurden von internationalen Institutionen Abkommen mit verschiedenen Ländern zur Ausweisung internationaler Schutzgebiete entwickelt. Besonders einleuchtend ist die internationale Vernetzung ökologisch wertvoller Stillgewässerlandschaften im Hinblick auf unsere Zugvögel, die ja bekanntlich nicht an Ländergrenzen halt machen.

International bedeutende Feuchtgebiete nach der sogenannten »Ramsar-Konvention«
Durch diese 1971 in Ramsar im Iran gefaßte Konvention sollten weltweit Vertragsstaaten dazu bewegt werden, Lebensräume von internationaler Bedeutung, insbesondere für Wat- und Wasservögel, unter Schutz zu stellen. Die Unterzeichnerstaaten verpflichten sich, mindestens ein Feuchtgebiet zu benennen, das in eine Liste aufgenommen wird und dessen nachhaltigen Schutz und Betreuung dieser Staat gewährleistet. Als Kriterien für die Auswahl der Gebiete gelten vor allem Mindestzahlen rastender Wat- und Wasservogelarten.
In der Bundesrepublik Deutschland (1976 beigetreten) wurden bislang 19 Feuchtgebiete in die Ramsar-Konvention aufgenommen. Mindestens 35 Gebiete erfüllen jedoch die Kriterien. Daß nicht mehr Gebiete aufgenommen wurden, liegt zumeist an der ablehnenden Haltung der Bundesländer, die für den Naturschutz zuständig sind; auch eine Form ökologischer Ignoranz.
Nach der Ramsar-Konvention sind z. B. der Bodensee (allerdings nur mit den Teilgebieten Wollmatinger Ried und Mindelsee), das Ostufer der Müritz, Havelniederung und Gülper See, der Dümmer, der Neusiedler See in Niederösterreich und Teile des Lago Maggiore im Kanton Tessin in der Schweiz geschützt.

Schutzgebiete nach der »Bonner Konvention«
1979 wurde in Bonn von einer internationalen Regierungskonferenz ein »Übereinkommen zur Erhaltung wandernder wildlebender Tierarten« verabschiedet. Dabei wurde eine Liste gefährdeter Zugvogelarten erstellt, darunter viele Arten, die auf Stillgewässer und ihre Kontaktbiotope angewiesen sind. Aus dem Abkommen sollten Schutzgebiete und Schutzmaßnahmen initiiert

werden. Leider blieb dieses Abkommen bislang ohne große Wirkung.

Biosphärenreservate
Biosphärenreservate sind regional bedeutende Kulturlandschaften mit großem ökologischem Potential, deren Ausweisung auf einem Programm der UNESCO mit dem Titel *Der Mensch und die Biosphäre* zur Erforschung naturnaher Ökosysteme basiert. In Biosphärenreservaten sollen großflächig naturnahe Nutzungen und damit auch die dadurch entstandenen Biotope erforscht, erhalten und entwickelt werden. Durch extensive Nutzung des Einzugsgebietes stellen sie ein wichtiges Instrument zum Schutz von Seen und Weihern dar. Biosphärenreservate nehmen Flächen zwischen 1000 und mehreren zigtausend Hektar ein. Sie werden meist in unterschiedliche Schutzzonen eingeteilt. Stillgewässerreiche Biosphärenreservate sind z. B. das Mittlere Elbetal, das Biosphärenreservat Schorfheide – Chorin in Brandenburg, die Oberlausitzer Heide- und Teichlandschaft in Sachsen, der Neusiedlersee und die Donau-March-Thaya-Auen.

Europäische Vogelschutzgebiete (Important Bird Areas IBA)
Die Europäische Gemeinschaft verpflichtete ihre Mitgliedstaaten, aufbauend auf der 1979 verabschiedeten »EG-Vogelschutzrichtlinie«, besonders wichtige Vogelschutzgebiete zu erfassen und zu melden, damit die bedeutendsten europäischen Vogel-Lebensräume unter Schutz gestellt werden können und so ein europaweites Schutzgebietsnetz entstehen könnte. Leider wurde auch diese Richtlinie bislang nur schleppend umgesetzt. Viele Gebiete Mitteleuropas, die die Auswahlkriterien für diese Schutzgebietskategorie erfüllen, wurden bislang wegen der Furcht vor Interessenkonflikten nicht gemeldet.
Als Europäische Vogelschutzgebiete wurden vom Internationalen Rat für Vogelschutz u. a. folgende Gebiete vorgeschlagen:
- die Diepholzer Moorniederung in Niedersachsen,
- die Ostseeinseln und -halbinseln Westrügen, Hiddensee und Zingst mit ihren Küstengewässern in Mecklenburg-Vorpommern,
- das Charlottenhofer Weihergebiet in der Oberpfalz,
- der Starnberger See in Südbayern,
- die Innstauseen in Oberösterreich und Bayern,
- das Vorarlberger Rheindelta (Bodensee),
- Teile des Genfer Sees in der französischsprachigen Schweiz.

Nationale Schutzgebiete

Die Ausweisung von Schutzgebieten durch Nationalstaaten oder Bundesländer erfolgt auf der Basis gesetzlicher Grundlagen und einzelner Verordnungen. Dabei können im Prinzip »übliche« Schutzgebiete von großflächigen Schutzgebieten unterschieden werden.

Nationalparks
Nationalparks sind meist mehrere tausend bis zehntausend Hektar große Schutzgebiete, in denen der Natur auf großen Flächen ohne Einwirkungen durch den Menschen »freier Lauf« gelassen werden soll. Ziel ist die natürliche Entwicklung der Natur. Die Nutzung durch den Menschen erfolgt nur für die Bildung, Forschung und gelenkte Erholung, meist in den Randbereichen. Um Nationalparks sind als Pufferzone meist Landschaftsschutzgebiete ausgewiesen. Ein Nationalpark mit einem großen Stillgewässer im Zentrum ist z. B. der Nationalpark Berchtesgaden in Südbayern mit dem Königssee. Der Nationalpark Vorpommersche Boddenlandschaft ist reich an Küstengewässern.

Naturparks
Naturparks sind großflächige Schutzgebiete, die in erster Linie dem Schutz der Landschaft für eine naturnahe Erholung dienen. Sie enthalten meist einen großen Anteil an Naturschutz- und Landschaftsschutzgebieten. Der Schutzcharakter ist normalerweise eher schwach. Ein Beispiel für einen stillgewässerreichen Naturpark ist der Naturpark Lauenburgische Seen in Schleswig-Holstein.

Naturschutzgebiete
Naturschutzgebiete sind die am strengsten geschützten Landschaftsbereiche. In einer Verordnung sind Bedeutung, Schutzzweck und erlaubte und verbotene Handlungen genau festgelegt. Neuere Verordnungen beinhalten meist Regelungen zur Erholungsnutzung wie Wegegebote und eine Genehmigungspflicht für Veränderungen der Nutzung. Dagegen ist in den meisten Schutzgebieten die ordnungsgemäße, d. h. übliche Nutzung durch Land-, Forst- und Fischereiwirtschaft zulässig. Nur allmählich werden auch strengere Auflagen wie Düngungsbeschränkungen erlassen.
Die meisten unserer ökologisch hochwertigen Seen wurden mittlerweile als Naturschutzgebiet ausgewiesen. Die Größe der Naturschutzgebiete liegt in der Regel zwischen 5 und einigen hundert Hektar.

Landschaftsschutzgebiete
Landschaftsschutzgebiete bilden oft eine Pufferzone um Naturschutzgebiete bzw. wurden ausgewiesen, um charakteristische Kulturlandschaften vor wilder Verbauung und Zerschneidung durch Siedlung und Verkehrswege zu schützen. Sonstige Nut-

Noch leben die Seeadler als lebende Symbole der Seenlandschaften in einigen Gebieten Mitteleuropas. Nur durch ausreichenden Schutz von Großlebensräumen, die Reduzierung des Einsatzes von Chemikalien in der Landwirtschaft und gezielten Artenschutz kann verhindert werden, daß diese majestätischen Vögel nur noch auf Münzen, Dienstsiegeln und Wappen existieren. Diese Bemühungen kommen auch kleinen Röhrichtbewohnern zugute.

zung wie Land- und Forstwirtschaft werden meist nicht reglementiert. Viele malerische Seen wurden unter Landschaftsschutz gestellt.

Naturdenkmale: unsere »Kleinst-Naturschutzgebiete«
Naturdenkmale sind gleichsam Naturschutzgebiete unter 5 ha Größe. Sie genießen dann zwar einen relativ strengen Schutz, sind aber wegen ihrer geringen Größe oft besonders stark gefährdet. Insbesondere Teiche und Tümpel wie die Hülben auf der Schwäbischen Alb, ehemalige Zisternen und Viehtränken, wurden als Naturdenkmale ausgewiesen. Allein der Landkreis Ludwigsburg hat rund 250 kleine Feuchtgebiete als Naturdenkmal unter Schutz gestellt.

Schutzgebiete kraft Gesetz
Durch Naturschutzgesetze werden vereinzelt ökologisch wertvolle Biotope kraft Gesetz pauschal unter besonderen Schutz gestellt. Insbesondere Naß- und Feuchtflächen wie z. B. Verlandungsbereiche von Stillgewässern mit Röhrichten und Großseggenrieden stehen dadurch unter Schutz. In Baden-Württemberg waren nach dem Landesnaturschutzgesetz bislang schon sämtliche Feuchtgebiete unter Schutz gestellt. Durch eine Gesetzesergänzung – das Biotopschutzgesetz – wurden nun alle Feuchtgebietstypen generell als besonders geschützte Biotope ausgewiesen.

Pflege- und Entwicklungsprogramme

Durch Pflege- und Entwicklungsprogramme sollen über den eher »passiven« gesetzlichen Schutz hinaus Maßnahmen zur direkten Abwehr oder zum Abbau von Belastungen, zur Gestaltung und Wiederherstellung geschädigter Stillgewässer sowie zur Neuschaffung von Stillgewässern initiiert und unterstützt werden. Daneben soll dadurch auch die Überwachung von Schutzgebieten gestärkt werden.

Europa-Diplom
Um den Schutz und die Entwicklung von ökologisch bedeutenden Schutzgebieten zu unterstützen, können Schutzgebiete das sogenannte Europa-Diplom durch den Europarat erhalten. Dies ist eher als ideelle Hilfe gedacht. So haben das Wollmatinger Ried am Bodensee und der Federsee in Oberschwaben dieses immer auf 5 Jahre verliehene Prädikat erhalten.

Entwicklungsprogramm »Gesamtstaatlich repräsentative Schutzgebiete«
Schutzgebiete von großer, über ein Bundesland hinausgehender Bedeutung können in Deutschland im Rahmen eines gleichnamigen Entwicklungsprogrammes des Bundes finanzielle Förderung erhalten. Dieses Programm erstreckt sich meist nur auf Teilbereiche großer Stillgewässer-Ökosysteme (z. B. das Wollmatinger Ried am Bodensee oder das Ochsenmoor am Dümmer), vereinzelt auch auf größere Ausschnitte von Auelandschaften.

Arten- und Biotopschutzprogramme sowie Landschaftspflegeprogramme auf Länderebene
Zur dauerhaften Finanzierung der Pflege- und Entwicklungsmaßnahmen (Sicherung, Pflege und Neuanlage von besonders wertvollen Biotopen) von Schutzgebieten und ökologisch wertvollen Landschaften wurden von den deutschen Bundesländern Landschaftspflegeprogramme, auch Kulturlandschaftsprogramme, aufgestellt. Teilweise werden dabei flankierende Ausgleichszahlungen bei Nutzungsbeschränkungen oder zur Aufrechterhaltung angepaßter Nutzungsweisen (Erschwernisausgleiche im Rahmen privatrechtlicher Vereinbarungen) gewährt.
Derartige Extensivierungsverträge mit der Landwirtschaft stellen ein wichtiges Instrument des Naturschutzes zur Umsetzung von Entwicklungszielen dar. Insbesondere im Hinblick auf die extensive Nutzung der Einzugsgebiete und Uferzonen von Stillgewässern kommt ihnen große Bedeutung zu.
So werden in Bayern Zuschüsse zur Pflege und naturnahen Bewirtschaftung von ökologisch wertvollen Teichen und Stillgewässern im Regierungsbezirk Mittelfranken gewährt. Die Bewirtschafter verpflichten sich dabei, im Vertragszeitraum u. a. keine Entlandungsmaßnahmen durchzuführen sowie auf Düngung, Fütterung, chemische Behandlung und Mahd von Unterwasserpflanzen zu verzichten. Sie erhielten dafür 1988 je nach Ausmaß der Einschränkungen einen Ausgleich von 400–1000 DM pro Hektar.
In Baden-Württemberg werden z. B. bei der Anlage von kleinen Stillgewässern die Kosten im Rahmen der Landschaftspflegerichtlinien je nach Träger ganz oder teilweise übernommen.

Objektorientierte Aktionsprogramme
Um bestimmte, bedeutende Gewässer zu sanieren, wurden objektorientierte Aktionsprogramme entwickelt. Durch die Konzentration finanzieller Mittel sind die Sanierungsmaßnahmen meist erfolgreicher als bei breiter Streuung. So wurden im Rahmen des Bodensee-Programms der Staatlichen Wasserwirtschaftsverwaltung Baden-Württembergs nahezu alle Kläranlagen im Einzugsbereich des Bodensees mit Phosphatfällungsstufen ausgestattet, so daß seit 1980 ein steter Rückgang der Phosphorkonzentrationen erreicht werden konnte.
Im Rahmen des Aktionsprogrammes zur Sanierung oberschwäbischer Seen sollen ab 1988 im Laufe von 10 Jahren 32 bedeutende und unter Eutrophierung leidende Seen und Weiher in Oberschwaben detailliert untersucht und saniert werden.

Aktionen auf kommunaler Ebene
Auf der gemeindlichen Ebene sind die Wege besonders kurz. Hilfe für unsere Stillgewässer kann hier oft sehr effektiv und in kurzen Zeiträumen geleistet werden. In Zusammenarbeit von Gemeinde, Firmen, Naturschutzvereinen und engagierten Bürgern wurden schon viele Projekte, z. B. zur Sanierung von Dorfteichen und Feuerlöschteichen, durchgeführt. Auch die naturnahe Gestaltung und Bepflanzung der Ufer bestehender Teiche wie auch See- und Uferputzaktionen stehen auf ihrem Aktionsplan. Ein solches Beispiel ist die Gemeinde Sersheim im Landkreis Ludwigsburg. In einer beispielhaften Aktion wurden über 10 Jahre hinweg 6 Feuchtgebiete entschlammt, renaturiert und 2 weitere Bereiche neu angelegt. Ein in den siebziger Jahren stillgelegter und zugeschütteter Mühlkanal wurde wieder ausgebaggert und als Lebensader für die angrenzenden Feuchtwiesen in Betrieb genommen. In der internationalen Zusammenarbeit hat die Gemeinde Sersheim Akzente gesetzt und der Partnergemeinde Canale im norditalienischen Piemont ein Feuchtgebiet geschenkt. Auch wenn es darum geht, z. B. Kreuzkröten in Sand- und Kiesgruben wieder einen Lebensraum zu geben, sind auf gemeindlicher Ebene oft schnelle Hilfen möglich.

Flache periodische Gewässer im Nordosten Deutschlands und im östlichen Teil Österreichs werden von der Rotbauchunke als Laichgewässer aufgesucht.

Bezüglich der Pflege und Neuanlage von Stillgewässern sollte allerdings angemerkt werden, daß grundsätzlich nur durch den Menschen geschaffene Gewässer gepflegt werden sollten. Ausgenommen werden sollten primäre Gewässer, die stark gestört sind. Besser als künstliche Pflege und meist nachhaltiger ist die Wiederherstellung der natürlichen Dynamik des Werdens und Vergehens.
Bei der Neuanlage von kleinen Stillgewässern dürfen bestehende Biotope (z. B. Feuchtwiesen) nicht zerstört werden. Sie sollten auch so wenig wie möglich bepflanzt und unbedingt in nährstoffarmer Umgebung angelegt werden, sonst verlanden sie sehr schnell wieder und werden zum dauerhaften »Pflegefall«. Auch ist zu bedenken, daß neuangelegte Kleingewässer oft lange Zeit benötigen, bis sie die Funktion älterer Gewässer übernehmen können. Dies ist bei der Aufrechnung der reinen Zahl bzw. Fläche von verlorengegangenen und neugeschaffenen Gewässern zu berücksichtigen. Deshalb ist es sehr wichtig, sich über die Ziele und Erfolgsaussichten der Neuanlage von Stillgewässern vorurteilsfrei zu bedenken.

Landschaftsplanung und Biotopkartierung

Schließlich ist auch noch die Landschaftsplanung als wichtiges Element des vorausschauenden Schutzes von Stillgewässern zu erwähnen. Die Landschaftsplanung sollte Nutzungskonflikte an und im Einzugsgebiet von Stillgewässern vorausschauend erkennen und auf eine Entkoppelung von Nutzungsansprüchen hinarbeiten. Durch intelligente Lenkungskonzepte können belastende Gewässernutzungen reduziert werden.
Sollen Stillgewässer wirksam geschützt und entwickelt werden, müssen ausreichende Daten über ihr Vorkommen, ihren ökologischen Zustand und mögliche Belastungsquellen bekannt sein. Diese Aufgabe nimmt die Biotopkartierung wahr, die im Hinblick auf Stillgewässer durch Seen-Untersuchungsprogramme ergänzt werden muß. Nur durch dauerhaftes Beobachten lassen sich frühzeitig Gefährdungen abschätzen.

An der Umsetzung hapert's oft!

Das Instrumentarium des Naturschutzes und der Landschaftspflege zum Schutz und zur Sanierung unserer Stillgewässer ist groß. Dennoch läßt die Wirksamkeit der Schutz- und Entwicklungsmaßnahmen oft zu wünschen übrig, da die Umsetzung wegen mangelndem politischen Willen nicht mit dem notwendigen Nachdruck in Angriff genommen wird. Oft fehlen auch ausreichende finanzielle Mittel und das notwendige Personal bei den Naturschutzverwaltungen.

Naturbeobachtungen schaffen Verständnis für Schutzbemühungen.

Als Beispiel sei hier der Dümmer in Niedersachsen angeführt: Trotz Ausweisung als Naturschutzgebiet (1961), Europareservat (1966), Wildschutzgebiet (1968) und Feuchtgebiet internationaler Bedeutung (1976), trotz Entwicklung eines fachübergreifenden Sanierungskonzeptes konnte dieses Stillgewässer nicht vor Eutrophierung geschützt bzw. Sanierungsmaßnahmen im notwendigen Umfang umgesetzt werden.

Was können Landwirte tun?

Die Landwirtschaft trägt zur Gefährdung von Stillgewässern im wesentlichen in zwei Bereichen bei. Zum einen wurden viele in der Feldflur liegende, die intensive Bewirtschaftung störende Klein- und Kleinstgewässer verfüllt, zum anderen tragen Nährstoffeinträge aus intensiv landwirtschaftlich genutzten Flächen wesentlich zur Eutrophierung bei.

Erhaltung von Kleinst-Gewässern

Regenwassertümpel oder Überschwemmungstümpel, die vor allem noch im Feuchtgrünland vorhanden sind, sollten nicht verfüllt werden. Oftmals sind diese Tümpel über Jahre hinweg gar nicht als Tümpel zu erkennen, da sie nur periodisch mit Wasser gefüllt sind. Deshalb ist es auch wichtig, diese Bodenvertiefungen zu erhalten. Natürlich kann nach einer Verfüllung leichter mit den Maschinen gearbeitet werden, die Vielfalt unserer Kulturlandschaft sollte aber auch Landwirten am Herzen liegen.

Nährstoffaustrag minimieren

Der diffuse Nährstoffeintrag in Stillgewässer aus landwirtschaftlichen Nutzflächen bekommt mit zunehmend wirksamerer Klärung von Abwässern eine immer größere Bedeutung im Hinblick auf die Eutrophierung. Deshalb sollten Landwirte folgende Regeln einer ordnungsgemäßen Bewirtschaftung im Einzugsgebiet oder in Nachbarschaft von Stillgewässern beachten:

- Ausbringung von Dünger (vor allem Gülle) nur in der Vegetationsperiode.
- Düngermengen genau berechnen (Nährstoffbilanzen), eher etwas reduzierte Düngung als üblich. Oft sind die Nährstoffreserven im Boden noch sehr hoch.
- Bei Ackernutzung auf Hängen mit geringer Neigung Bewirtschaftung hangparallel durchführen.
- Statt Ackernutzung Grünlandnutzung auf Hanglagen.
- Zu Maisäckern umgebrochenes Grünland in Niederungen und Hanglagen wieder in Grünland zurückführen.

Zusätzlich zu diesen von Landwirten selbst zu berücksichtigenden Hinweisen sollten sie im Einzugsbereich von Stillgewässern intensiver durch die Landwirtschaftsverwaltung über Fragen der Düngung beraten werden. Es sollte auch geprüft werden, ob Möglichkeiten zur Einrichtung grünlandgenutzter Gewässerrandstreifen ohne Düngung oder zur flächenhaften Extensivierung der Nutzung als Pufferzonen um Stillgewässer gegen finanziellen Ausgleich angeboten werden können. Die flächenhafte Extensivierung stellt vor allem auf dränierten Flächen eine wirksame Möglichkeit der Reduzierung des Nährstoffeintrags dar.

Ein Beispiel für die Zusammenarbeit eines Bundeslandes, einer Gemeinde und eines privaten Umweltschutzvereins mit der Landwirtschaft zur Sanierung von Stillgewässern bietet die Gemeinde Ratekau in Ostholstein. Durch Umwandlung von erosions- und abschwemmungsgefährdeten Äckern in extensiv genutztes Grünland sollen die Schadstoffeinträge in die eutrophierten Gewässer Sielbek, Thurau und Hemmelsdorfer See vermindert werden. Da die vom Land gewährten Ausgleichsbeträge in Höhe von 750 DM/ha gegenüber den Erlösen durch Winterweizen, Gerste und Raps nicht konkurrenzfähig waren, legten 1993 die Gemeinde und ein örtlicher Umweltschutzverein kurzerhand jeweils noch einmal 125 DM drauf. So hofft man, doch die notwendigen 60 ha Ackerland auf freiwilliger Basis extensivieren zu können.

Was können Angler und Fischer tun?

Da die Fischerei unmittelbar in Stillgewässer-Ökosysteme eingreift, können viele Belastungen durch Berücksichtigung ökologischer Belange wirkungsvoll vermindert bzw. verhindert werden.

Aus dem Hegegebot der Fischereigesetze leiten Angelfischer oft eine Verpflichtung zur regulierenden Bewirtschaftung von Fischbeständen ab. Ökologisch besteht hierzu dagegen meist keine zwingende Notwendigkeit. Allenfalls kann daraus die Verpflichtung zur Erhaltung von ökologisch intakten Gewässern und zu deren Schutz vor Beeinträchtigungen abgeleitet werden.

Nicht alle Gewässer müssen unterhalten, d. h. gepflegt werden. Gesunde und vor allem nicht vom Menschen angelegte Gewässer können auch sich selbst überlassen werden bzw. bleiben, vor allem dann, wenn keine wirtschaftliche Notwendigkeit zur Nutzung besteht. Auch nicht befischte Gewässer können ökologisch bedeutend sein! Angler sind in erster Linie Gäste an unseren Gewässern.

Besonders oligotrophe Stillgewässer wie Moortümpel und Quelltümpel sollten nicht als Fischteiche genutzt werden. Da sie von Natur aus besonders nährstoffarm sind, erbringen sie ohne Zufütterung kaum einen Ertrag. Es genügt aber schon eine geringe Zufütterung, um sie und die aus ihnen entspringenden nährstoffarmen Bäche zu zerstören.

Beschränkung auf bestimmte Gewässerabschnitte

An bestimmten Gewässerabschnitten kann es notwendig werden, ein Verbot des Angelns auszusprechen, um z. B. die Brut oder die Rast von Wasservögeln nicht zu stören. Auch bei Gefahr der Zerstörung der Ufervegetation sollte nicht geangelt werden. Dann sollten auch Anglerstege in störungsempfindlichen Bereichen beseitigt werden.

Fischereiliche Nutzung möglichst extensiv

Angelfischer sollten ein Stillgewässer in erster Linie entsprechend der natürlichen Ertragskraft der Gewässer bewirtschaften. Bei intensiver Befischung werden durch Zufütterung nämlich übermäßig Nährstoffe in Stillgewässer eingebracht.

Die extensive Fischerei setzt eine Selbstbeschränkung der Mitgliederzahlen in Angelvereinen oder die Beschränkungen der

Mit Gewässerpflege und Fischhege hat diese Wettfischerei wirklich nichts zu tun.

Ausgabe von Fischereierlaubnisscheinen (Kontingentierung) voraus. Denn oft entsteht durch große Mitgliederzahlen ein Zwang zu intensiver Bewirtschaftung von Vereinsgewässern. Auch die Einführung von Fanggrenzen (Zahl der Fische nach Arten und Größen) kann hier eine Linderung für unsere Stillgewässer bewirken.

Teichwirtschaft sollte nur extensiv sein, wenn sie nicht wirtschaftlich betrieben wird. Der Ablaßturnus sollte dann etwa 4–6 Jahre betragen. Die Fische sollten wenig zugefüttert und eher als »Weidetiere« betrachtet werden, die den natürlichen Aufwuchs abweiden. Je intensiver Teiche bewirtschaftet werden, desto größer ist die Gefahr unvorhergesehener Belastungen. Eutrophe Teiche haben zwar die höchste Fischproduktivität (z. B. 5–10 t/ha Karpfen), die Gefahr von Fischsterben wegen nächtlicher Sauerstoffdefizite ist hier aber auch am größten.

Fremdbesatz darf grundsätzlich nicht mehr erlaubt werden. Besser wäre, Selbstverzicht zu leisten. Besatzmaßnahmen müssen auch auf das ökologisch sinnvolle Maß beschränkt werden. Zuviel Manipulation schadet meist! Auch hier muß die schonende Nutzung des von der Natur Angebotenen im Vordergrund stehen.

Durch Bewirtschaftung von Teichen trägt die Fischerei dazu bei, Stillgewässer zu erhalten, die sonst u. U. in andere, intensivere Nutzungen überführt würden. Deshalb ist die Wiederherstellung insbesondere ehemaliger Weiher für extensive Fischerei zu begrüßen.

Selbstverständlich sollte es sein, Angelplätze nicht durch Bierkisten und Feuerstellen etc. zu verschmutzen.

Regelmäßige Befischung von Weißfischen

Filtrierer (Zooplankton, z. B. Wasserflöhe der Gattung *Daphnia* oder Kleinkrebse) sind wichtige Organismen im Nahrungsnetz von Stillgewässern. Indem sie Phytoplankton fressen, sind sie selbst in polytrophen Gewässern wie Schönungsteichen in der Lage, das Wasser klarzufiltrieren (Daphnien-Klarwasserstadium). Deshalb sollten auch die nicht wirtschaftlichen Weißfische wie Rotaugen und andere *Cypriniden* befischt werden, da diese die Populationsgröße der Filtrierer stark reduzieren können. Viele Weißfische sind nicht nur Futterfische für Hechte, sondern können durchaus auch als Speisefische genutzt werden. Zudem können Weißfische für manche gefährdeten Kleinfischarten auch Nahrungskonkurrenten sein.

Zur Reduzierung der Weißfische werden in der Regel zwei Verfahren angewandt:

– Besatz mit Raubfischen wie Hecht, Zander, Barsch und Wels. Dieses Verfahren ist allerdings umstritten, da in eutrophierten Seen im Sommer der Lebensraum für die Raubfische durch starken Sauerstoffmangel im Hypolimnion eingeschränkt sein kann. Vor allem größere Altfische (Hechte) brauchen aber ein größeres Revier.

– Netzfischerei: Besser als der Besatz mit Raubfischen ist die nichtselektive Netzfischerei. Dadurch wird eine gleichmäßige Befischung aller Arten gewährleistet. Als Regel sollte für jeden Raubfisch eine bestimmte Anzahl Weißfische entnommen werden.

Was können Jäger tun?

Schonung für Wasservögel

Während der Mauserzeit sowie zur Hauptzugzeit der Wasservögel sollten keine Wasserjagden durchgeführt werden. Besonders störend ist häufiges Jagen in kleinen Gruppen. Derartig bejagte Gewässer sind für Vögel praktisch nicht mehr nutzbar. Statt dessen wäre es besser, die Wasservogeljagd auf ein bis zwei Termine pro Jahr zu beschränken oder an ökologisch besonders wertvollen Stillgewässern ganz auf die Jagd zu verzichten.

Bei größeren Stillgewässerlandschaften sollte die Jagd auf einem Wasservogel-Management aufbauen, das eine extensive jagdliche Nutzung bei Ausweisung regional und zeitlich differenzierter Ruheräume umfaßt.

Auf Landschaftsverschmutzung durch die Einrichtung allzu vieler kleiner Jagdunterstände an den Ufern von Stillgewässern, oftmals in Schrotschuß-Entfernung alle 80 m, sollte verzichtet werden.

Bleischrot vermeiden

Jäger sollten in Flachwasserzonen möglichst keinen Bleischrot einbringen. Jäger ohne gute Schießfertigkeit sollten auf Wasserjagden verzichten, da durch ihre Fehlschüsse besonders viel Blei eingetragen wird. Statt dessen muß die Waffenindustrie gedrängt werden, Flintenmunition ohne Bleischrot anzubieten.

Stillgewässer nicht zu Kirrplätzen verkommen lassen!

Kirrungen sind Plätze, auf denen kleinere Mengen von Futter ausgebracht werden, um Wild anzulocken. Leider sehen viele Kirrungen oft mehr wie Müllkippen aus, da sie mit allerlei Reststoffen oft über längere Zeit betrieben werden, um das Wild zu binden. Wirkliche Ankirrungen sollten auf das allernötigste Maß beschränkt werden. Stillgewässer sollten generell wegen des Nährstoffeintrags nicht als Kirrplätze mißbraucht werden.

Freizeit will geplant sein!

Durch den großen Ansturm auf Seen, Teiche und andere Stillgewässer durch Erholung und Freizeit suchende Menschen sind Regelungen zur umweltverträglichen Erholungsnutzung an vielen Gewässern unumgänglich. Insbesondere der Massentourismus entzieht der Erholungsnutzung langfristig die eigenen Grundlagen. Gemeinden mit schönen Stillgewässern dürfen deshalb nicht den kurzfristigen Nutzen um jeden Preis suchen und sollten beispielsweise ihre Werbekonzepte genau abwägen. In empfindlichen Schutzgebieten kann auch übertriebener »Ökotourismus« zu Belastungen führen. Dennoch sind Stillgewässer wichtige Elemente des Naturerlebens, wir müssen sorgsam mit ihnen umgehen.
Sinnvoller Naturschutz und Landschaftsplanung an unseren Gewässern sollte sich die Erarbeitung von zumindest regionalen Schutzkonzepten zueigen machen, um über oft konfliktträchtige Einzelfallösungen hinaus zu kommen. Bei Beispiel hierfür ist das Schutzkonzept für die Flachwasserzonen des Bodensees, das den Rang eines Teilregionalplanes erhalten hat.
Besondere Bedeutung bei der Durchsetzung von Lenkungsmaßnahmen an unseren Gewässern haben die Transparenz der Entscheidungsfindung sowie die umfassende und professionelle Information über ihre ökologischen Hintergründe. Dann werden sie auch eher akzeptiert.

Zeitliche und räumliche Entflechtung

Ein wichtiges Instrument der Landschaftsplanung stellt die örtliche und zeitliche Entflechtung des Erholungsbetriebes sowie aller konkurrierenden Nutzungen dar. Dies ist besonders an größeren Stillgewässern mit einer freien Wasserfläche über 10 ha notwendig. Einschränkungen der Erholungsnutzung sollten wegen des wichtigen Zieles der Erhaltung ökologisch bedeutsamer Bereiche in Kauf genommen werden. Insbesondere Sperrungen mancher Stillgewässerabschnitte bzw. mancher Ufer während der Brut- und Mauserzeit sind oft unumgänglich.
Daneben können bei übermäßiger Nutzung von ökologisch bedeutenden Stillgewässern auch Ausgleichsgewässer für die Erholungsnutzung geschaffen werden. Diese sollten möglichst vielfältig und »urwüchsig« sein, damit sie auch für Individualisten anziehend sind.

Intelligente Besucherlenkung statt Verbote!

Durch intelligente Maßnahmen der Besucherlenkung im Uferbereich können Störungen verhindert werden, ohne daß dies als Einschränkung empfunden wird. So können unerwünschte Pfade durch Dornbüsche unkenntlich gemacht werden. Beobachtungstürme können störungsfreien und gleichzeitig noch abenteuerlichen Naturgenuß bieten.
Störungen können auch schon im Vorfeld von Stillgewässern z. B. durch Sperrung von Parkplätzen und Zufahrtswegen bis hin zum »Rückbau« von Zufahrtswegen zurückgehalten werden.

Bootsverkehr

Der Bootsverkehr hat auf manchen Seen ein beträchtliches Ausmaß angenommen. Negative Auswirkungen auf den ökologischen Zustand der Gewässer sind dabei unvermeidbar. Allein am deutschen Ufer des Bodensees sind mehr als 50.000 Boote zugelassen. Eine Beschränkung der Zulassung sollte hier auch von Politikern im Sinne der Erhaltung einer nachhaltigen Nutzungsfähigkeit mit mehr Mut vertreten und durchgesetzt werden. Daß dies möglich ist, zeigen uns einige bayerische Voralpenseen, wo nicht nur die Zulassung von Booten im Sinne eines Managements beschränkt wurde, sondern sogar die das Wasser und die Ruhe besonders belastenden Motorboote verbannt wurden.
Auf größeren Gewässern muß darauf geachtet werden, daß auch von der Wasserseite Absperreinrichtungen (z. B. Bojen)

vor Naturbereichen für Bootfahrer und Surfer erkennbar sind. Kleinere, ökologisch empfindliche Gewässer sollten für Bootsverkehr und Surfer ganz gesperrt werden.

Baden

Auch als Badende sollten wir uns an örtliche oder zeitliche Beschränkungen der Zugänglichkeit bestimmter Gewässerbereiche aus ökologischen Gründen halten. Empfindliche Schwimmblattpflanzenzonen sowie sonstige trittempfindliche Uferbereiche sollten vom Baden und Schwimmen ausgespart werden. Auf Entkrautungen in größerem Ausmaß wäre zu verzichten, da Unterwasserpflanzen wichtige Funktionen im Hinblick auf das Regenerationsvermögen der Seen und Weiher ausüben.

Seen-Sanierung – eine Jahrhundertaufgabe

Bei der Sanierung von Stillgewässern wird versucht, ein eutrophiertes Gewässer wieder in einen naturnäheren, nährstoffärmeren Zustand, d. h. vom Menschen weniger belasteten Zustand zurückzuführen.
Die Seen-Sanierung umfaßt im einzelnen die Seen-Sanierung im engeren Sinne und die Seen-Restauration. Erstere hat die nachhaltige Bekämpfung der Ursachen der Eutrophierung zum Ziel. Nähr- und Schadstoffe sollen dabei im Einzugsgebiet zurückgehalten und so erst gar nicht in den See eingeleitet werden. Dagegen umfaßt die Seen-Restauration Maßnahmen, die im und am Gewässer selbst durchgeführt werden. Ziel ist dabei die Verbesserung des ökologischen Zustands durch Nährstoffverarmung im Stillgewässer selbst. Dies soll vor allem durch Anreicherung des Wassers mit Sauerstoff geschehen. Auch die Verringerung der Rücklösung von Phosphor aus dem Sediment durch Entfernung der mineralischen Pflanzennährstoffe kann dem Gewässer helfen.

Voraussetzungen der Seen-Sanierung

Vor dem Herummanipulieren an Gewässern sollten einige Voraussetzungen erfüllt sein. Denn Stillgewässer, vor allem größere, sind bezüglich ihrer Struktur und ihres ökologischen Aufbaus Individuen. Sanierungsmaßnahmen sollten deshalb immer auf die spezifische Situation abgestimmt sein. Dies erfordert in der Regel eingehende Bestandsaufnahmen, um die Ursachen der Veränderungen feststellen zu können. Wichtig ist vor allem die Feststellung der Ursachen der Nährstoffbelastung sowie der pro Zeiteinheit aus den unterschiedlichen Quellen eingetragenen Nährstoffmengen (Frachten). Da Stillgewässer jahreszeitlich sehr stark unterschiedliche Zustände aufweisen können, muß die Bestandsaufnahme immer einen längeren Zeitabschnitt, mindestens aber ein Jahr, umfassen. Nur wenn eine fundierte Ursachenanalyse durchgeführt wird, kann eine fachgerechte Zielformulierung erfolgen und der Erfolg abgeschätzt werden. Ursachenforschung geht also immer vor reinen Aktionismus. Sonst sind schnell große Summen verschwendet und manchmal sogar ökologischer Schaden angerichtet.
Die Bestandsaufnahme, die ökologische Bewertung, die Zielsetzung und die beabsichtigten Sanierungsmaßnahmen sollten dann in einem Gewässerpflege- und Entwicklungsplan bzw. Sanierungskonzept dargestellt werden.
Restaurationsmaßnahmen wurden bislang meist nur an kleinen Gewässern angewandt und sind in der Regel teuer. Ohne gleichzeitige oder besser vorausgehende langfristige Sanierungsmaßnahmen im Einzugsgebiet sind jedoch noch so aufwendige Restaurationsmaßnahmen in der Regel nur von kurzfristigem Erfolg gekrönt. Leider wird diese Regel nicht immer eingehalten, da Sanierungsmaßnahmen im Einzugsgebiet ungleich schwieriger durchzuführen sind und eben erst mittel- bis langfristig, dann aber grundlegenden Erfolg zeigen.
Wenn mit der Sanierung von Stillgewässern begonnen wird, bevor starke Belastungsfolgen zu erkennen sind, sind die Maßnahmen in der Regel kostengünstiger und wirkungsvoller. Allerdings gehört hierzu eine ständige Überwachung der Stillgewässer. Diese wird von den staatlichen Ämtern für Wasserwirtschaft bzw. den Landesanstalten für Umweltschutz wahrgenommen. Leider sind derzeit genaue Daten zum Zustand der limnologischen Verhältnisse der Stillgewässer oft nur sehr unzureichend vorhanden. Auch aus diesen Gründen sollte die Gewässerüberwachung verstärkt werden.

Erfolgsaussichten der Seen-Sanierung

Sanierungs- und Restaurationsmaßnahmen haben nicht immer den gewünschten ökologischen Erfolg. Deshalb ist eine Abschätzung der Erfolgsaussichten besonders wichtig. Nicht jedes Gewässer kann in jeden denkbaren Zustand zurückversetzt werden, um z. B. bestimmte Nutzungen wieder zu ermöglichen. Aus den Gegebenheiten kann aber errechnet werden, ob durch

Oligotrophierung wieder ein bestimmter Trophiezustand möglich ist.
Selbst wenn die Schädigungsfaktoren beseitigt werden, ist eine Regeneration der vollständigen Ökosysteme oft nicht mehr möglich, da die ausgerotteten Organismen nicht wieder herstellbar sind oder nicht mehr zuwandern können. Darüber hinaus muß auch mit einer gewissen Trägheit des Systems bei der Oligotrophierung von Seen gerechnet werden, d. h. daß sich z. B. bei verringerter Nährstoffzufuhr nicht unmittelbar eine Verbesserung des ökologischen Zustands durch verminderte Phytomasse-Produktion ergeben muß. Dies ist dann der Fall, wenn große Nährstoffvorräte im Sediment vorhanden sind, so daß erst größere Mengen abgeschöpft werden müssen, um eine Limitierung des Wachstums zu erreichen. Hinzu kommt, daß unterschiedliche Planktonarten mit unterschiedlicher Nährstoffversorgung gleich hohe Phytomassen produzieren können, so daß sich u. U. eine Abfolge verschiedener Algenarten bei gleichbleibender Produktion ergibt.
Trotz des individuellen Charakters können folgende Hauptfaktoren, die den ERfolg einer Sanierung bestimmen, unterschieden werden:

- Einzugsgebiet (geologischer Aufbau, Intensität der land- und forstwirtschaftlichen Nutzung, Besiedlung, Art der Abwasserbeseitigung),
- morphologische, hydrologische und limnologische Gegebenheiten des zu sanierenden Gewässers,
- derzeitige und angestrebte Nutzung des Gewässers,
- finanzielle Möglichkeiten.

Faktoren, die den Sanierungserfolg positiv beeinflussen, sind kurze Verweilzeit des Wassers (günstiges Verhältnis Zuflußwassermenge zu Wasservolumen), ein geringes Verhältnis der Größe des Einzugsgebietes zum Gewässervolumen und ein hoher Waldanteil des Einzugsgebietes.
Polytrophe Gewässer sprechen auf Sanierungsmaßnahmen meist nur langsam an. Je früher Sanierungsmaßnahmen einsetzen, um so erfolgversprechender und billiger sind sie. Sanierungsmaßnahmen sollten deshalb immer einsetzen, bevor der See umgekippt ist. Denn die Prophylaxe ist immer billiger als die Therapie.

Spätfolgen der Eutrophierung oder »Ohne Geburtshilfe läuft kaum was !«

Daß die Nährstoffverarmung (Oligotrophierung) eines Stillgewässers nicht einfach eine Umkehrung der Eutrophierung darstellt, zeigt das Beispiel des Bodensees. Im Laufe der Eutrophierung wurden als Folge des übermäßigen Algenwuchses organische Schlämme am Seegrund abgelagert. Dadurch wurde die ehemals sauerstoffreiche Grenzschicht zwischen Wasser und Kiesgrund sauerstoffarm. Nun ist gerade diese Grenzschicht die Kinderstube für angestammte Fischarten wie die Blaufelchen, einer im Freiwasser ablaichenden Form des Felchen. Trotz der Erfolge bei der Sanierung (seit ca. 1980 sind die Phosphorwerte wieder rückläufig) bildete sich diese sauerstoffarme Schlammschicht am Grund des Sees noch nicht vollständig zurück, so daß sich aufgrund des Sauerstoffmangels nur 10 Prozent der Eier der Blaufelchen zu Jungfischen entwickeln können.
Da nun die Blaufelchen zusammen mit der im Flachwasser ablaichenden Form des Gangfischs oder Braunfelchens eine wichtige wirtschaftliche Rolle für die unzähligen Angel- und rund 150 Berufsfischer am Bodensee spielen, denn Felchen stehen bei der Gastronomie rund um den See in hohem Kurs, wird diesem schlechten Bruterfolg künstlich nachgeholfen. So werden in der staatlichen Fischbrutanstalt in Langenargen jährlich große Mengen an Eiern nicht nur von Felchen, sondern auch von Hecht, Seeforelle und Seesaibling unter großem Aufwand künstlich erbrütet und nach einer mehrwöchigen Aufzuchtphase als Jungfische in den Bodensee entlassen. Wie lange diese kostspielige Geburtshilfe noch notwendig ist, kann bislang noch nicht abgeschätzt werden.
Derartige Brutanstalten gibt es übrigens auch an anderen Seen, so in Prien am Chiemsee, wo 1984 70 Millionen Jungfische von Renke, Hecht und Felchen erbrütet wurden.

Verfahren der Seen-Sanierung im engeren Sinne

Nährstoffelimination in Kläranlagen

Phosphor ist in aquatischen Ökosystemen der wichtigste Pflanzennährstoff. Er begrenzt meist die Produktion an Pflanzenmaterial durch die Photosynthese. Eine Entfernung von Phosphor aus dem Abwasser ist deshalb für die Sanierung von Stillgewässern sehr effektiv. Neben der generellen Verringerung der Phosphorbelastung unserer Abwässer durch Ersatz von phosphathaltigen Waschmitteln durch phosphatarme bzw. phosphatfreie erfolgt dies durch die Phosphatfällung. Dabei wird in einer 3. Reinigungsstufe (nach der mechanischen und biologischen) durch Zugabe von Fällungsmitteln wie Eisen- und Aluminiumsalzen eine Ausflockung und Sedimentation der Phosphorverbindungen bewirkt. Bei kontinuierlicher Zugabe können konstant Werte unter 0,8 mg / l P erreicht werden. Dies stellt eine sehr effektive Maßnahme der Seen-Sanierung dar. Da neben Phosphor teilweise auch Stickstoff für das Wachstum von Algen begrenzend sein kann, sollte neben der Phosphor-Elimination auch die Verringerung der Stickstofffrachten angestrebt werden.

Schönungsteiche (Nachbecken von Kläranlagen)

Schönungsteiche sind großflächige Teiche, die Kläranlagen nachgeschaltet werden. In ihnen kommt das geklärte Abwasser zur Ruhe, so daß organische Rest-Schwebstoffe (Belebtschlammflocken) sedimentieren können. Dies verbessert vor allem die Belastung durch organische Schadstoffe (Sauerstoffzehrung). In der Vegetationsperiode werden Phosphor und Stickstoff zusätzlich von Algen und höheren Wasserpflanzen aufgenommen, die in den gut mit Nährstoffen versorgten, relativ warmen Restabwässern sehr früh mit ihrem Wachstum beginnen. Man strebt eine Verweilzeit des gereinigten Abwassers von 2 – 5 Tagen an. Dies läßt sich auch durch Hintereinanderreihung mehrerer Schönungsteiche erreichen. Nährstoffe gelangen so als Sedimente auf den Teichboden, werden teils ausgeschwemmt oder in Biomasse festgelegt. Durch Abernten der Wasserpflanzen im Herbst können Nährstoffe entzogen und wiederum als Dünger bzw. Kompost in den Kreislauf gebracht werden.

Der Bau und die Unterhaltung von Kläranlagen hat vielen Gewässern wieder eine Lebenschance gegeben.

Ringkanalisation – »Abwasser-Umleitung«

Abwässer der Siedlungen im Einzugsgebiet und am Gewässer werden über Kanalisationen um das Gewässer geleitet und Kläranlagen zugeführt. Dadurch gelangen die gereinigten Abwässer nicht in das Stillgewässer. Notwendig sind hierfür Kanäle und oft auch Pumpwerke. Dies stellt eine sehr effektive Maßnahme zur Sanierung eines Stillgewässers dar, vor allem dann, wenn die Belastung überwiegend auf häusliche und industrielle Abwässer zurückzuführen ist.
Probleme bereitet das Regenwasser bei Mischkanalsystemen. Bei Starkregen genügt die Kapazität der Kanalisation meist nicht, so daß überschüssiges Mischwasser in das Stillgewässer abgegeben wird. Dennoch stellt dieses System einen wesentlichen Fortschritt dar.

Verringerung des diffusen Nährstoffeintrags aus Landflächen im Einzugsgebiet

Je intensiver das Einzugsgebiet eines Gewässers genutzt wird, desto größer ist die Gefahr des Nährstoffeintrags in die Gewässer. Der geringste Eintrag findet unter Wald statt, wobei allerdings insbesondere bei großflächiger Kahlschlagwirtschaft durchaus große Mengen an Stickstoff eingetragen werden können. Nach dem Wald ist generell Grünland ein besserer Schutz vor Nährstoffausträgen als Ackerland.
Effektive Gegenmaßnahmen gegen den Nährstoffaustrag aus landwirtschaftlichen Nutzflächen stellen zum Beispiel bei Ackerland die Bearbeitung mit den Höhenlinien, der Verzicht auf Maisanbau auf solchen Standorten sowie eine eher zurückhaltende Düngung auf der »sicheren« Seite dar. Entlang der Fließgewässer sollten zur Abschirmung des Ackerlandes nicht genutze oder als Grünland genutzte Uferrandstreifen von 5 – 20 m Breite eingerichtet werden. Grünland sollte nur in der Vegetationsperiode mit Gülle beschickt werden, wenn der Boden und die Pflanzen aufnahmefähig sind, auf jeden Fall nicht auf gefrorenem oder schneebedecktem Boden.

Phosphatrückhaltung in den zulaufenden Fließgewässern

Naturnahe Fließgewässer begünstigen aufgrund ihrer hohen Strukturvielfalt die Sedimentation von Feststoffen, das Wachstum von Wasserpflanzen und damit auch die Festlegung von gelöstem Phosphor durch die an ihrer Oberfläche aufwachsenden

Algen. Naturnah erhaltene oder »rückgebaute« Fließgewässer im Einzugsgebiet von Stillgewässern vermindern damit den Nährstoffeintrag wirksam. Selbst wenn durch winterliche Hochwasserwellen Sedimente und Pflanzenmasse in Stillgewässer eingetragen werden, wirken sie dort außerhalb der Vegetationsperiode nicht so stark eutrophierend.

Die Kläranlage am Zufluß

Bei Stillgewässern mit hohem Wert für die Wasserwirtschaft (Trinkwasser) oder für die Erholung werden zur Sanierung teilweise technische Anlagen zur Phosphatfällung mittels Eisensalzen an den Zuläufen errichtet (Entphosphatung). Die Kapazität liegt meist bei 3 – 5 m^3/s Durchfluß. Dies stellt eine sehr kostenaufwendige, aber auch sehr effektive Maßnahme dar. Problematisch können stark schwankende Zuflüsse (z. B. bei Starkregen oder Schneeschmelze) sein.
Beispiele hierfür sind der Tegeler See und die Grunewaldseen bei Berlin, ebenso die Trinkwassertalsperre Walmenbach.

Schlammfänge am Zufluß (Vorbecken)

Besonders bei der Neuanlage von Stauseen werden oft sogenannte Vorbecken vor dem eigentlichen Stillgewässer eingerichtet. In ihnen beruhigt sich das Zuflußwasser bei Mittelwasser, so daß anorganische Stoffe sedimentieren können und gelöster Phosphor von Algen und Wasser- sowie Sumpfpflanzen aufgenommen werden kann. Entscheidend ist die Dimensionierung der Vorbecken. Sie sollten so groß sein, daß eine mittlere Verweildauer von mehr als 10 Tagen erreicht wird. Dann können in der Vegetationsperiode mehr als 90 Prozent der Phosphorfracht entfernt werden. Kleine Vorbecken wirken dagegen nur bei Niedrigwasserzufluß. Zu den Pflegemaßnahmen eines Vorbekkens gehört die gelegentliche Ausräumung der Sedimente. Dies verbessert zum einen die Aufnahmekapazität, zum anderen wird eine Rücklösung des Phosphors aus den sedimentierten Schlämmen verhindert. Eine ähnliche Funktion wie Vorbecken nehmen manchmal natürliche Randseen bei Seen ein.

Sumpfbeete – Rieselfelder

Das Sumpfbeet ist ähnlich dem Vorbecken, nur mit geringerer Tiefe (max. 1 m), so daß die gesamte Fläche von Röhricht- und Sumpfpflanzen eingenommen werden kann. Die Elimination von gelöstem Phosphor erfolgt vor allem durch Algen, die auf der Oberfläche der Makrophyten aufwachsen (Periphyton), sowie durch Sedimentation. Als Rieselfelder wurden sie früher auch zur Reinigung von Siedlungsabwässern eingesetzt.

Sickerbecken am Zufluß

In Sickerbecken verweilt das Wasser nicht wie in einem Sumpfbeet, sondern wird durch 1 – 2 m mächtige Filterschichten aus Bodenmaterial mit hohem Phosphorbindungsvermögen, die den Beckengrund bilden, nach unten filtriert. Die Becken sollten mindestens eine Größe von dem dreifachen des mittleren Abflusses des Zulaufs haben. Bei einer Sickerrate von 0,5 m pro Stunde sind je nach Größe des Abflusses damit Sickerbecken von mehreren 1000 m^2 Größe notwendig. Sinnvoll kann die Einrichtung von Sickerbecken bei der Sanierung von Stillgewässern sein, die mehrere kleinere Zuflüsse aufweisen. Für die Bewältigung von Hochwässern sind besondere Einrichtungen vorzusehen (Überläufe zur Hochwasserentlastung).

Verfahren der Seen-Restaurierung

Wasserstandsregulation in Teichen

In Flachseen steuert vor allem die Witterung den frühjährlichen Wettlauf des Planktons und der Wasserpflanzen um Nährstoffe. Eine rasche Erwärmung bei hoher Nährstoffverfügbarkeit fördert die Plankton-Entwicklung. Gewinnen die Algen das Rennen, entsteht ein trüber, gewinnen die Wasserpflanzen, haben wir einen klaren See. In Teichen, die einen regulierbaren Ablaß haben, kann das Wettrennen zugunsten der Wasserpflanzen beeinflußt werden, indem der Wasserstand im Frühjahr niedrig gehalten wird, so daß das Sonnenlicht bis auf den Gewässergrund reicht. Haben sie sich gut entwickelt, kann zum Sommer hin der Wasserstand nach und nach angehoben werden.

Mechanische Entkrautung – »Die Seekuh«

Die Entfernung von submersen Wasserpflanzen (Entkrautung) kann einen Beitrag zum Export von Pflanzennährstoffen leisten, wenngleich sie in ihrer Wirkung oft überschätzt wird. Sie sollte

allerdings nicht radikal durchgeführt werden, um das sensible Gleichgewicht im Gewässer nicht zuungunsten der Wasserpflanzen zu verschieben. Vorwiegend werden Badeflächen sowie Bereiche für den Wassersport und die Fischerei entkrautet. Uferzonen und Flachwasserbereiche sollten ausgespart werden. Außerdem ist auf gefährdete Arten Rücksicht zu nehmen. Als Geräte finden Mähboote, die in 1–2 m Tiefe mähen können, Verwendung. Sogenannte Seekühe können das Mähgut über Förderbänder gleich in Huckepack-Containern wegtransportieren. Ansonsten ist das Mähgut aufzufangen oder aufzusammeln, da es sonst durch Faulen zu starker Geruchsbelästigung bzw. zu Sauerstoffzehrung führen kann.
Zusätzlich kann man Schlammfänge anlegen, die regelmäßig entlandet werden können.

Oft hilft nur noch die teure Entschlammung.

Entkrautung durch Fische

Um Erholungsseen und Fischteiche von störenden Unterwasserpflanzen freizuhalten, wurden in der Vergangenheit des öfteren pflanzenfressende Fische (z. B. der aus Asien stammende Graskarpfen und der algenfressende Silberfisch) eingesetzt. Diese Maßnahme war meist nur in meso- bis oligotrophen Gewässern von bescheidenem Erfolg gekrönt. Denn in eutrophen Gewässern profitiert meist das Phytoplankton von der Ausrottung der Wasserpflanzen (Makrophyten). Außerdem »beweiden« diese »Beifische« nicht alle Arten gleichermaßen. So werden beispielsweise Wasserhahnenfuß und Seerose nicht gefressen. Problematisch ist der Einsatz pflanzenfressender Fische zudem dadurch, daß sie vor allem in nicht-ablaßbaren Gewässern fischereilich nicht kontrolliert werden können und häufig in andere Gewässer des Einzugsgebietes abwandern. Dadurch schädigen sie die dort angestammten, natürlichen Lebensgemeinschaften, was zu einer Faunenverfälschung führt.

Entkrautung mit Herbiziden und Algiziden

In den siebziger Jahren wurden auch Pestizide zum Abtöten von Algen und Wasserpflanzen eingesetzt. Diese sind aber mittlerweile wegen stark ökosystemschädigender Wirkung verboten.

Entschlammung – Entschlackung für See und Teich

Die Entschlammung eines Stillgewässers (bei starkem Eingriff auch Entlandung) stellt grundsätzlich einen drastischen Eingriff in das Ökosystem Stillgewässer dar. Danach dauert es oft lange, bis es sich wieder stabilisiert. Vornehmlich wird diese Maßnahme bei Flachseen mit nährstoffreichen, sauerstoffzehrenden Sedimenten angewandt. Dadurch soll die interne Düngung nachhaltig vermindert und zusätzlich das Wasservolumen und die Gewässertiefe wieder vergrößert sowie die Sichttiefe verbessert werden (Wassersport, Badesee). Flachwasserzonen und Uferbereiche mit Verlandungsvegetation sollten von der Entschlammung ausgenommen werden, damit eine Wiederbesiedlung des entschlammten Gewässergrundes durch Tiere und Pflanzen stattfinden kann.
Nicht immer zeitigt die Entschlammung den gewünschten nachhaltigen Erfolg. Deshalb ist es wichtig, vorher genau zu erforschen, weshalb eine verstärkte Verschlammung eingetreten ist, woher die Sedimente stammen und ob sie tatsächlich die Ursache für eine starke Algenentwicklung darstellen. Daneben muß geklärt werden, wo sich die Schlammlagen in welcher Schichtdicke befinden und wie sie zusammengesetzt sind (Chemisch-morphologische Analyse).
Nicht zuletzt muß geklärt sein, wo die Schlämme deponiert werden sollen. Dies ist oft das größte Problem, vor allem wenn sie als schadstoffbelastet eingestuft werden müssen. All diese Randbedingungen führen dazu, daß die Entschlammung ein relativ teures Verfahren der Gewässerrestauration darstellt. Zur Durchführung werden die relativ schonende Saugspülung, die Naßbaggerung sowie die mit starken Eingriffen verbundene Trockenbaggerung nach Ablassen bzw. Abpumpen angewandt. Die Entschlammung wurde in vielen kleinen Gewässern angewandt. Der Dümmer in Westfalen ist eines der wenigen Beispiele für ein eher größeres Gewässer.

Nährstoffe überdecken – Sedimentabdeckung mit Bentonit

Bei der Eutrophierung von Seen kann die Rücklösung aus dem Sediment eine wesentliche zusätzliche Nährstoff-Quelle darstellen. Um die Rücklösung zu vermindern bzw. ganz zu verhindern sowie um unerwünschte submerse Makrophyten zu unterdrücken, kann das Sediment mit einer Schicht aus einem bestimmten Tonmineral (Bentonit) abgedeckt werden. Hierzu wird das Tonmineral fein suspendiert im Gewässer verteilt. Daß es schwerer ist als Wasser, sinkt es zu Boden. Wichtig ist die gleichmäßige Verteilung sowie eine ausreichende Schichtdicke, was in der Praxis nicht ganz einfach zu erreichen ist und außerdem sehr teuer ist. Entsprechend wenige Erfahrungen liegen hierzu vor.

Chemische Fixierung der Nährstoffe im Sediment

Falls eine Entschlammung eutropher oder polytropher Stillgewässer nicht möglich ist, kann Phosphor durch Einarbeiten von Aluminiumverbindungen gebunden oder von Nitratverbindungen (Sedimentoxidation) vor der Rücklösung bewahrt werden. Dies ist allerdings nur bei freigelegten Sedimenten möglich (Abpumpen oder Ablassen) und stellt einen schwerwiegenden Eingriff in die Lebensgemeinschaften dar.
Durch Kalkung des Teichbodens im abgelassenen Zustand mit Branntkalk, Löschkalk oder Calciumcarbonat kann zum einen Phosphor gebunden werden, zum anderen können dadurch auch Fischparasiten und »hinderlicher« Pflanzenwuchs beseitigt werden. Zudem wird die Mineralisation organischer Schlämme gefördert. Deshalb wird die Kalkung besonders in intensiv genutzten Fischteichen angewendet. In jedem Fall stellt sie einen starken Eingriff dar.

Phosphorfällung im Wasser

Neben der Behandlung der Sedimente kann auch das Wasser selbst chemisch behandelt werden, um Phosphor in nicht pflanzenverfügbaren Formen zu binden (»Fällung«). Hierzu werden Aluminium- und Eisensalze eingesetzt. Allerdings können die Gewässerorganismen bei hohen Aluminiumkonzentrationen geschädigt werden. Vornehmlich wurde dieses, ebenfalls relativ teuere Verfahren bei kleinen und mittelgroßen Seen angewandt.
Ein Beispiel ist der Barleber See, ein Grundwassersee am Stadtrand von Magdeburg. Durch ausgedehnten Erholungsbetrieb mit starkem Eintrag ungeklärter Abwässer nahm die Eutrophierung in den siebziger Jahren stark zu. Neben Maßnahmen zur Abwasserbeseitigung, der Tiefenwasserableitung und der Sedimentabdeckung mit Tonmineralen war eine Behandlung des Wassers mit phosphorausfällendem Aluminiumsulfat im Jahre 1986 sehr wirksam.

Tiefenwasser-Ableitung

Zur Verminderung der Rücklösung von Phosphor in geschichteten, eutrophen bis polytrophen Seen kann das nährstoffreiche, sauerstoffarme bis -freie Tiefenwasser während Stagnationsphasen (meist im Sommer) abgeleitet werden. Dies erfolgt bei Seen über Entnahmerohre, bei Talsperren über den Grundablaß. Da durch die Ableitung des Tiefenwassers der Wasserspiegel absinkt, ist eine Prüfung der Auswirkungen z. B. auf die Lebensgemeinschaften der Uferzonen unerläßlich. Wichtig ist auch, daß tatsächlich eine Nährstoffschichtung vorliegt. Nicht zuletzt müssen auch die Auswirkungen der Einleitung der belasteten Wässer auf die Vorflut-Fließgewässerökosysteme, in die eingeleitet wird, abgeklärt werden.
Sanierungsprojekte mit Tiefenwasserableitung wurden bzw. werden z. B. in Ostdeutschland im Arendsee im Nordwesten Sachsen-Anhalts, Motzener See, Schermützel-See und anderswo durchgeführt.

Seen am Sauerstoff-Tropf

Die Belüftung von Seen dient der Beseitigung von Sauerstoffmangelzonen, der Reduzierung giftiger Stoffe im Tiefenwasser (H_2S, NH_4, Fe^{2+}, Mn^{2+}) sowie der Ausbildung einer sauerstoffreichen Sperrschicht an der Sedimentoberfläche, um die Phosphor-Rücklösung zu vermindern. Die Belüftung erfolgt in der Regel in der Vegetationsperiode. Dabei wird entweder Luft oder Sauerstoff über Schläuche, die über dem Seegrund verlegt bzw. an speziellen Pontons auf den Grund abgelassen werden, in das Tiefenwasser geblasen. Nachteilig ist, daß durch den Aufstieg der Luft oder die Verwirbelung Nährstoffe aus der Tiefenzone wieder in das Oberflächenwasser verfrachtet werden können. In tiefen Seen kann während der Sommerstagnation auch nur die Tiefenzone belüftet werden (hypolimnische Belüftung). Dabei bleibt die Schichtung erhalten, was im Hinblick auf die Schonung der Gewässerbiozönosen als positiv zu bewerten ist. Da diese Methode besonders aufwendig ist, fand sie bislang

vor allem bei Trinkwassertalsperren und besonders wichtigen Erholungsseen Anwendung.

Zwangszirkulation (Destratifikation)

Bei der Zwangszirkulation wird punktförmig über dem Seegrund Luft eingeblasen, um eine Vollzirkulation des Wassers hervorzurufen. Dadurch sollen das Tiefenwasser mit Sauerstoff angereichert sowie unerwünschte Blaualgenblüten verhindert werden, indem das Phytoplankton während der üblichen Sommerstagnation in tiefere Zonen mit niedrigerer Temperatur und weniger Licht verfrachtet wird.
Die Zwangszirkulation sollte möglichst im Anschluß an die natürliche Frühjahrszirkulation beginnen. Denn bei Beginn im Sommer (Fischsterben, Sauerstoffmangelsituation) kann durch Zwangszirkulation der Sauerstoffmangel im Tiefenwasser sogar noch verstärkt werden, da dann durch das wärmere Wasser die Mineralisation der Sedimente verstärkt werden kann.

Befischung von zooplanktonfressenden Fischen – »Biomanipulation«

Große Populationen von größeren Zooplanktern wie den Wasserflöhen (u. a. *Daphnia*) können das Phytoplankton in einem See so stark abweiden (Zooplanktongrazing), daß durch sie regelrechte Klarwasserstadien auftreten können. Können nun zooplanktonfressende Fische, insbesondere die nicht als Nahrungsfische genutzten, »unedlen« Weißfische (z. B. Rotauge, Rotfeder) wegen zu geringer Befischung große Populationen aufbauen, kann das Zooplankton so stark zurückgedrängt werden, daß dadurch die Entwicklung von Algenblüten begünstigt wird. In nährstoffreichen Gewässern, bei falschen Besatzmaßnahmen sowie bei zu schwacher Befischung der unattraktiven Weißfische werden diese begünstigt. Durch Ausrichtung der Fischerei an ökologischen Gesetzmäßigkeiten, z. B. durch Netzfischerei oder Vergrößerung des Raubfischbestandes (Zander, Hecht), können Weißfische wirksam reduziert und so die Eutrophierung nachhaltig vermindert werden.

Kleines Lexikon zum Seen-Biotopschutz

Algen	einfach gebaute, niedere Pflanzen
allochthones Material	hier: in ein Gewässer eingetragenes, jedoch außerhalb des Gewässers produziertes, organisches Material
anthropogen	vom Menschen geschaffen oder beeinflußt
aquatisch	im Wasser befindlich, ans Wasser gebunden
Assimilation	Aufbau körpereigener, organischer Substanz bei grünen Pflanzen unter Zuhilfenahme von Kohlendioxid, Wasser und Sonnenlicht
Aue	der bereits bei mittlerem Hochwasser überflutete bzw. beeinflußte Bereich eines Talraumes
autochthones Material	hier: innerhalb eines Gewässers produziertes organisches Material
Beckenton	geschichtetes und gebändertes (Bänderton) Sediment in einem glazigenen See
Benthal	Lebensraum des Gewässerbodens
biochemisch	durch lebende Organismen und chemische Vorgänge hervorgerufener Prozeß
biogene Entkalkung	Verringerung des Kalkgehaltes in einem Wasserkörper durch grüne Pflanzen
Biomasse	Gewicht der in einem Raum oder auf einer Fläche vorhandenen Organismen
Biotop	Lebensraum von Pflanzen- und Tierlebensgemeinschaften, der definiert ist durch eine bestimmte Kombination von unbelebten Umweltfaktoren
Biozönose	Lebensgemeinschaft aus Pflanzen und Tieren im einem Biotop
Bohnerz	ockergelbe bis braune Eisenkügelchen
Brauchwasser	nicht als Trinkwasser verwendetes Wasser
Bronzezeit	die Zeit von etwa 1800 bis 1200 v.Chr.
Bruchwald	Wald, in dem das Grundwasser ganzjährig nahe der Bodenoberfläche und zeitweilig über Flur ansteht; daher Bildung von Bruchwaldtorf
CKW	chlorierte Kohlenwasserstoffe; naturfremde, chlorhaltige, organische Substanzen
Cypriniden	karpfenartige Fische
Deposition	Ablagerung von Schadstoffen aus der Atmosphäre
Detritus	zerkleinertes organisches Material in Gewässern
dimiktisch	sich zweimal jährlich durchmischend
Diversität	Vielfalt, Mannigfaltigkeit von Arten, Populationen, Strukturen usw. in einem bestimmten Raum
dystroph	reich an gelösten und schwebenden Humusstoffen
Endmoräne	hügelige Ablagerung von Gletscherschutt an der Stirn des Gletschers
ephemer	zeitweilig und zufällig
Epilimnion	die trophogene Oberflächenschicht eines Stillgewässers
Eulitoral	Lebensraum im Schwankungsbereich des Wasserspiegels
eutroph	gut mit Nährstoffen versorgt, hohe Produktivität
Fällung	chemischer oder biochemischer Prozeß, bei dem im Wasser gelöste in feste Stoffe überführt werden
Freiwassermast	Mast von Wassergeflügel außerhalb von Ställen auf offenen Wasserflächen
Geest	nordwestdeutsche Altmoränenlandschaft (Saale-Eiszeit) aus überwiegend sandigen Ablagerungen
glazial	während der Eiszeiten im Gebiet der Vereisung entstanden
glazigen	durch die Tätigkeit eines Gletschers entstanden
halogen	unter Einwirkung von Salz entstanden
Helophyt	Sumpfpflanze
Herbizid	Unkrautvernichtungsmittel
Hochmoor	Torflagerstätte ohne Kontakt zum mineralischen Grundwasser; Wasser- und Nährstoffhaushalt ausschließlich von den Niederschlägen bestimmt
holomiktisch	sich völlig durchmischend
hydraulisch	an die Wasserströmung gebunden, von der Wasserströmung verursacht
Hydrologie	die Lehre vom Wasser, meist ausgerichtet auf Wasserhaushalt und Wasserwirtschaft
Hydrophyt	aquatisch lebende Pflanze
Hypolimnion	Tiefenwasserschicht, in der nur Abbau und Zersetzung stattfinden
inkrustiert	von einer Kruste umgeben
Jungmoränenlandschaft	Landschaft, die durch die Tätigkeit der Gletscher und Schmelzwässer während der letzten, der Würm- bzw. Weichsel- Eiszeit geprägt wurde
Kalksinter	oft schalig aufgebaute Kalkablagerungen, entstanden durch physikalisch bedingte Kalkausfällungen
Kalktuff	poröses Gestein aus Kalkausfällungen
Karst(gebiete)	Landschaften aus zerklüftetem Kalk-oder Gipsgestein mit hoher Wasserdurchlässigkeit
Kolk	wassergefüllte Vertiefung
Konkretion	knollige oder kugelige Zusammenballung von Mineralsubstanzen
Konvektion	Umwälzung
Limnokrene	Tümpelquelle
Limnologie	Wissenschaft von der Struktur und Funktion der Binnengewässer
Litoral	Lebensraum des Flachwassers
Makrobenthon	Lebensgemeinschaft der auf und im Gewässerboden lebenden Wasserinsekten
Makrophyt	höhere Wasserpflanze (im Gegensatz etwa zu den Algen)
Mergel	lockeres Gestein aus Ton und Kalk

meromiktisch	sich nur teilweise durchmischend
mesotroph	mäßig mit Nährstoffen versorgt, mittlere Produktivität
Metalimnion	Sprungschicht ("Mittelschicht") zwischen Epi- und Hypolimnion
mineralisieren	Zersetzen der organischen Substanz bis auf die anorganischen, mineralischen Bestandteile unter Freisetzung von Kohlendioxid und Wasser
Minimumfaktor	das Pflanzenwachstum begrenzender Faktor (meist ein Nährstoff, z.B. Phosphor, aber auch Licht oder andere)
Mischwasserkanalisation	Kanalisation, in der sowohl (gereinigte) Abwässer als auch Niederschlagswasser abgeführt werden
Monokultur	großflächiger Anbau von nur einer oder ähnlichen Nutzpflanzenarten in Land- und Forstwirtschaft
monomiktisch	sich einmal jährlich durchmischend
Moräne	von Gletschern abgelagerter Gesteinsschutt
Mudde	weiches Seesediment aus organischen und anorganischen Bestandteilen
Nekton	Lebensgemeinschaft der Organismen, die sich frei und aus eigenem Antrieb im Wasser bewegen können (im wesentlichen Fische)
Neuston	Lebensgemeinschaft der an der Wasseroberfläche anhaftenden Mikroorganismen
Niedermoor	Torflagerstätte mit Grundwasseranschluß
Nitrate	wasserlösliche Salze der Salpetersäure, Schadstoff im Trinkwasser
oligotroph	nährstoffarm, geringe Produktivität
Oospore	dem Samen höherer Pflanzen entsprechendes Verbreitungsorgan, z.B. der Armleuchteralgen
Pelagial	Lebensraum des "freien" Wassers, also außerhalb des Litorals
periglazial	während der Eiszeiten außerhalb des Vereisungsgebiets entstanden
periodisch	in regelmäßigen Abständen auftretend (hier bezogen auf Wasserführung und Trockenliegen)
Pestizid	Schädlingsbekämpfungsmittel
Phanerophyt	aufrecht wachsendes Gehölz mit mehr als 0,5 m Höhe
Phytal	Lebensraum der Pflanzenbestände im Litoral
Phytoplankton	pflanzliches Plankton (Algen)
Plankton	Lebensgemeinschaft aller sich schwebend oder schwimmend im freien Wasser aufhaltenden Organismen, die sich der Bewegung durch das Wasser nicht entziehen können
pleiomiktisch	sich mehrfach durchmischend
Pleuston	Lebensgemeinschaft der auf oder in der Wasseroberfläche lebenden höheren Pflanzen und Tiere
Pleustophyt	während der Vegetationsperiode im Wasser schwebende Wasserpflanze
pluvigen	durch den Niederschlag entstanden
polymiktisch	sich häufig durchmischend
polytroph	übermäßig mit Nährstoffen versorgt, sehr hohe Produktivität
Population	die Gesamtheit aller Individuen einer Tier- oder Pflanzenart in einem Lebensraum
Profundal	Lebensraum der lichtarmen bzw. lichtlosen Tiefenzone eines Gewässers
Rhizoid	wurzelähnliches Haftorgan der Armleuchteralgen
Rhizom	unterirdisch kriechende Sproßachsen von Pflanzen, außerdem meist auch Speicherorgan
Rote Liste	fortzuschreibende Liste von freilebenden Tier- und Pflanzenarten, die gefährdet oder vom Aussterben bedroht sind; Anordnung nach Gefährdungsstufen
Salmoniden	lachsartige Fische (z.B. Forellen)
Sapropel	Faulschlamm
Schlammbodenvegetation	Vegetation, die sich auf trockengefallenen Gewässerböden spontan einstellt
Sediment	mineralische und organische Ablagerungen am Gewässergrund
Selbstreinigungsvermögen	Fähigkeit eines Gewässers, organische Stoffe abzubauen
Siel	Schleuse
silikatisch	aus sauren, quarzreichen Gesteinen bestehend oder entstanden
subglazial	unter der Eisdecke während der Eiszeiten entstanden
Sublitoral	Lebensraum des Flachwassers, der immer von Wasser bedeckt ist
tektogen	durch Bewegungen der Erdkruste entstanden
temporär	zeitweilig (wasserführend)
terrestrisch	an Land befindlich, ans Land gebunden
toxisch	giftig
Trophie	Ernährungszustand und Produktivitätsstufe eines Gewässers
trophogene Schicht	die obere Schicht eines Wasserkörpers, in der eine Biomasseproduktion durch die grünen Pflanzen stattfindet
vegetative Ausbreitung	Ausbreitung von Pflanzen durch unterirdische Ausläufer und Rhizome oder durch oberirdische Kriechtriebe und Absenker
Vorfluter	Fließgewässer, das der Sammlung und Abführung anderer, kleinerer Fließgewässer dient
vulkanogen	durch Vulkantätigkeit entstanden
Zooplankton	tierisches Plankton (z.B. Wasserflöhe)

Anhang

Wichtige Kontaktadressen zu Fragen des Arten- und Biotopschutzes

Bundesrepublik Deutschland
Bundesministerium für Umwelt, Naturschutz und Reaktorsicherheit
Postfach 120629
53048 Bonn

Baden-Württemberg
Ministerium für Umwelt
Kernerplatz 9
70182 Stuttgart

Bayern
Bayerisches Staatsministerium für Landesentwicklung und Umwelt
Rosenkavalierplatz 2
81925 München

Berlin
Senator für Stadtentwicklung und Umweltschutz
Lindenstraße 20–25
10969 Berlin

Brandenburg
Ministerium für Umwelt, Naturschutz und Raumordnung des Landes Brandenburg
Albert-Einstein-Straße 42–46
14473 Potsdam

Bremen
Senator für Umweltschutz
Große Weidestraße 4–16
28195 Bremen

Hamburg
Umweltbehörde
Steindamm 22
20099 Hamburg

Hessen
Ministerium für Umwelt
Dostojewskistraße 8
65187 Wiesbaden

Mecklenburg-Vorpommern
Ministerium für Natur und Umwelt
Schloßstraße 6–8
19053 Schwerin

Niedersachsen
Niedersächsisches Umweltministerium
Archivstraße 2
30169 Hannover

Nordrhein-Westfalen
Minister für Umwelt, Raumordnung und Landwirtschaft
Roßstraße 135
40476 Düsseldorf

Rheinland-Pfalz
Ministerium für Umwelt und Gesundheit
Bauhofstraße 4
55116 Mainz

Saarland
Ministerium für Umwelt
Hardenbergstraße 8
66119 Saarbrücken

Sachsen
Ministerium für Umwelt und Landesentwicklung
Ostra-Allee 23
01067 Dresden

Sachsen-Anhalt
Ministerium für Umwelt und Naturschutz
Pfälzer Straße 1
39106 Magdeburg

Schleswig-Holstein
Ministerium für Natur, Umwelt und Landesentwicklung
Grenzstraße 1–5
24149 Kiel

Thüringen
Thüringer Umweltministerium
Richard-Breslau-Straße 11a
99094 Erfurt

Österreich
Bundesministerium für Umwelt, Jugend und Familie
Radetzkystraße 2
A-1011 Wien

Schweiz
Eidg. Departement des Innern
Inselgasse 2
CH-3003 Bern

In allen Ländern gibt es noch Landesämter, Anstalten, Fachstellen und Institute zu speziellen Fragen des Biotopschutzes, des Artenschutzes, der Ökologie und des Naturschutzes. Anfragen werden von den genannten Stellen weitergeleitet oder man erhält eine Auskunft mit der entsprechenden Adresse. Eine zentrale Anlaufstelle für Fragen der Ökologie, des Naturschutzes und der Umweltvorsorge ist auch das
Umweltbundesamt
Bismarckplatz 1
14193 Berlin

Auskunft darüber, ob eine Naturschutzmaßnahme der Genehmigung bedarf, geben die unteren Naturschutzbehörden der Landratsämter und der Stadtkreise. Zur Vermittlung von Grundlagenwissen zu Fragen des Arten- und Biotopschutzes, der Landschaftspflege und der Umweltvorsorge wurden in verschiedenen Bundesländern Akademien und Umweltbildungsstätten eingerichtet. Interessenten können dort die jeweils aktuellen Programme direkt anfordern.

Deutschland
Hier die in der Länderarbeitsgemeinschaft der Bildungsstätten im Natur- und Umweltschutz (LANU) zusammengeschlossenen Institutionen:

Akademie für Natur- und Umweltschutz Baden-Württemberg
Kernerplatz 9
70182 Stuttgart

Akademie für Natur und Umwelt
Schleswig-Holstein
Grenzstraße 1–5
24149 Kiel

Akademie für Naturschutz und Landschaftspflege bei der Thüringer Landesanstalt für Umwelt
Prüssingstraße 25
07745 Jena

Bayerische Akademie für Naturschutz und Landschaftspflege
Seethaler Straße 6
83410 Laufen / Salzach

Landeslehrstätte für Naturschutz und Landschaftspflege »Oderberge Lebus«
15326 Lebus

Landeslehrstätte für Umwelt und Naturschutz Müritzhof beim Nationalparkamt Mecklenburg-Vorpommern
Am Teufelsbruch 1
17192 Waren / Müritz

Landesumweltakademie Sachsen-Anhalt e. V.
Schloßstraße 1
06642 Nebra / Unstrut

Landeszentrale fur Umweltaufklärung
Rheinland-Pfalz
Kaiser-Friedrich-Straße 7
55116 Mainz

Naturschutzzentrum Hessen e. V.
Friedensstraße 38
35578 Wetzlar

Naturschutzzentrum Nordrhein-Westfalen
Leibnizstraße 10
45659 Recklinghausen

Naturschutzlehrstätte Nationalpark
Sächsische Schweiz
Schandauer Straße 36
01824 Königstein

Norddeutsche Naturschutzakademie
Hof Möhr
29640 Schneverdigen

Internationale Naturschutzakademie
Insel Vilm
18581 Lauterbach (Rügen)

Schweiz
Schweizerisches Zentrum für Umwelterziehung des WWF
CH-4800 Zofingen

Österreich
Arbeitsgemeinschaft Umwelterziehung
Lehrerservice
Brockmanngasse 53
A-8010 Graz

Oberösterreichische Umweltakademie beim Amt der o. Ö. Landesregierung
Stockhofstraße 32
A-4020 Linz

Niederösterreichische Umweltakademie
Akademie für Umwelt und Energie
Schloßplatz 1
A-2361 Laxenburg

Natur- und Umweltschutzverbände und andere Organisationen
Bund für Umwelt und Naturschutz Deutschland (BUND)
Im Rheingarten 7
53225 Bonn

Deutsche Umwelthilfe e.V.
Güttinger Straße 19
78315 Radolfzell am Bodensee

Deutscher Naturschutzring
Postfach 320210
53205 Bonn

Naturschutzbund Deutschland (NABU)
Am Michaelshof 8–10
53177 Bonn

Stiftung Europäisches Naturerbe
Güttinger Straße 19
78315 Radolfzell am Bodensee

WWF Deutschland
Hedderichstraße 110
60596 Frankfurt

Schweiz
Schweizer Vogelschutz (SVS)
Postfach
CH-8036 Zürich

Schweizer Bund für Naturschutz
Wartenbergstraße 22
CH-4020 Basel

WWF Schweiz
Postfach
CH-8027 Zürich

Österreich
Österreichischer Naturschutzbund
Arenbergstraße 10
A-5020 Salzburg

Stiftung Europäisches Naturerbe
Brockmanngasse 53
A-8010 Graz

Luxemburg
Natura
6, Boulevard Roosevelt
L-2450 Luxembourg

Mouvement Écologique
6, rue Vauban
L-2663 Luxembourg

Bei Fragen zum internationalen Biotopschutz
Stiftung Europäisches Naturerbe, Euronatur
1a, Avenue de la Porte de Hal
B-1060 Brussels

WWF International
Av. du Mont Blanc
CH-1196 Gland (Schweiz)

Literatur

Besch, W. K.; Hamm, A.; Lenhardt, B.; Melzer, A.; Scharf, B.; Steinberg, C. (1985): *Limnologie für die Praxis.* Landsberg/Lech.

Blessing, K. (1992): *Vernetzte Natur in Europa – Beispiel Nestos Delta.* Radolfzell.

Bruns, H. A. (1992): *Veränderungen der Avifauna in der Verlandungszone des Dümmers in diesem Jahrhundert – Fallbeispiele.* NNA Ber. 5 (2): 12–18.

Buchmann, H.; Herrn, C.-P.; Hutter, C. P.; Linder, W.; Rimpp, K.; Wolf, R. (1982): *Die Feuchtgebiete der Region Mittlerer Neckar – Versuch einer ökologischen Bilanz.* Beih. Veröffentl. Naturschutz Landschaftspflege Baden-Württemberg. Karlsruhe.

Bundesministerium für Land- und Forstwirtschaft (Hrsg.) (1982): *Seenreinhaltung in Österreich.* Schriftenreihe Wasserwirtschaft, H. 6. Wien.

Deutscher Verband für Wasserwirtschaft und Kulturbau e.V. DVWK (Hrsg.) (1988): *Sanierung und Restaurierung von Seen.* DVWK-Merkblätter zur Wasserwirtschaft. Hamburg, Berlin.

Deutscher Verband für Wasserwirtschaft und Kulturbau e.V. DVWK (Hrsg.) (1991): *Gestaltung und ökologische Entwicklung von Seen.* DVWK-Schriften. Hamburg, Berlin.

Dingethal, F. J.; Jürging, P.; Kaule, G.; Weinzierl, W. (1981): *Kiesgrube und Landschaft.* Hamburg, Berlin.

Driescher, E. (1986): *Historische Schwankungen des Wasserstandes von Seen im Tiefland der DDR.* Geographische Berichte, H. 3: 159–171.

Eckmann, R. (1991): *Frühlingswetter, Trophiegrad des Bodensees und Jahrgangsstärken von Felchen.* Erweit. Zusammenfassungen der Jahrestagung 1991 der DGL, Mondsee. 116–120.

Egli, E. (1979): *Seen der Schweiz in Landschaft und Kultur.* Luzern.

Eppinger, R.; Krumscheid-Plankert, P. (1991): *Uferrenaturierungen am Bodensee-Obersee.* Neue Landschaft 36, 253–258.

Faust, B.; Hutter, C.-P. (1988): *Wunderland am Wegesrand.* Stuttgart und Wien.

Franke, Th. (1992): *Zur Situation der Laichkräuter im mittelfränkischen Teichgebiet.* Ber. Bayer. Bot. Ges. 5–27.

Freude, M.; Jeschke, L.; Knapp, H.-D.; Succow, M. (1992): *Unbekanntes Deutschland.* München.

Gepp, J.; Baumann, N.; Kauch, E. P.; Lazowski, W. (1985): *Auengewässer als Ökozellen.* Grüne Reihe des Bundesministeriums für Gesundheit und Umweltschutz, Bd. 4. Wien.

Gessner, F. (1929): *Die Biologie der Moorseen.* Arch. Hydrobiol. 20: 1–64.

Gessner, F. (1940): *Meer und Strand.* Leipzig.

Glandt, D. (1993): *Situation, Pflege und Neuanlage kleiner Stillgewässer im Flachland Nordwestdeutschlands.* Metelener Schriftenreihe für Naturschutz 4.

Grahle, O.; Staesche, U. (1964): *Die natürlichen Seen Niedersachsens.* Geol. Jb. 81: 809–838.

Grimmet, R. F. A.; Jones, T. A. (1990): *Important Bird Areas in Europe.* Cambridge.

Hampe, A. (1993): *Extremadura – Vielfalt durch Kultur.* Radolfzell.

Heitkamp, U. (1989): *Das Ökosystem Tümpel.* Strukturelle Merkmale des Lebensraums und Eigenschaften der Zoozönose. Göttinger Naturk. Schr. 1: 25–46.

Heym, W.-D. (1988): *Entwicklung, Vegetation und Libellenfauna älterer Restgewässer im westlichen Muskauer Faltenbogen.* Natur und Landschaft Bez. Cottbus 10: 36–58.

Hoffmann, R.; Kapfer, A.; Luick, R. (1992): *Gewässergüte und Nährstoffbelastung eines kleinen voralpinen Stillgewässers und seiner Zuflüsse in einem grünlandwirtschaftlich genutzten Einzugsgebiet.* Naturschutzforum 5/6: 45–70.

Hölzinger, J. (1985): *Die Vögel Baden-Württembergs. Bd. 1.1.* Stuttgart.

Hutter, C.-P.; Thielcke, G. (1990): *Natur ohne Grenzen.* Stuttgart und Wien.

Hutter, C.-P.; Link, F. G. (1992): *Wunderwelt Acker und Feld.* Stuttgart und Wien.

Hutter, C.-P.; Link, F. G. (1990): *Wunderland am Waldesrand.* Stuttgart und Wien.

Hutter, C.-P.; Thielcke, G.; Herrn, C.-P.; Faust, B. (1985, 1989): *Naturschutz in der Gemeinde.* Stuttgart und Wien.

Hutter, C.-P. (Hrsg.); Briemle, G.; Fink, C. (1993): *Wiesen, Weiden und anderes Grünland (Band 1 Biotope erkennen, bestimmen, schützen).* Stuttgart und Wien.

Hutter, C.-P.; Keller, H.; Ribbe, L.; Wohlers, R.

(1993): *Die Ökobremser – Schwarzbuch Umwelt Europa.* Stuttgart und Wien.
Hutter, C.-P. (1993): *Schützt die Reptilien.* Stuttgart und Wien.
Imboden, C. (1976): *Leben am Wasser.* Basel.
Internationale Gewässerschutzkommission für den Bodensee (Hrsg.) (1985): *Limnologischer Zustand des Bodensees.* Jber. Int. Gewässerschutzkomm. Bodensee 9.
Janke, V.; Janke, W. (1970): *Zur Entstehung und Verbreitung der Kleingewässer im nordostmecklenburgischen Grundmoränenbereich.* Arch. Naturschutz u. Landschaftsforsch. 10 (1): 3–18.
Jeschke, L. (1959): *Pflanzengesellschaften einiger Seen bei Feldberg in Mecklenburg.* Feddes Repertorium, Beih. 138: 161–214.
Jeschke, L. (1963): *Die Wasser- und Sumpfvegetation im Naturschutzgebiet Ostufer der Müritz.* Limnologica 1 (5): 474–545.
Jessen, O. (1923): *Über die ehemalige Verbreitung der Weiher in Württemberg. Erdgeschichtliche und landeskundliche Abhandlungen aus Schwaben und Franken. 9.*
Junge, F. (1985): *Der Dorfteich als Lebensgemeinschaft.* Nachdruck der 3. Auflage von 1907. St.-Peter-Ording.
Kaplan, K. (1992): *Farn- und Blütenpflanzen nährstoffarmer Feuchtbiotope.* Metelener Schriftenreihe für Naturschutz, H. 3.
Kiefer, F. (1955): *Naturkunde des Bodensees.* Lindau und Konstanz.
Klafs, G.; Jeschke, L.; Schmidt, H. (1973): *Genese und Systematik wasserführender Ackerhohlformen in den Nordbezirken der DDR.* Arch. Naturschutz u. Landschaftsforsch. 13 (4): 287–302.
Klapper, H. (1991): *Beschaffenheitsänderungen in ostdeutschen Seen im Gefolge von Sanierungsmaßnahmen.* Erw. Zusammenfassungen der Jahrestagung 1991 der DGL, Mondsee, S. 185–189.
Konold, W. (1987): *Oberschwäbische Weiher und Seen. Geschichte, Kultur, Vegetation, Limnologie, Naturschutz.* Beih. Veröff. Naturschutz Landschaftspflege Bad.-Württ. 52 (1 u. 2).
Konold, W. (1993): *Genese und Nutzungsgeschichte von Kleingewässern in Südwestdeutschland.* Metelener Schriftenreihe für Naturschutz (4).
Korneck, D.; Sukopp, H. (1988): *Rote Liste der in der Bundesrepublik Deutschland ausgestorbenen, verschollenen und gefährdeten Farn- und Blütenpflanzen und ihre Auswertung für den Arten- und Biotopschutz.* Schriftenreihe für Vegetationskunde. Heft 19. Bonn-Bad Godesberg.
Krausch, H.-D. (1964): *Die Pflanzengesellschaften des Stechlinsee-Gebietes.* I. Die Gesellschaften des offenen Wassers. Limnologica 2 (2): 145–203.
Lachavanne, J.-B.; Jaquet, J.-M.; Juge, R.; Perfetta, J. (1985): *Zustand, Erhaltung und Schutz der Ufer des Vierwaldstättersees.* Genf.
Länderarbeitsgemeinschaft Wasser (Hrsg.) (1990): *Limnologie und Bedeutung ausgewählter Talsperren in der Bundesrepublik Deutschland.* Essen.
Länderarbeitsgemeinschaft Wasser (LAWA) (1985): *Seen in der Bundesrepublik Deutschland.* Essen.
Landesamt für Wasser und Abfall Nordrhein-Westfalen (Hrsg.) (1992): *Biotopgestaltung an Talsperren, Hochwasserrückhaltebecken und Flußstauen.* LWA-Merkblätter 9. Düsseldorf.
Lindner, A. (1978): *Soziologisch-ökologische Untersuchungen an der submersen Vegetation in der Boddenkette südlich des Darß und des Zingst (südliche Ostsee).* Limnologica 11 (2): 229–305.
Löffler, H. (1979): *Neusiedlersee: The Limnology of a Shallow Lake in Central Europe.* Monographiae Biologicae 37. The Hague, Boston London.
Ludwig, J. (1992): *Situation der Fischfauna im Dümmer.* NNABer. 5(2), 9–11.
Maeder, H. (1976): *Die Wasser der Schweiz. Gletscher, Flüsse, Seen.* Olten und Freiburg i. Br.
Mattern, H.; Buchmann, H. (1983 und 1987): *Die Hülben der nordöstlichen Schwäbischen Alb – Bestandsaufnahme, Erhaltungsmaßnahmen. I. Albuch und angrenzende Gebiete. II. Härtsfeld.* Veröff. Naturschutz Landschaftspflege Bad.-Württ. 55/56 und 62.
Melzer, A.; Held, A.; Harlacher, R.; Vogt, E. (1985): *Die qualitative und quantitative Verbreitung makrophytischer Wasserpflanzen in fünf Maaren der Eifel.* Beiträge Landespflege Rheinland-Pfalz 10: 34–75.
Meyer-Deepen, J.; Meijering, M. P. D. (1979): *Spiekeroog, Naturkunde einer ostfriesischen Insel.* Spiekeroog.
Mierwald, U. (1988): *Die Vegetation der Kleingewässer landwirtschaftlich genutzter Flächen.* Mitt. Arbeitsgemeinschaft Geobotanik in Schleswig-Holstein und Hamburg, H. 39. Kiel.
Muuß, U.; Petersen, M.; König, D. (1973): *Die Binnengewässer Schleswig-Holsteins.* Neumünster.
Norddeutsche Naturschutzakademie (Hrsg.) (1992): *Naturschutzkonzepte für das Europareservat Dümmer – aktueller Forschungsstand und Perspektiven.* NNABer. 5 (2). Schneverdingen.
Österreichisches Bundesinstitut für Gesundheitswesen (Hrsg.) (1989): *Umweltbericht Vegetation.* Wien.
Pfadenhauer, J.; Twenhöven, F. L.; Quinger, B.; Tewes, S. (1985): *Trittbelastung an Seen und Weihern im östlichen Landkreis Ravensburg.* Beiheft Veröff. Naturschutz Landschaftspflege Baden-Württemberg. Karlsruhe.
Pietsch, W. (1965): *Die Erstbesiedlungs-Vegetation eines Tagebau-Sees. Synökologische Untersuchungen im Lausitzer Braunkohlen-Revier.* Limnologica 3 (2): 177–222.
Pietsch, W. (1976): *Vegetationsentwicklung und wasserchemische Faktoren in Moorgewässern verschiedener Naturschutzgebiete der DDR.* Arch. Naturschutz u. Landschaftsforsch. 16 (1): 1–43.
Raabe, E.-W. (1979): *Über die Entwicklung der Kleingewässer, dargestellt am Beispiel der Gemeinde Heikendorf.* Beiträge zum Landschaftswandel in Schleswig-Holstein III. Die Heimat 86 (4): 53–56.
Reichelt, G. (1974): *Ökologie exemplarisch – Der Bodensee.* Berlin.
Reichholf, J.; Reichholf-Riehm, H. (1982): *Die Stauseen am unteren Inn.* Ber. ANL 6: 47–89.
Riedel, W. (1985): *Kleingewässer in der heutigen Kulturlandschaft.* In: Junge, F., a.a.O.: 055-090.
Roll, H. (1940): *Holsteinische Tümpel und ihre Pflanzengesellschaften.* Arch. Hydrobiol. Suppl. 10: 573–630.
Roweck, H. (1986): *Zur Vegetation einiger Stillgewässer im Südschwarzwald.* Arch. Hydrobiol. Suppl. 66 (4): 455–494.
Scharf, B. W. (1990): *Konzepte zur Sanierung und Restaurierung kleinerer Stehgewässer am Beispiel der Eifelmaare.* Ökologie & Naturschutz 3: 311–321.
Schaumburg, J. (1992): *Zur Limnologie des Chiemsees.* Informationsberichte des Bayer. Landesamts für Wasserwirtschaft, H. 2/92.
Schmidt, M. (1989): *Die Wasserwirtschaft des Oberharzer Bergbaues.* Schriftenreihe der Frontinus-Gesellschaft 13.
Schmidtke, K.-D. (1992): *Die Entstehung Schleswig-Holsteins.* Neumünster.
Schmincke, H.-U. (1988): *Vulkane im Laacher See-Gebiet.* Haltern.
Schnitter, N. (1992): *Die Geschichte des Wasserbaus in der Schweiz.* Oberbözberg.
Schroeter, C. (1908): *Das Pflanzenleben der Alpen.* Zürich.
Schumacher, H.; Thiesmaier, B. (Hrsg.): *Urbane Gewässer.* Essen.
Succow, M.; Jeschke, L. (1986): *Moore in der Landschaft.* Thun und Frankfurt/Main.
Succow, M.; Kopp, D. (1985): *Seen als Naturraumtypen.* Petermanns geographische Mitteilungen, H. 3/1985: 161–170.
Thielcke, G.; Hutter, C.-P.; Herrn, C.-P.; Schreiber, R. L. (1991/1993): *Rettet die Frösche.* Stuttgart und Wien.
Thienemann, A. (1924): *Die Gewässer Mitteleuropas. Eine hydrobiologische Charakteristik ihrer Haupttypen.* Handbuch der Binnenfischerei Mitteleuropas. Bd. 1. Liefg. 1: 1–84. Stuttgart.
Triebl, R. (1990): *Natur- und Landschaftsschutzgebiete im Burgenland.* Natur und Umwelt im Burgenland. Sonderheft 1990/2.
Wagenbreth, O. (1991): *Historische Anlagen der bergmännischen Wasserwirtschaft im sächsischen Erzgebirge.* Schriftenreihe der Frontinus-Gesellschaft 15: 113–133.
Weber, H. E. (1980): *Zur Situation der natürlichen Stillgewässer und Baggerseen im westlichen Niedersachsen.* Inf. Natursch. Landschaftspfl. 2: 93–102.

Weber, H. E. (1977): *Das Lechtegor. Vegetationsentwicklung eines Sees nach Umgestaltung der Landschaft im südlichen Emsland.* Osnabrücker naturw. Mitt. 5, 131–156. Osnabrück.

Weisser, H.; Kohler, A. (Hrsg.) (1987): *Feuchtgebiete – Ökologie, Gefährdung, Schutz.* Ökologie & Naturschutz 1. Gaimersheim.

Wildermuth, H. (1978): *Natur als Aufgabe.* Basel.

Wildermuth, H. (1982): *Die Bedeutung anthropogener Kleingewässer für die Erhaltung der aquatischen Fauna.* Natur und Landschaft 57 (9): 297–306.

Wohlenberg, E. (1962): *Die Trinkwasserversorgung der Halligen nach der Sturmflut im Februar 1962.* Die Küste 10 (2): 86–134.

Wolkinger, F. (1979): *Botanische Exkursionen rund um den Neusiedler See.* Natur und Umwelt Burgenland 2 (1): 25–38 und 2 (2): 57–64.

World Wildlife Fund (Hrsg.) (1985): *Seewinkel Lange Lache.* Panda 38: 1–16.

Zintz, K.; Steinberg, C.; Waiditschka, G. (1993): *Naturparadies See. Formen, Geschichte, Tiere und Pflanzen.* Augsburg.

Zintz, K.; Rahmann, H.; Weisser, H. (Hrsg.) (1990): *Ökologie und Management kleinerer Stehgewässer.* Ökologie & Naturschutz 3. Weikersheim.

Zott, H. (1987): *Der Fremdenverkehr am Chiemsee und seine Auswirkungen auf den See, seine Ufer und seine Randbereiche.* Ber. ANL 11, 177–195.

Der Herausgeber

Claus-Peter Hutter (Jahrgang 1955), Dipl. Verwaltungswirt, hat an verschiedenen ökologischen Untersuchungsprogrammen mitgewirkt und zahlreiche regionale und internationale Modellprojekte für den praktischen Naturschutz konzipiert sowie gezielte Biotopschutz- und Artenhilfsprojekte umgesetzt. Dazu gehören Landschaftspflegemaßnahmen zur Feuchtgebietsvernetzung ebenso wie die erfolgreiche Aktion »Rettet die Frösche«, mit der eine Vielzahl von Feuchtbiotopen gerettet wurde.

Seit 1987 ist C.-P. Hutter Leiter der *Akademie für Natur- und Umweltschutz* des Landes Baden-Württemberg. In dieser Funktion und als Präsident der *Stiftung Europäisches Naturerbe* setzt er sich international für die gesellschaftliche Etablierung ökologischer Themen ein. So begründete er die ersten Umwelt-Städtepartnerschaften in Europa und machte mit der weit beachteten Aktion und dem Buch *Natur ohne Grenzen* auf die Vernetzung und Verletzlichkeit von Biotopstrukturen aufmerksam.

C.-P. Hutter gilt als einer der erfolgreichsten Naturschützer und ist Autor zahlreicher, darunter auch mit Preisen ausgezeichneter Publikationen zum Natur- und Umweltschutz.

Die Autoren

Dr. Alois Kapfer (Jahrgang 1955) studierte Allgemeine Agrarwissenschaften und Landschaftsökologie. Seit 1987 ist er für den *Naturschutzbund Deutschland*, Landesverband Baden-Württemberg, mit dem Aufbau und der Leitung eines Instituts für Landschaftsökologie und Naturschutz in Singen tätig. Schwerpunkt seiner Arbeit ist die Ökologie und der Schutz der Feuchtgebiete, wobei das Spektrum von der Sanierung der Stillgewässer über die Renaturierung von Flußlandschaften bis hin zu speziellen Fragen der nachhaltigen, landwirtschaftlichen Nutzung von Feuchtgrünland reicht. Dabei werden die Aktivitäten, wie im Rahmen eines Fischadlerprojekts geschehen, weit über die Grenzen Baden-Württembergs hinaus erweitert. Alois Kapfer ist auf höherer Ebene auch als agrarpolitischer Berater tätig.

Dr. Werner Konold (Jahrgang 1950) ist Dipl.-Agraringenieur und Landschaftsökologe. Als Wissenschaftler und Dozent ist er am *Institut für Landschafts- und Pflanzenökologie* der Universität Hohenheim tätig. Schwerpunkt seiner Arbeit ist die Gewässerökologie, wobei er sich speziell mit der Fließgewässer-Renaturierung und den ökologischen Wirkungen von wasserwirtschaftlichen und wasserbaulichen Maßnahmen beschäftigt.

Werner Konold ist Autor einer Monographie über die oberschwäbischen Weiher und Seen und Verfasser zahlreicher Publikationen. Seine besondere Leidenschaft gilt der Geschichte und der Ökologie unserer Kulturlandschaften, also der Frage, was die Bewirtschaftung durch den Menschen für unsere heutige Landschaft bedeutet.

Dank

Allen, die zum Gelingen dieses BiotopBestimmungs-Buches beigetragen haben, sagen wir an dieser Stelle herzlichen Dank. Ganz besonders danken wir dem Vorsitzenden der Stiftung Naturschutzfonds Baden-Württemberg, Minister Harald B. Schäfer, dem Geschäftsführer der Stiftung, Dr. Eberhart Heiderich, sowie den Mitgliedern des Stiftungsrates für die Unterstützung und Förderung des Projekts. Für die wissenschaftliche Beratung und vielfältige Unterstützung gilt unser herzlicher Dank Dr. Jürgen Marx (Leiter des Referats Naturschutz, Landschaftspflege, Artenschutz bei der Landesanstalt für Umweltschutz Baden-Württemberg), Dipl.-Biol. Berthold Kappus (Universität Hohenheim), Dr. Hans-Dieter Knapp (Leiter der Internationalen Naturschutzakademie Insel Vilm), Dr. Uwe Kozina (Graz), Prof. Dr. Gerhard Thielcke (Radolfzell) und Dr. Lebrecht Jeschke (Nationalparkamt Mecklenburg-Vorpommen).

Für die Erstellung der Grafiken und Zeichnungen danken wir Dipl.-Biol. Wolfgang Lang (Waiblingen) und für die zahlreichen Aufnahmen den im Abbildungsverzeichnis genannten Bildautoren. Für das weit über die Verlagsbetreuung hinausgehende Engagement gilt unser herzlicher Dank Verlagsleiter Roman Hocke, den Verlegern Gunter Ehni und Hansjörg Weitbrecht sowie dem Projektteam Barbara Honner, Bärbel Strasser und Walter Lachenmann. Für ihr Engagement beim Vertrieb des Buches danken wir Margit Prawitt.

Bildnachweis

Bäuerle: 24, 116, 121, 136, 144
Bayer. Landesanstalt f. Fischerei: 91 u.
Böcker: 59 o., 110
Dittes: 70, 76 r., 100 m., 104 m., 140
Epple: 57, 63 o., 64 o., 72 u., 90 o., 95 m., 101 m., 105 u.
Göthel: 32, 67 o., 87 o., 93 u., 100 u.r., 102 m.l., 106 m.l., 106 m.r.
Hafen: 129
Hildebrand: 21, 69, 71 o., 83
Hornung: 132 o.
Hutter: Umschlag (1), 5/6., 23, 42, 61 r., 67 l., 67 u.r., 74 u., 80 m., 82 u., 85 m.l., 85 m.r., 86 o., 86 u.r., 94, 102 o., 102 u.r., 104 o., 105 m., 128, 134, Umschlagrückseite (2,4)
Kapfer: 59 m., 61 o., 117
Kaplan: 71 u., 81 m
Kohler: 16, 73, 77 o., 78
Konold: 3/4, 18, 19, 26, 27 u., 35, 59 u., 64 u., 66, 72 o., 79 r., 80 u., 88 o., 90 u., 91 o., 98, 111 o., 112, 113
Kurverwaltung Forbach: 99 u.
Lachenmann: 56
Limbrunner: Vorsatz, 2, 11 o., 39, 46 l., 87 u., 92 o., 95 o., 97, 101 o., 101 u., 102 u.l., 105 o., 106 o., 106 u., 109 u., 120, 142
Mauritius: 51 (O'Brien), 54 (Pigneter), 93 o. (Ligges)
Merbach: 111 m.
Meßner: 9, 15, 50, 63 u., 74 o., 75 u., 81 u. (Brettfeld), 85 o.l., 132 l.
Müller: 96
Neubacher: 27 o., 82 o., 84 o.
Neuhold: 80 o., 103
Nill: 6, 85 o.r.
Norddt. Naturschutzakademie: 81 o.
Onglgunter Rieslingsee: 19
Resch: 47, 49, 60, 64 m., 65
Römerknoten: 20
Rösler: 14 u., 124
Umweltbild: 7 (Kratz), 11 u. (Göthel), 62 (Kratz), 63 l. (Mastmann), 82 m. (Möbus), 85 u. (Wendlandt), 89 u. (Mastmann), 95 u. (Thomas), 100 u.l. (Thomas), 107 (Kratz), 108 u. (Möbus)
Walz: Umschlag (3), 85 m.l.
Wolf: Umschlag (2), Umschlagrückseite (1)
Wothe: 75 o., 76 l., 89 o., 92 u., 99 o., 133, Umschlagrückseite (3)
Wüstenberg: 46 r., 77 u., 109 r.
Zier: 14 o., 61 l., 68, 79 l., 84 l., 86 u.l., 90 m., 102 m.r., 104 u., 108 o., 111 u.